GLOBAL GOVERNANCE SERIES |全球治理丛书|

丛书主编 陈家刚
执行主编 闫 健

全球气候治理

Global Climate Governance

主编◎袁 倩

图书在版编目（CIP）数据

全球气候治理／袁倩主编. —北京：中央编译出版社，2017. 3
ISBN 978-7-5117-3272-9

Ⅰ. ①全…
Ⅱ. ①袁…
Ⅲ. ①气候变化－治理－国际合作－文集
Ⅳ. ①P467-53

中国版本图书馆 CIP 数据核字（2017）第 030609 号

全球气候治理

出 版 人：葛海彦
出版统筹：贾宇琰
责任编辑：王　琳
责任印制：尹　珺
出版发行：中央编译出版社
地　　址：北京西城区车公庄大街乙 5 号鸿儒大厦 B 座（100044）
电　　话：（010）52612345（总编室）　（010）52612341（编辑室）
（010）52612316（发行部）　（010）52612317（网络销售）
（010）52612346（馆配部）　（010）55626985（读者服务部）
传　　真：（010）66515838
经　　销：全国新华书店
印　　刷：河北下花园光华印刷有限责任公司
开　　本：787 毫米 ×1092 毫米　1/16
字　　数：266 千字
印　　张：18
版　　次：2017 年 3 月第 1 版第 1 次印刷
定　　价：65. 00 元

网　　址：www. cctphome. com　**邮　　箱：**cctp@ cctphome. com
新浪微博：@ 中央编译出版社　**微　　信：**中央编译出版社(ID: cctphome)
淘宝店铺：中央编译出版社直销店(http://shop108367160. taobao. com)　(010)55626985

凡有印装质量问题，本社负责调换，电话：（010）55626985

目　录

Contents

总序　陈家刚 / I

导言：全球气候治理的结构及其转型　袁倩 / I

第一部分　全球气候治理：制度结构

全球气候变化治理机制的一种隐喻：1992—2012 年国际政治学研究

［英］克里斯托弗·肖　［英］布丽吉特·聂黎曦　著　　袁　倩　译 / 3

国际可再生能源机构：制度创新中的一个成功故事？

［美］约翰内斯·尤玻莱纳　［比利时］泰斯·范·德·格拉夫　著

林雪霏　译 / 25

全球能源治理：金砖国家是否有能力推进改革？

［澳］克里斯蒂安·唐宁　著　　刘九勇　译 / 51

生态文明与可持续发展

［美］罗伊·莫里森　著　　刘仁胜　编译 / 70

第二部分　全球气候治理：关键机制

多层级全球气候治理的潜力

［德］马丁·耶内克　［德］米兰达·施鲁斯　［德］克劳斯·托普弗　著

王嘉琪　译 / 81

功利主义与气候政策

［德］本沃德·吉桑 著 任付新 译／91

全球气候治理的横向与纵向强化

［德］马丁·耶内克 著 刘凌旗 译／103

推进比较气候变化政治学研究：理论和方法

［加拿大］马克·珀登 著 张春满 编译／127

第三部分 全球气候治理：挑战和机遇

对全球能源治理并发症的考察

［丹麦］本杰明·索尔库 ［新加坡］安·弗洛里妮 著

袁 倩 王嘉琪 译／147

气候变化与粮食安全

［美］布鲁斯·麦克卡尔 ［美］马里奥·费尔南德斯 ［美］詹森·琼斯

［美］玛塔·沃达兹 著 郑 颖 刘仁胜 译／176

气候变化的全球政治学：对政治科学的挑战

［美］罗伯特·基欧汉 著 谈 尧 谢来辉 译／185

气候变化的政治社会挑战

［澳］大卫·施劳斯伯格 著 戴 玲 译／203

绿色资本主义的多样性：全球金融危机之后的经济与环境

［澳］凯拉·廷哈拉 著 谢来辉 译／214

第四部分 中国与全球气候治理

中国气候政策的发展及其与后京都国际气候新体制的融合

［德］安德雷斯·奥博黑特曼 ［德］伊娃·斯腾菲尔德 著

侯佳儒 译／235

有原则的战略：公平准则在中国气候变化外交中的作用

［美］菲利普·斯特利 著 翁维力 译／248

总　序

陈家刚

全球化是人类历史深刻变化的过程，其基本特征是，在经济一体化的基础上，世界范围内产生一种内在的、不可分离的和日益加强的相互联系。随着全球化这种相互联系、相互影响的加深，诸多复杂的全球性问题也随之出现，例如国家间、国家与非国家行为体之间，以及各类非国家行为体之间的相互关系变化，全球经济金融危机、全球卫生和健康问题、全球性能源危机，以及气候环境问题等。全球问题的增加和积累使全球治理变得日益必要和迫切。虽然人们对“全球治理”的认识还存在分歧，并且用诸如“国际治理”“世界范围的治理”“全球秩序的治理”等不同概念来表述，但一般而言，“全球治理”是“治理”理念在全球层面的拓展与运用，二者在基本原则和核心内涵上是一致的，人们总是通过理解“治理”的理念来理解“全球治理”。全球治理的兴起，是全球化发展的必然趋势，也是应对全球性挑战、发展与转型的重要政治选择，是包括中国在内的所有国家必须面对的现实。

全球治理的兴起，既表明全球化所诱发的全球性问题的不断累积和威胁，也反映出既有全球性体制的局限和不足。全球化进程的加速及其对传统国家主权的冲击，是全球治理变得日益重要的主要原因。当武装冲突、人权问题、资源短缺、能源危机、粮食危机、生态恶化、贫困与饥荒、毒品与跨国犯罪、金融危机、传染病等越来越直接地变成全球性问题时，各个国家、机构或组织内在地需要通过采取联合的、共同的行动，通过具有约束力的国际规则或是各种非正式的安排解决全球性的问题，维护全球性的公共利益。全球问题反映了人类社会生活中共同内容，全球问题所带来的挑战就是人类面临的共同挑战，它所关涉的利益就是人类的共同利益。全球治理的主要目的是要避免全球体系内的危机和动荡。同时，加速发展的全球化带来的跨界和全球性问题，无法仅仅依赖具有自身利益诉求的民族国家得到解决，而是需要国家间以新形式的“超国家治理”为基础通过政治合作加以应对。全球治理中的国家、国际组织、区域组织、非政府组织等将以平等关系，共同承担对于全球性问题的责任。目前的国际体制难以有效解决当前的全球性问题，全球治理需要一系列多层次、多领域、多主体的制度安排。

全球治理超越传统的国际政治、国际关系解释模式，能够有效解决人类所面临的许多全球性问题，确立面向未来的、真正的全球秩序。全球治理超越了传统民族国家的界限，将民族国家与超国家、跨国家、非国家主体有机结合在一起，形成了一种新的合作格局。一些重要的国家集团、国际组织、国际非政府民间组织、非政府社团、无主权组织、政策网络和学术共同体等越来越多地影响全球治理规则和治理机制。全球治理在尊重差异的基础上，日益建构起“和而不同”的价值取向。有效的全球治理既要求各国遵循人类的共同价值，又要求尊重各国的文化传统和多样性需求，从而使人类因为全球化的发展而面临的共同问题有了新的解决路径。

全球治理需要创造一个包容性的结构，以应对各种不确定的预期和挑战。全球治理最大的一个挑战，就是民主超越了民族国家边界而拓展到全球层面后，如何能够更好地得到实践。其次，变革现有治理机制，完善和发展出一套新的全球治理机制，如何赢得越来越多的人们的认同？再则，全球性的治理合作面临着巨大的挑战，有效解决紧迫的全球性问题，还需要不同的行为主体进行合作，采取集体行动，不断完善治理能力。最后，全球治理的理想与现实之间的紧张关系依然存在，国家之外的其他行为者依然受到限制、全球和区域治理机制变得极其脆弱，全球性的公民参与对所有公民团体和政府都是挑战。因此，建构全球治理的长效机制，就需要在国家内的民主与全球民主之间建立起联系；推动全球范围内不同行为的透明度、责任与效率；建构具有公共协调与行政能力的新制度；在共同面对的全球性问题方面推动达成基本共识；重视协商、对话等有效协调机制和方式。推动全球治理发展，需要创造一个包容性的全球治理结构。

全球治理既是当代中国改革发展面临的严峻挑战，也是中国参与全球化进程、塑造大国形象的重要机遇。党的十八大报告明确提出“加强同世界各国交流合作，推动全球治理机制变革，积极促进世界和平与发展”。这是官方对于全球治理问题的最新理论概括和战略判断，它表明，中国正在成为全球治理的重要参与者和治理机制变革的推动者，明确了中国积极参与全球治理的战略选择。全球化的加速推进、全球问题的日益凸显，以及中国国家利益的实际需要，作为一种内在动力和外在诱因，都逻辑地要求中国积极参与全球治理。

全球治理，是一种民主的治理，国家、国际组织、区域组织、非政府组织等将以平等关系，共同承担对于全球性问题的责任；全球治理，是一种规则的治理，全球性规则是治理过程的权威来源，规则的制定与施行是各国及不同组织共同参与的结果；全球治理，是一种诉诸共同利益与价值的治理，维护全球利益是全球治理主体的共同责任；全球治理，是一种协商与合作的治理，维护全球秩序和利益必然是超越暴力和冲突，依赖于协商、对话和合作的治理。

长期以来，中央编译局世界发展战略研究部、中央编译局全球治理与世界发展战略研究中心，立足于中国特色社会主义现代化建设的实际，密切跟踪国际哲学社会科学前沿议题，深入研究全球治理和世界各国发展道路、发展战略，在诸如全球化、全球治理、社会资本、协商民主、风险社会等国际学术前沿领域，以及国家治理、廉政建设、生态文明、党内民主、基层民主、政党政治等重大现实论题等方面，始终处于学术研究前沿并发挥着引领的作用。

《全球治理译丛》总共包括 8 卷，出发点是结合全球治理理论的最新发展，选择若干重点领域，比较全面地收集整理重点研究成果，汇集成册，以为学术界开展深入研究提供基础性资源。本丛书的各卷主编既有中央编译局全球治理与发展战略研究中心的青年研究人员，也有合作网络的专家学者。他们系统梳理和研究全球社会组织、全球冲突与安全治理、全球金融与经济治理、全球劳动治理、全球互联网治理、全球生态治理、全球资源治理等领域，这既是他们基于自身学科实际选择的重点研究领域和方向，同时也符合研究中心密切跟踪国际学术前沿、积极拓展学术合作交流的特色。本丛书汇集的成果大部分是已经翻译并发表的成果，有些成果是各位主编联系作者获得的最新研究成果。当然，有些高质量的成果因为联系不上作者等原因未能收录，也是非常遗憾的事情。作为学术界的青年研究人员，由于水平、能力和经验的不足，在编选、翻译，以及编辑过程中存在这样那样的不足，也请学术前辈谅解并不吝批评。感谢中央编译出版社贾宇琰女士的统筹协调，以及各卷责任编辑的辛苦工作。

陈家刚

2016 年 12 月 20 日于北京

导言：全球气候治理的结构及其转型

袁　倩

全球气候治理指的是全球多元主体为应对气候变化而做出的共同努力。这一内涵包括三个关键要素。其一是治理的主体。当前，全球气候治理主体日益多元化。除了主权国家、国际政府间组织，还包括愈发活跃的跨国公司和非政府组织。其二是治理的对象，即气候变化问题。《联合国气候变化框架公约》（下文简称《公约》）将气候变化定义为：由于人类活动直接或间接改变全球大气成分所引起的气候变化，这种变化是叠加在同期观测到的气候自然变率之上的。[①] 世界气象组织（World Meteorological Organization，WMO）发布的《2011—2015 年全球气候报告》指出，全球气温在 2015 年达到了有记录以来的最高值，气候变化的影响日益显著，风险不断加大。[②] 世界经济论坛（World Economic Forum，WEF）发布的《2016 年全球风险报告》指出，过去三年间“气候变化减缓和适应措施不力”一直属于全球影响力最大的五大风险之列，2016 年该风险已升至首位，并被认为是未来数年影响力

① 《联合国气候变化框架公约》，UNFCCC，http：//unfccc. int/files/essential_background/convention/background/application/pdf/unfccc_chinese. pdf，1992—05。

② 世界气象组织发布《2011—2015 年全球气候报告》，新华网，http：//news. xinhuanet. com/politics/2016 - 11/09/c_129357610. htm？from = groupmessage，2016 年 11 月 9 日。

最大的风险。[1] 其三是治理的方式，即应对气候变化的手段。减缓（mitigation）和适应（adaptation）是应对气候变化的两大方式。减缓特指通过人为干预，从源头上减少温室气体排放或增加温室气体的汇。适应则是指针对实际发生的或预期会发生的气候变化及其后果，进行自然系统或人类系统调整，以降低气候变化所带来的危害，或充分利用气候变化带来的各种机遇。

一、全球气候治理的内涵与结构

从 1992 年《公约》通过，人类应对气候变化进入了制度化轨道；2016 年 11 月应对气候变化的《巴黎协定》正式生效，被各界称为开启了“后巴黎”时期的气候行动。二十多年间，全球气候治理的基本结构围绕着《公约》及其历次缔约方会议，呈现出一条清晰可辨的演变轨迹。

首先是《公约》达成和生效阶段（1992—1997 年）。为促使各国共同应对气候变化，1992 年 5 月 9 日，《公约》在纽约通过。1994 年 3 月 21 日《公约》生效，成为国际气候治理的重要法律制度基础。《公约》明确规定了发达国家和发展中国家之间负有“共同但有区别的责任”，即发达国家应该承担更多减排义务，而发展中国家的首要任务是发展经济、消除贫困。

第二是《京都议定书》达成、生效和弱化阶段（1997—2007 年）。1997 年《京都议定书》在日本京都通过，规定了主要发达国家和转轨国家的减排目标。2005 年 2 月 16 日《京都议定书》正式生效。但美国在 2001 年提出拒绝批准《京都议定书》，又使得全球气候治理进入低潮期。

第三是“巴厘岛路线图”阶段（2007—2011 年）。2007 年，在印度尼西亚巴厘岛召开的《公约》第十三次缔约方会议上达成了“巴厘岛路线图”，

---

① *The Global Risks Report 2016*, World Economic Forum, http://www3.weforum.org/docs/GRR/WEF_GRR16.pdf, 2016-01.

描绘了构建2012年后国际气候制度的路线图和基本框架，也将原本游离于国际合作之外的美国拉回了谈判轨道。

第四是“德班平台”进程（2011—2015年）。2011年，在南非德班召开的第十七次缔约方会议形成了德班授权，开启了2020年后国际气候制度的谈判进程，并同时讨论如何增强2020年前减排行动的力度。2012年在多哈召开的公约第十八次缔约方会议中，包含美国在内的所有缔约方，围绕2020年前的减排目标、适应机制、资金机制以及技术合作机制达成了共识，并形成了相应的工作组决议文件。2013年华沙会议上，缔约方规划了通往2015年巴黎会议的路线图。

第五是《巴黎协定》阶段（2015年至今）。在2015年12月举行的巴黎气候大会上，196个缔约方一致通过了应对气候变化的《巴黎协定》，为2020年后全球应对气候变化行动奠定了基础。

从最近几年缔约方会议所产生的成果及其对全球气候治理带来的影响来看，目前全球气候治理在实际运行中正在逐渐转向“《公约》+缔约方会议”的模式。随着国际气候谈判的深入，缔约方会议在全球气候治理结构中的地位必将愈发重要。

二、《巴黎协定》与全球气候治理的最近转型

2015年巴黎气候大会上通过的《巴黎协定》被称为“全人类和地球的一次巨大胜利”①。《巴黎协定》提出，要在2100年之前“把全球平均气温升幅控制在前工业化水平以上低于2℃之内，并努力将气温升幅限制在1.5℃之内”②。随后，在不到一年时间里，《巴黎协定》跨过了生效的“两道门槛”：一是批准、接受、核准或加入该协定的缔约方数量至少达到55个，二是其累

① COP21：UN Chief Hails New Climate Change Agreement as “Monumental Triumph”, UN News Centre, http://www.un.org/apps/news/story.asp? NewsID=52802#.Vx3cdKv87ww, 2015-12-12.

② *Paris Agreement*, Article 2 (1a), UNFCCC, http://unfccc.int/files/essential_background/convention/application/pdf/english_paris_agreement.pdf, 2015-12.

加排放量达到全球温室气体总排放量55%以上。[①]《巴黎协定》于2016年11月4日正式生效，成为历史上参与方最多且生效最快的国际条约之一。

(一) 协定生效与行动迟滞的矛盾

《巴黎协定》对于全球气候治理的影响是深远的，它创建了一个更贴近现实的框架，各国在这个框架中基于本国国内现实做出自愿减排承诺。罗伯特·福克纳（Robert Falkner）认为，《巴黎协定》提供了一条全球气候治理的“更现实可行的路径”，它不是通过向各方分配减排份额来遏制气候变化，而是将各国的减排承诺嵌入到气候责任制的国际体制和“棘轮”机制中（“ratchet” mechanism）。[②]《巴黎协定》通过之后展现了相当大的包容性，截至2016年11月9日，已经有103个缔约方批准或加入了《巴黎协定》，它们的温室气体排放量占全球温室气体排放量的73.38%。[③] 此外，《巴黎协定》也带动了相关领域的减排行动。例如，2016年10月，有197个国家达成了旨在减少使用氢氟碳化物（HFCs）的《基加利协议》，这有望使全球升温在本世纪末减少0.5℃。[④] 同月，国际民航组织在蒙特利尔达成首个关于航空业排放限制的国际协议，协议提出将排放限制在2020年水平。[⑤] 这从侧面展现出《巴黎协定》带动了各界采取应对气候变化的行动。

然而，旨在控制全球升温的《巴黎协定》通过后的一年时间里，全球遏

---

① Paris Agreement, Article 21 (1), UNFCCC, http://unfccc.int/files/essential_background/convention/application/pdf/english_paris_agreement.pdf, 2015-12.

② Robert Falkner, "The Paris Agreement and the New Logic of International Climate Politics", *International Affairs*, 2016, Vol.92, No.5, pp.1107-1125.

③ Paris Agreement Tracker, World Resources Institute, http://www.wri.org/faqs-about-how-paris-agreement-enters-force, 2016-11-09.

④ Kigali Deal: Agreement Reached to Phase out HFCs, Al Jazeera Media Network, http://www.aljazeera.com/news/2016/10/kigali-deal-agreement-reached-phase-hfcs-161015075725587.html, 2016-10-16.

⑤ Aviation Industry Agrees Deal to Cut CO_2 Emissions, BBC News, http://www.bbc.com/news/science-environment-37573434, 2016-10-07.

制气候变化的行动效果并未像各缔约方批准协定那样令人瞩目。气候行动追踪组织（Climate Action Tracker）曾经在2015年分析预测，如果目前各国提交的减排贡献得到充分落实，那么可以估计，到本世纪末全球升温将约为2.7℃。[①] 一年之后，该组织再次分析指出，即便各国的减排贡献均得到落实，全球到2100年的气温仍将比前工业化时期高出2.8℃。[②] 这比一年之前的预测高出了0.1℃。与此类似，联合国环境规划署（UNEP）发布报告表明，全球升温问题愈发严重，即使《巴黎协定》得以完全兑现，2030年的预计排放仍有可能使世界回到本世纪平均气温升高2.9℃—3.4℃的预定目标上。[③] 气候行动追踪组织同时指出，《巴黎协定》通过后的一年时间里，期间几乎没有多少国家提出要加大其减排力度。[④] 此外，排放差距（Emission Gap）问题也依然严峻。“排放差距”是指本世纪末将全球平均气温升幅限制在超出工业化前水平2℃或1.5℃以内的目标相一致的排放水平同“国家自主贡献”（Nationally Determined Contributions，NDC）的全球影响相一致的排放水平之间的差距。2016年11月3日，联合国环境规划署发布了最新的2016年《排放差距报告》。报告认为，要在本世纪末将气温升幅控制在2℃，到2030年排放量应当约420亿吨二氧化碳当量，而根据目前的情况来看，2030年全球预计排放将

① Climate Pledges Will Bring 2.7℃ of Warming, Potential for More Action, Climate Action Tracker, http://climateactiontracker.org/publications/briefing/251/Climate-pledges-will-bring-2.7C-of-warming-potential-for-more-action.html, 2015-12-08.

② Major Challenges ahead for Paris Agreement to Meet Its 1.5deg Warming Limit, Climate Action Tracker, http://climateactiontracker.org/news/265/Major-challenges-ahead-for-Paris-Agreement-to-meet-its-1.5deg-warming-limit-.html, 2016-11-10.

③ World Must Urgently up Action to Cut a Further 25% from Predicted 2030 Emissions, Says UN Environment Report, UNEP, http://www.unep.org/newscentre/Default.aspx? DocumentID=27088&ArticleID=36295&l=en, 2016-11-03; Emissions Gap Report 2016, UNEP, http://web.unep.org/emissionsgap/, 2016-11-03.

④ Major Challenges ahead for Paris Agreement to Meet Its 1.5deg Warming Limit, Climate Action Tracker, http://climateactiontracker.org/news/265/Major-challenges-ahead-for-Paris-Agreement-to-meet-its-1.5deg-warming-limit-.html, 2016-11-10.

达到540—560亿吨，这两者相差120—140亿吨。[①]

作为一项广泛、均衡并且有法律约束力的气候协定的《巴黎协定》，一方面，其生效之迅速可以被形容为一场“前所未有的浪潮”[②]；另一方面，世界气象组织（WMO）在2016年11月发布的《2011—2015年全球气候报告》指出：全球气温在2015年达到了有记录以来的历史最高值，2011—2015年极端高温事件发生的概率增加到10倍及以上。[③] 全球气候变暖的现实愈发严峻。那么，两者之间的矛盾是如何形成的？气候变化问题本身的复杂性和不确定性固然是其根本原因，但从全球治理的角度着手，对全球气候行动的开展进行考察与反思，也是必不可少的方面。

（二）对巴黎气候谈判相关文献的简要回顾

围绕巴黎气候谈判的研究通过不同视角，在不同程度上对上述问题进行了分析。基欧汉（Robert Keohane）和奥本海默（Micheal Oppenheimer）认为，巴黎气候谈判创设了一种“自定目标＋国际评估”（pledge and review）体系，各缔约方能够通过这一体系做出自主贡献。然而，谈判的成功是以各方义务的模糊和自主决定权的扩张为代价的，这反而会弱化行动的范围和强度。[④] 斯特恩（Nicholas Stern）表示了类似的担忧，面对气候变化，巴黎谈判不再强求形成一个固定的、一步到位的解决方案，这有可能带来减排速度放

---

① Emissions Gap Report 2016, UNEP, http://web.unep.org/emissionsgap/, 2016-11-03.

② Patricia Espinosa and Salaheddine Mezouar, Paris Enters into Force — Celebration and Reality Check, UNFCCC, http://newsroom.unfccc.int/paris-agreement/paris-agreement-enters-into-force-celebration-and-reality-check/, 2016-11-04.

③ The Global Climate 2011-2015: Heat Records and High Impact Weather, WMO, http://public.wmo.int/en/media/press-release/global-climate-2011-2015-hot-and-wild, 2016-11-08.

④ Robert Keohane and Michael Oppenheimer, "Paris: Beyond the Climate Dead End through Pledge and Review?", *Politics and Governance*, 2016, Vol. 4, No. 3, pp. 142-151.

缓、减排规模缩小的风险。[①] 尤其是，本应引领全球气候行动的发达国家却表现出了“政治上的迟疑、犹豫和拖延”[②]。

福克纳从《巴黎协定》本身的条款入手，发现其中关键条款的措辞相当微妙，只有一部分条款是带有法律义务的（“shall”），而其他条款则表述为建议、意图或观点（“should”“will”“recognize”）。这意味着：《巴黎协定》的法律约束力主要体现在程序方面，缔约方的法定义务是提交其国家自主贡献并每五年通报一次，但提交何种自主贡献、做出怎样的减排努力，这些都不是强制性的。[③] 也就是说，《巴黎协定》依赖各缔约方的自主减排，存在强制执行力缺失、履约机制不足等弊端。[④] 可见，在未来一段时间内，体现为“软法”的国际气候治理机制可能会带来合法性高但绩效低、难以摆脱集体行动逻辑，以及承诺成本和执行成本不一致等诸多问题。[⑤] 还有学者在分析各缔约方提交的国家自主贡献预案的基础上，指出各国以“差异各表”的方式开展减排，模糊了《公约》“共同但有区别的责任”原则，容易为一些国家，尤其是附件Ⅰ中的发达国家逃避自身责任制造可能性。[⑥]

上述文献都注意到巴黎气候谈判促使全球气候治理进程发生的关键转变。这种“后巴黎”[⑦] 式的气候治理是包容的、灵活的、基于自愿的、实用主义

---

① ［英］尼古拉斯·斯特恩：《尚待何时？应对气候变化的逻辑、紧迫性和前景》，齐晔译，东北财经大学出版社有限责任公司 2016 年版，第 215 页。

② 同上，第 232 页。

③ Robert Falkner, “The Paris Agreement and the New Logic of International Climate Politics”, *International Affairs*, 2016, Vol. 92, No. 5, pp. 1107 – 1125.

④ 曹明德：《中国参与国际气候治理的法律立场和策略：以气候正义为视角》，载《中国法学》2016 年第 1 期。

⑤ 王学东、方志操：《全球治理中的〈软法〉问题——对国际气候机制的解读》，载《国外理论动态》2015 年第 3 期。

⑥ 高翔、邓梁春：《国家自主决定贡献对全球气候治理机制的影响》，见王伟光、郑国光主编：《应对气候变化报告（2015）：巴黎的新起点和新希望》，社会科学文献出版社 2015 年版，第 52 页。

⑦ Rob Bailey and Shane Tomlinson, “Post-Paris: Taking Forward the Global Climate Change Deal”, Chatham House, https://www.chathamhouse.org/sites/files/chathamhouse/publications/research/2016-04-21-post-paris-bailey-tomlinson.pdf, 2016-04.

的，也是散乱的。在《巴黎协定》已经生效的现实下，协定的落实成为亟待解决的问题。因此，考察当前全球气候治理进程的主要动力至关重要。实际上，在以主权国家为主的国际社会中，全球应对气候变化行动本身就是以各国自身的立场与行动为基础，但此前的国际气候谈判试图超越这一局面。而《巴黎协定》则改弦易辙，将全球气候治理的架构建立在承认主权国家主导性的基础上。可以说，**当前的全球气候治理以各缔约方的“国家自主贡献”为核心，辅之以定期全球盘点与更新，本质上是将全球应对气候变化行动的决定权分散到各国国内政治手中。全球气候治理服从于国际政治的现实，形成了一种“国内驱动型”的全球气候治理形式。**

三、国内驱动型气候治理的形成

国内驱动型气候治理的核心在于“国家自主贡献”。所谓国家自主贡献，指的是根据“共同但有区别的责任”原则和“各自能力”原则，由各个缔约方自主决定为应对气候变化而采取的减缓或适应行动，被称为“贡献”。其中，“自主决定”意味着：关于应对气候变化行动的形式、内容和目标，不再通过谈判形成统一的分配方案，而是由各国根据自己的国情自主制定。而“贡献”则意味着：各国制定的行动既不是“责任”也不是“义务”，国家的行动没有预设的法律形式，如果提出的“贡献”在此后并未得到落实，也没有相应的惩罚机制。概言之，国家自主贡献的核心内涵在于：为了应对气候变化，各国可以根据自己的国情，自主决定要做出怎样的承诺、采取怎样的行动。

（一）“自上而下”减排模式的弱化

“国家自主贡献”概念在2013年华沙气候大会中被首次正式提出，但在国际气候谈判中酝酿已久。不过，这种“自下而上”的减排路径并不是一开始就存在。在1992年联合国环境与发展大会上通过《联合国气候变化框架公约》之后，国际社会一直试图达成一项有法律约束力的、统一的、“自上而下”的减排方案，其典型代表就是1997年通过的《京都议定书》。《京都议定书》第一次为《公约》附件I缔约方（所有发达国家和经济转型国家）规定了具有法律约束力的定量减排目标。它一方面免除了发展中国家的减排义务，另一方面则规定了发达国家在2012年之前的温室气体减排种类、额度和时间表。

然而众所周知，美国于2001年以“议定书没有为发展中国家规定义务”“美国履行温室气体减排义务成本太高，不符合美国的利益”[①] 为理由拒绝核准《京都议定书》，全球气候合作的进程由此被蒙上了阴影。随后，起初被寄予厚望的2009年哥本哈根大会最后仅达成了没有法律约束力的《哥本哈根协议》，意味着达成具有法律约束力的统一减排协议的前景日益黯淡，而基于自愿的松散协议则愈发成为可能。

（二）“国家自主贡献”的提出

以“国家自主贡献”为核心的《巴黎协定》在很大程度上是2011年德班大会及之后一系列气候大会的集中成果。2011年在南非德班召开的第十七次缔约方大会上建立了“德班加强行动平台问题特设工作组”（简称“德班平台”，ADP），其目标是在2015年之前拟定一项对所有缔约方适用的议定书、另一法律文书或某种有法律约束力的议定结果，并使之从2020年开始生效和付诸执行。[②] 有学者认为，“德班平台”为发达国家向发展中大国施压做了铺垫，进一步模糊了全球减排行动中发展中国家和发达国家的区别，全球气候治理逐步转向囊括全部《公约》缔约方的自主减排模式。[③] 从2011到2015年

---

① 王之佳：《中国环境外交》（下），中国环境科学出版社2012年版，第88页。

② Decision 1/CP. 17 Establishment of an Ad Hoc Working Group on the Durban Platform for Enhanced Action, UNFCCC, http: //unfccc. int/resource/docs/2011/cop17/eng/09a01. pdf#page = 2, 2012 - 03 - 15.

③ 孙振清：《全球气候变化谈判历程与焦点》，中国环境出版社2013年版，“编者的话”第1页；陈贻健：《国际气候法律新秩序的困境与出路：基于“德班—巴黎”进程的分析》，载《环球法律评论》2016年第2期。

期间，全球气候治理的制度逐渐沿着上述路径演进。2012 年的多哈气候大会提出继续推进“德班平台”[①]；2013 年华沙气候大会第 1/CP. 19 号决定指出：“邀请所有缔约方启动或加强对其国家自主贡献预案的国内筹备工作”[②]，明确提出了“国家自主贡献”这一概念；2014 年利马气候大会通过“利马气候行动呼吁”，进一步重申并完善了“国家自主贡献”[③]，为 2015 年巴黎大会上通过《巴黎协定》做出了铺垫。

2016 年 11 月《巴黎协定》正式生效，各方在巴黎气候大会之前提交的“国家自主贡献预案”（INDC）正式转变为“国家自主贡献方案”（NDC）。[④]根据国家自主贡献（临时）注册的官方网站显示，截至 2016 年 11 月 20 日，《公约》已经收到 103 份国家自主贡献方案。[⑤] 国家自主贡献进一步推动了全球气候治理走向“国内驱动”：它并不追求建立一套具有法律约束力的量化减排方案，而是将减排自主权交给各缔约方，让它们自己决定愿意为全球气候行动做出多少贡献。不过，在国内驱动型气候行动形成过程中，始终存在一个悬而未决的问题，那就是如何逐步加强各国做出的行动“贡献”，从而缩小现有的减排力度和 2℃ 目标所需要的减排总量之间的差距。

四、国内驱动型气候治理的运行机制

国内驱动型的气候治理虽然改变了《京都议定书》式的“自上而下”路

① Decision 2/CP. 18 Advancing the Durban Platform, UNFCCC, http://unfccc. int/resource/docs/2012/cop18/eng/08a01. pdf#page = 19, 2013 - 01 - 28.

② Decision 1/CP. 19 Further Advancing the Durban Platform 2 (b), UNFCCC, http://unfccc. int/resource/docs/2013/cop19/eng/10a01. pdf#page = 3, 2014 - 01 - 31.

③ Decision 1/CP. 20 Lima Call for Climate Action, UNFCCC, http://unfccc. int/resource/docs/2014/cop20/eng/10a01. pdf#page = 2, 2015 - 02 - 02.

④ Patricia Espinosa: Paris Agreement Sails Past Another Milestone En Route to Early Entry into Force, UNFCCC, http://newsroom. unfccc. int/paris-agreement/patricia-espinosas-statement-paris-agreement-sails-past-another-milestone-en-route-to-early-entry-into-force/, 2016 - 09 - 22.

⑤ NDC Registry (interim), UNFCCC, http://www4. unfccc. int/ndcregistry/Pages/All. aspx, 2016 - 11 - 20.

径，转而依靠各国提交自主贡献，但它并不是完全依靠分散化的国家和地方气候治理措施，而是把全球气候治理的长期目标和现实主义的国际政治相结合，因此也不是完全意义上的“自下而上”模式。**换言之，它以“自下而上”路径为架构，同时又包含了“自上而下”的要素**，其运行机制关键在于《巴黎协定》这一国际框架和各缔约方的国家自主贡献。从已经提交的103份国家自主贡献方案来看，其中大部分还是在巴黎会议之前的国家自主贡献预案。这些贡献方案在减缓和适应的目标、形式、范围上各不相同。

（一）包容性：以“贡献”代替“责任”

《巴黎协定》的通过、签署与批准过程，以及各个国家自主贡献方案的提交进展，都展现了相当的广泛性。2015年12月，有196个《公约》缔约方在气候大会上通过了《巴黎协定》；2016年4月，有175个国家在首个开放签署日签署了《巴黎协定》；同年11月，已经有超过100个缔约方加入了这一协定。可以说，这是第一个将发展中国家和发达国家囊括在内的真正的全球性气候协议。

各国对于气候治理的广泛参与度，正是由于将原有的“减排责任”变成了“自主贡献”。这带来了两个转变，首先，发达国家和发展中国家之间的界限逐渐模糊，历史排放责任问题被搁置，“共同但有区别的责任”原则虽然得到保留，但发达国家与发展中国家之间的义务逐渐趋同[①]；其次，通过“自下而上”分配减排责任的路径已经失效，各国的气候行动取决于本国国情与经济社会发展情况。基于这两个转变，全球气候治理中“极为重要但又十分困难的分配性冲突问题”[②] 被规避掉了，气候谈判中的紧张因素在很大程度上被弱化。

国内驱动型气候治理做出的上述转变，充分吸收了《京都议定书》的教

① 高翔、滕飞：《〈巴黎协定〉与全球气候治理体系的变迁》，载《中国能源》2016年第2期。

② ［英］戴维·赫尔德、［英］安格斯·赫维、［英］玛丽卡·西罗思主编：《气候变化的治理——科学、经济学、政治学与伦理学》，谢来辉等译，社会科学文献出版社2012年版，第273页。

训，如果气候治理试图达成具有法律约束力的减排方案，那各国就可能抵触自身所承担的减排份额。现在用各方自主决定的“贡献”替代了分配性的刚性“责任”，增强了合法性和包容性，能够允许范围最大的行为主体参与其中。然而，回顾世界各国曾经的气候行动就不难发现，各方在表明气候治理的态度时会显得雄心勃勃，但在实际决策与行动时避重就轻。[①] 因此，国内驱动型气候治理要想取得实效，建立统一的且被各方遵守的核算、盘点和履约机制至关重要。

(二)“退出”风险：核算、盘点和履约机制不完备

前文已述，《巴黎协定》的法律约束力主要体现在程序方面，各国的自主贡献方案并未被写入协定，也就不受法定约束力的制约。贝利（Rob Bailey）和汤姆林森（Shane Tomlinson）将其称为“硬的法律外壳 + 软的执行机制”。[②] 为了解决这一问题，《巴黎协定》要求各缔约方基于“促进环境完整性、透明性、精确性、完备性、可比和一致性”[③] 原则，核算其国家自主贡献。为了保证各方有效履行承诺，《巴黎协定》提出设立一个透明度框架，以便为全球盘点提供信息。[④] 全球盘点旨在评估各国自主贡献的进展情况，以全面和促进性的方式展开，缔约方会议将于2023 年进行第一次全球盘点，此后每五年进行一次。[⑤] 在履约机制方面，建立一个由委员会组成、以专家为主的促进性机

---

① Robert Falkner, “The Paris Agreement and the New Logic of International Climate Politics”, *International Affairs*, 2016, Vol. 92, No. 5, pp. 1107 – 1125.

② Rob Bailey and Shane Tomlinson, “Post-Paris: Taking Forward the Global Climate Change Deal”, Chatham House, https://www.chathamhouse.org/sites/files/chathamhouse/publications/research/2016 – 04 – 21-post-paris-bailey-tomlinson.pdf, 2016 – 04.

③ Paris Agreement, Article 4 (13), UNFCCC, http://unfccc.int/files/essential_background/convention/application/pdf/english_paris_agreement.pdf, 2015 – 12.

④ Paris Agreement, Article 13 (1) (6), UNFCCC, http://unfccc.int/files/essential_background/convention/application/pdf/english_paris_agreement.pdf, 2015 – 12.

⑤ Paris Agreement, Article 14, UNFCCC, http://unfccc.int/files/essential_background/convention/application/pdf/english_paris_agreement.pdf, 2015 – 12.

制，通过“透明、非对抗的和非惩罚性的方式”①，促进各方落实其自主贡献。

由此可见，《巴黎协定》具有很大的灵活性和包容性，它并未规定具体的强制措施和惩罚机制，在一定程度上可以被视为“软法”，尽管它能够带来最广泛的参与，然而由于核算、盘点和履约机制尚不完善，也并没有对失约行为的惩罚和制裁机制，这就存在着缔约方失约甚至“退出”协定的风险。美国和加拿大等国对《京都议定书》的背离就是前车之鉴。美国拒绝批准《京都议定书》以及加拿大退出《京都议定书》的行为仅仅受到了国际舆论和非国家行为体的谴责，但是，该两国依然可以凭借《公约》缔约方的身份继续参与国际谈判，这就一来逃避了减排责任，二来可以继续影响国际气候谈判进程。

面对上述风险，目前可用的规避策略大都是非正式的，例如对失约国家进行公开谴责、贸易制裁等。但这些非正式性策略的效果也是有限度的，它取决于失约国对其国际声誉是否敏感和重视；也取决于失约国的数量。

（三）国内驱动：气候治理效果根本上取决于国内政治

英国格兰瑟姆气候变化与环境研究所（Grantham Research Institute on Climate Change and the Environment）分析了全球 99 个国家的气候变化法律和政策后指出，在 1997 年，这些国家的气候变化法律与政策只有 54 项，而到了 2016 年，该数量则上升到 854 项。② 虽然关注气候变化是大势所趋，各国都制定了关于控制温室气体排放、治理污染、能效标准、林业管理和创新低碳技术等方面的法律法规，但其背后的驱动因素却千差万别，其中，各国国内对气候风险的敏感性、经济发展水平、资源禀赋、利益集团和社会认知等因素

① Paris Agreement, Article 15, UNFCCC, http: //unfccc. int/files/essential_background/convention/application/pdf/english_paris_agreement. pdf, 2015 - 12.

② Michal Nachmany etc. , “The Global Climate Legislation Study: Summary of key trends 2016”, Grantham Institute, http: //www. lse. ac. uk/GranthamInstitute/wp-content/uploads/2016/11/The-Global-Climate-Legislation-Study_2016-update. pdf, 2016 - 11 - 14.

扮演了重要角色。这就使分析评估各国的气候政策和气候行动变得异常复杂。

许多国家在提交自主贡献阶段，由于国际机制尚未内化为国内政策，加之国内的利益相关方对自己的收益和成本尚不明确，所以谈判代表或许可以利用各种因素暂时性地排除来自国内的阻力。然而到了落实自主贡献阶段时，各利益相关方，尤其是一国内部与减排相关的能源部门和经济部门，就会切实感受到自身的利益得失，并以此调整自己的立场。由此，国家就会面对着更大更复杂的压力，在平衡国际承诺和国内利益诉求之时就需要做更为复杂的权衡。① 这就会为自主贡献的落实带来不确定性，并进而影响国内驱动型气候治理的整体落实效果。由此可见，在这一运行机制下，治理效果最终取决于各国政府在国内政治中权衡的结果，气候治理的动力来自于国内政治博弈。

分析表明，国家自主贡献中，许多是保守的，或者说是不充足的。② 这意味着各方有必要在近期提升贡献力度。其中，美国能否提升其力度将至关重要，一方面，美国作为全球第二大碳排放国，对全球温室气体减排的影响巨大；另一方面，美国国家自主贡献的目标年是2025年，而其他缔约方基本都是2030年，因而有必要敦促美国提交一个2030年目标。同时，其他排放大国和地区也密切关注着美国的2030年目标，以此作为自身采取行动的参考。然而，唐纳德·特朗普在美国总统竞选中获胜，为美国的气候政策带来了一定的不确定性。

五、对国内驱动型气候治理的反思

在全球治理中，不论是气候领域还是贸易议题，都面临着所谓的“现时悖论”（the paradox of our times），即我们必须应对的公共事务都是具有全球性

---

① 王学东、方志操：《全球治理中的“软法”问题——对国际气候机制的解读》，载《国外理论动态》2015年第3期。

② 详情可参见气候行动追踪组织对各国自主贡献的分析，Climate Action Tracker，http：//climate-actiontracker.org/countries.html。

的，但应对的手段却是基于各个国家的。[①] 尤其是全球公益或公害问题，它们极大地受制于国内和国际层面的结构性特征、转型障碍和公众认知。国内驱动型的气候治理正是如此。

（一）国际政治结构与排放的外部性

温室气体排放是人类有史以来最大的市场失灵，其外部性具有四个典型特征：长期的、全球的、包含重大不确定性的、潜在规模巨大的。[②] 可以说，温室气体排放是一个全球性的“公害”，温室气体减排则是提供全球性的公共物品。[③] 国内驱动型气候治理承认国际政治的结构特征，即主权国家仍然扮演着决定性的角色，这就难以避免集体行动的“搭便车”和“囚徒困境”问题：从国家利益角度出发，如果各国合力进行减排，尽管会付出一定成本，但也将会产生最优结果；然而各国都有不合作的动机，因为它们都有可能从其他国家的减排行动中获益，而自身不需要付出减排成本。

国际政治的结构背景中，国际法和国际组织作为促进国际合作的两个主要手段，都面临着有效性不足的问题：国际组织过于弱小，对主权国家没有强制力；而国际法则反映了国际政治的“碎片式本质”。[④] 换言之，即使达成了国际协议，国际组织既没有道德的砝码，也没有制裁的工具来确保协议的落实。就像赫尔德（David Held）说的，虽然存在统一的国际气候公约和协议，而且它们的合法性和灵活性都值得称赞，但是在落实效果方面却不尽如

① David Held, “Reframing Global Governance: Apocalypse Soon or Reform!”, *New Political Economy*, 2006, Vol. 11, No. 2, pp. 157 - 176.

② ［英］尼古拉斯·斯特恩：《地球安全愿景：治理气候变化，创造繁荣进步新时代》，武锡申译，社会科学文献出版社 2011 年版，第 14 页。

③ ［澳］郜若素：《气候变化报告》，张征译，社会科学文献出版社 2009 年版，第 172、183 页。

④ ［美］小约瑟夫·奈、［加］戴维·韦尔奇：《理解全球冲突与合作：理论与历史》（第 9 版），张小明译，上海世纪出版集团 2012 年版，第 223 页。

人意，诸多国际环境协议都存在“无政府状态下的低效率”（anarchic inefficiency）问题。[①] 例如《生物多样性公约》（1992 年）、《联合国鱼类种群协定》（1995 年）和《京都议定书》（1997 年）。[②] 只要主权国家愿意，它们就可以通过不表态、不决策和不行动的方式来行使一种非正式的“否决权”。没有任何机制能够迫使其采取行动。基欧汉也指出，不解决激励机制而将气候变化仅仅简化为减缓，会恶化固有的公共产品问题。[③] 此外，吉登斯（Anthony Giddens）从气候变化的地缘政治学角度分析认为，一旦温室气体减排与能源安全纠缠起来，本应作为目标的减排，就有可能演变成主权国家互相角逐的资源斗争。[④] 换一个角度来讲，在国际政治结构中，某一集团的成员数量越少，反而越有利于集体行动，因为更小的系统更稳定，其成员也能够更好地为了共同利益而进行合作。[⑤] 这就意味着，国内驱动型气候治理尽管凭借其包容性而带来了最广泛的国家参与其中，但因为行动者数量过多，反而更会造成效率低下。

（二）各国国内低碳转型的制度变迁问题

目前，与化石能源消费相关的二氧化碳排放占全球温室气体总排放量的三分之二以上。实现《巴黎协定》温控 2℃的目标，意味着要在本世纪下半叶实现净零排放，也就是在本世纪下半叶结束化石能源时代，建立以

---

① ［英］戴维·赫尔德、［英］安格斯·赫维、［英］玛丽卡·西罗思主编：《气候变化的治理——科学、经济学、政治学与伦理学》，谢来辉等译，社会科学文献出版社 2012 年版，第 113 页。

② ［美］本杰明·索尔库、［新加坡］安·弗洛里妮：《实现全球能源高效治理的基本障碍——对全球能源治理并发症的考察》，袁倩译，载《国外理论动态》2016 年第 3 期。

③ ［美］罗伯特·基欧汉：《气候变化的全球政治学：对政治科学的挑战》，谈尧、谢来辉译，载《国外理论动态》2016 年第 3 期。

④ ［英］安东尼·吉登斯：《气候变化的政治》，曹荣湘译，社会科学文献出版社 2009 年版，第 228 页。

⑤ ［美］肯尼恩·华尔兹：《国际政治理论》，信强译，上海世纪出版集团 2008 年版，第 145 页。

新能源和可再生能源为主体的低碳化甚至脱碳化的能源体系。[①] 而减排从根本上依靠的是低碳转型，尤其是推进能源和工业领域的革命，实现增长与化石能源的脱钩。低碳转型作为一种制度变迁，则需要克服制度变迁的固有障碍。

国内驱动型的气候治理一旦进入到落实目标的阶段，就会牵涉到诸多潜在的部门和利益相关方，其中许多是重大且未知的，没有任何一个国家能够全面掌握上述过程及随之而来的成本。因为低碳转型可以说是“全球性”的制度变迁，温室气体排放的影响是全球的，这不仅仅是指温室气体排放导致的全球变暖会波及世界每一个角落，还意味着低碳转型的成本牵涉广泛，其中既包括能源部门，也包括农业、交通、建筑等诸多领域。[②] 在由利益主导的国际政治格局中，不同的主权国家、一国之内的不同经济部门有各自的，甚至相抵牾的利益，导致无法达成有效的合力。以空气污染治理为例，与空气污染治理相关的支出，在许多国家中占其 GDP 的 4%—5%，在中国这样的快速发展国家中甚至更高。[③]

不同国家或者同一国家在不同时期，所处的经济发展阶段、产业结构演进、能源消费构成以及资源禀赋不同，减排行动所付出的成本存在较大差异。[④] 从制度变迁角度来看，低碳转型过程均需要克服这两个问题：一方面，转型要克服“闭锁”问题。到目前为止，化石燃料，依然占据着价格优势，低碳能源缺乏与之抗衡的竞争力。一些高能耗的基础设施一旦建成，那可能就会持续存在几十年；另一方面，转型必然要面对创造性破坏。新制度的设计与推行要克服诸多风险，低碳制度体系的构建势必打乱原有的能源体系，

---

① 何建坤：《巴黎气候大会进程与我国经济低碳转型》，载齐晔、张希良主编：《中国低碳发展报告》（2015—2016），社会科学文献出版社 2015 年版，第 8 页。

② ［英］戴维·赫尔德等：《全球大变革：全球化时代的政治、经济与文化》，杨雪冬等译，社会科学文献出版社 2001 年版，第 571 页。

③ ［英］尼古拉斯·斯特恩：《尚待何时？应对气候变化的逻辑、紧迫性和前景》，齐晔译，东北财经大学出版社有限责任公司 2016 年版，第 77 页。

④ 张云、邓桂丰、李秀珍：《经济新常态下中国产业结构低碳转型与成本测度》，载《上海财经大学学报》（哲学社会科学版）2015 年第 4 期。

对能源体系的稳定性和可靠性形成冲击，若设计不合理，则有可能使本国的能源体系出现危机。

（三）公众对气候问题的认知与国内气候政策制定

在各国的公共政策过程中，公众认知和大众舆论对议程设置具有重要影响。政府官员之所以会关注一组问题，在一定程度上是因为这些问题已经被许多普通民众所关注。[①] 而且在网络时代，公共舆论对政策过程的影响得到了进一步放大。民众对气候问题的关注度，对于政府制定气候政策、采取减排行动施加了一种“外围”力量。但是，与诸如国家安全、经济和贸易等全球治理的其他议题不同，气候变化本身面临着独有的“吉登斯悖论”，那就是无论全球气候变化带来的风险有多么可怕，这些风险在人们的日常生活中却并非是有形的、具体的、可见的和容易感知的，因此，很多人难以为应对全球气候变化而采取实际行动，而一旦气候变化的后果变得严重、可见和具体，迫使人们不得不采取实际行动的时候，一切都为时已晚。[②] 气候变化的“吉登斯悖论”在当代尤为凸显，目前全球各国面临的最紧迫的问题更为偏重安全与经济层面，未来数年内全球可能会面临宏观经济的结构失衡、发达国家的高赤字、许多国家的低经济增长率、逆全球化的趋势、难民危机和恐怖主义等诸多问题。因此，气候风险在全球治理的“问题簇”中就被排挤到了更为边缘的位置上。

近期对气候变化公共认知的调查反映了上述趋势。例如在欧洲，不同国家公众对雄心勃勃的气候行动的支持状况差别很大，并且这种支持在东欧持续走低。2013 年欧洲晴雨表调查显示，对气候变化关注度最高的包括瑞典、丹麦、德国和奥地利，而在爱沙尼亚、拉脱维亚、葡萄牙和保加利亚，民众

---

① ［美］约翰·金登：《议程、备选方案与公共政策》（第 2 版），丁煌、方兴译，中国人民大学出版社 2004 年版，第 80 页。

② ［英］安东尼·吉登斯：《气候变化的政治》，曹荣湘译，社会科学文献出版社 2009 年版，第 2 页。

对气候变化的关注度则不断下降。[①] 2015 年皮尤中心的调查则发现，全球 40 个国家中的受访者对气候变化问题的关注度存在很大差异，其中，拉美和撒哈拉以南非洲的受访者最担忧气候变化，美国与中国的受访者是最不担忧气候变化的。[②] 在国内驱动型气候治理中，由于各国做出考虑的基础是本国国情和经济社会发展状况，同时又没有外力对国家行动加以约束，因此，受到各国国内其他优先事项的影响，加之全球变暖影响具有潜在性和长期性，气候问题在各国公众的认知中容易走向边缘，这反过来又有可能弱化各国采取气候行动的力度。

总体来看，《巴黎协定》促使全球气候治理进一步转型，通过各缔约方的“国家自主贡献”，把全球应对气候变化行动的决定权分散到各国国内政治手中，形成了一种“国内驱动型”的全球气候治理形式。这种体系中用各方自主决定的“贡献”替代了分配性的刚性“责任”，增强了合法性和包容性，能够允许范围最大的行为主体参与其中。然而由于核算、盘点和履约机制尚不完善，也并没有对失约行为的惩罚和制裁机制，这就存在着缔约方失约甚至“退出”协定的风险。全球气候治理的效果在本质上取决于各国国内政治博弈结果，尤其是到了落实贡献的阶段，各利益相关方，尤其是一国内部与减排相关的能源部门和经济部门，就会切实感受到自身的利益得失并以此调整自己的立场。这就会为自主贡献的落实带来不确定性，并进而影响国内驱动型气候治理的整体落实效果。因此，有必要对国内驱动型气候治理进行审视和反思：一是国内驱动型气候治理无法克服国际政治中的“搭便车”和“囚徒困境”问题；二是各国国内的低碳转型面临着制度变迁的内在障碍；三是受到各国国内其他优先事项的影响，气候问题在各国公众的认知中容易走向边缘，转而可能弱化各国气候行动的力度。

---

① *Climate Change Report*, European Commission (2014), http: //ec. europa. eu/public_opinion/archives/ebs/ebs_409_en. pdf, 2014 - 03.

② Jill Carle, “Climate Change Seen as Top Global Threat”, Pew Research Center, http: //www. pewglobal. org/2015/07/14/climate-change-seen-as-top-global-threat/, 2015 - 07 - 14.

六、本书主要内容介绍

本书选择了与气候议题密切相关的15篇学术论文。其中既包括针对全球气候治理和气候政策的文献，也包括围绕能源、生态环境以及粮食安全等和气候变化息息相关领域的研究。全书分为四个部分，分别为全球气候治理的制度结构、关键机制、挑战和机遇，以及中国与全球气候治理。

在第一部分“全球气候治理：制度结构”中，牛津大学克里斯托弗·肖（Christopher Shaw）教授和诺丁汉大学布丽吉特·聂黎曦（Brigitte Nerlich）教授选择1992年到2012年之间公布的63份国际气候科学与政策文件，对其主题和隐喻进行了深度分析。分析结果表明，全球气候科学和政策话语将气候变化的复杂影响简化为一种“受影响/不受影响”的二分式情境，并且把通过“成本—收益”分析的经济学原则治理世界作为目标，逐渐破坏了公众对气候变化的理解和参与。美国哥伦比亚大学副教授约翰内斯·尤玻莱纳（Johannes Urpelainen）和比利时根特大学教授泰斯·范·德·格拉夫（Thijs Van de Graaf）以国际可再生能源机构（IRENA）为研究对象，发现国际可再生能源机构通过三种机制促进了可再生能源的全球扩散：首先，向其成员国提供有价值的知识服务；其次，在分散化的全球制度环境中将服务聚焦于可再生能源；第三，动员其他国际机构共同促进可再生能源。澳大利亚新南威尔士大学的克里斯蒂安·唐宁（Christian Downie）博士讨论了“金砖国家”是否能够作为一个联盟来改变和影响现有的国际体系结构。他通过访谈相关学者和官员，认为金砖国家没有能力也没有意愿去推动全球能源治理改革。并且，金砖国家作为一个能源联合体，在产生不同的利益纠纷时不能够进行有效的协调，无法形成对能源治理的一致偏好。此外，鉴于中国近期在国际能源舞台上的表现，可以预测中国在全球能源治理中有可能发挥更大作用。未来的研究应该打开中国国内政治的“黑箱”，了解中国在能源政策领域的外在行动及其内部动力。美国南新罕布什尔大学可持续发展办公室主任罗伊·莫里森（Roy Morrison）讨论了生态文明与可持续发展的相关议题，他指出，工业文明所产生的巨大力量已经超越正常的生物限制，人类正面临第六次大规模生物灭绝，生态文明和可持续发展是人类未来的唯一选择。

在第二部分“全球气候治理：关键机制”中，德国柏林自由大学马丁·耶内克（Martin Jänicke）教授、米兰达·施鲁斯（Miranda Schreurs）教授，以及波兹坦可持续发展高等研究院院长克劳斯·托普弗（Klaus Töpfer）共同讨论了多层级全球气候治理的表现及其潜力。他们指出，近年来，在全球气候治理问题上，对不同区域、不同部门的多元行动者的关注日益增多，这意味着未来的研究路径有可能转向“多层级”和“多中心”。对于气候友好型技术创新的扩散而言，多层级气候治理为此提供了强大的机会结构，促进创新扩散的动力既包括横向的主体间经验借鉴与对等学习，也包括纵向的基层创新被提升至更高层级。在多层级气候治理体系中，省、州、城市等“次国家”层级的重要性与日俱增，对于整合创新实践具有基础性的意义。德国曼海姆大学哲学系教授本沃德·吉桑（Bernward Gesang）将功利主义理论引入气候政策领域，通过功利计算，提出了三种功利主义支持的策略：全球排放贸易，增加新能源开发投资，减缓人口增长速度。加拿大蒙特利尔大学兼职教授马克·珀登（Mark Purdon）提出了推进比较气候变化政治学研究的主要路径。他认为，比较政治学的概念工具和方法有助于提高我们对全球气候变化政治的理解。尤其是，比较政治学中的三组关键因素——制度、利益和观念——对于解释国内层面的气候变化政治有着广阔的前景。

在第三部分“全球气候治理：挑战和机遇”中，丹麦奥胡斯大学教授本杰明·索尔库（Benjamin Sovacool）和新加坡管理大学教授安·弗洛里妮（Ann Florini）系统考察了妨碍全球能源高效治理的三个观念误区，包括：能够盈利的治理模式会更加高效；西方的能源治理模式能够移植到世界的其他地区；区域性的能源治理在某种程度上优于全球能源治理。他们总结指出，如果要真正对那些由能源安全恶化和温室气体排放增加而诱导产生的治理问题做出回应，那就需要更加微妙和谨慎的评估，并且摒弃错误的观念。美国德州农工大学农业经济学系教授布鲁斯·麦克卡尔（Bruce A. McCarl）及其同事关注气候变化与粮食安全问题。他们指出，气候变化所导致的干旱、洪水、热浪和酷寒等极端气候将对农业产量造成极大威胁。同时，海平面上升也将导致农作物种植面积进一步减少。面对上述威胁，人类社会可以改变农业生产方式，以适应变化了的气候，同时也可以行动起来减少温室气体排放，努力减缓或者限制未来气候变化的程度。美国普林斯顿大学罗伯特·基欧汉（Robert O. Keohane）教授通过回顾西方政治学思想中与应对气候变化问题相关的传统，通过考察气候政治的现实实践，指出西方民主制度在应对气候变化的问题上面临明显的局限。基欧汉概括了气候变化对政治科学提出的问题，提出了五个可能的政策框架以及各自在国内和国际两个层面的政治。对于气候治理的未来发展，最好的出路并不是借助适应、新基础设施建设或者太阳辐射管理等政策措施，而是通过设计合适的激励，在减缓问题上找到合适的政治安排。这是政治学可以为全球应对气候变化做出贡献的方式。澳大利亚悉尼大学大卫·施劳斯伯格（David Schlosberg）教授认为，气候变化对当前的气候变化政治学提出了五个方面的关键挑战：适应与恢复力的重要性、科学与公众对政治决策的影响、正义原则与适应气候变化、“人类世”与环境管理的原则及人类与自然的物质关系。澳大利亚国立大学研究员凯拉·廷哈拉（Kyla Tienhaara）聚焦于全球近期出现的“绿色新政”“绿色刺激”“绿色经济”呼声并指出，这些倡议的内容往往相互重合，同在一个“绿色资本主义”的标签之下，而它们之间的区别仍有待指出。实际上，它们之间的区别体现在对于生态现代化采取了不同的态度，这意味着它们提议的是不同模式的“绿化”。意识到存在不同模式的绿色资本主义，有助于对各种模式提出更有针对性的批评，并且有利于就发达国家建设可持续性经济的政策选择开展更有建设性的辩论。

在最后一部分“中国与全球气候治理”中，德国国际移民与发展研究中心高级研究员安德雷斯·奥博黑特曼（Andreas Oberheitmann）和德国柏林技术大学中国科技历史哲学中心主任伊娃·斯腾菲尔德（Eva Sternfeld）分析认为，根据政府间气候变化专门委员会第四份评估报告，到2050年之前全球碳排放须减少80%，唯其如此，全球气温到2100年才能控制在比前工业时代上升2℃—2.4℃以内。如果没有中国的减排，实现这一目标将非常困难。他们考察了中国经济增长的挑战及其对未来碳排放的影响，以及中国气候政策的发展，并以人均累积排放权原则为基础，设计了一种新的后京都规制。美国德保罗大学助理教授菲利普·斯特利（Phillip Stalley）指出，目前大部分西方文献都侧重于从经济利益方面来解释中国气候外交的战略，而忽略了中国在气候变化协议中对正义的诉求，因此是非常片面和狭隘的。斯特利认为，物质经济利益、国内决策过程和公平的规范原则都是决定中国立场的重要因素；中国通过在气候外交中坚持“共同但有区别的责任原则”，同时实现了对环境正义的追求、与其他发展中国家的团结以及对自身权益的维护。

当前的全球气候治理结构对于应对全球变暖能够发挥多大效果？一种观点认为，各个国家分别追求本国的减排目标，既不可取，也不可行①；另一种观点则认为，基于各国国内政治的气候治理虽然并不能完全解决气候问题，但能够提供一个支持性的框架，让各国在其中实现必要的减排。② 可以说，《巴黎协定》为应对气候变化“打开了一道门，但并没有做出保证”③。眼下亟须做的，就是思考如何制定一系列有效的、高效且公平的原则和政策，来提振和促进应对气候变化的国内行动和全球合力。

---

① ［澳］郜若素：《气候变化报告》，张征译，社会科学文献出版社2009年版，第214页。

② Robert Falkner, “The Paris Agreement and the New Logic of International Climate Politics”, *International Affairs*, 2016, Vol. 92, No. 5, pp. 1107 – 1125.

③ Robert Keohane and Michael Oppenheimer, “Paris: Beyond the Climate Dead End through Pledge and Review?”, *Politics and Governance*, 2016, Vol. 4, No. 3, pp. 142 – 151.

第一部分 全球气候治理：制度结构

全球气候变化治理机制的一种隐喻：1992—2012年国际政治学研究*

［英］克里斯托弗·肖 ［英］布丽吉特·聂黎曦 著 袁 倩 译**

一、引言

人们愈发感觉到，尝试构建一种应对气候变化的有效国际治理规制的努力正在逐渐消退。① 减排政策缺乏公众的支持是导致这项政策失败的原因之一。② 造成公众支持缺乏的部分原因在于，气候变化科学的传播方式出现了

---

* 原文标题：Metaphor as a Mechanism of Global Climate Change Governance：A Study of International Policies，1992－2012，载 *Ecological Economics*，2015，Vol. 109，pp. 34－40。

** 作者简介：克里斯托弗·肖（Christopher Shaw），牛津大学环境变化研究所研究员；布丽吉特·聂黎曦（Brigitte Nerlich），诺丁汉大学社会学与社会政策学院教授，科学与社会研究所教授。译者简介：袁倩，中央编译局世界发展战略研究部助理研究员。

① Conca，K.，"The Rise of the Region in Global Environmental Politics"，*Glob. Environ. Polit.*，12，2012，pp. 127－133.

② Pidgeon，N. P. and Fischhoff，B.，"The role of Social and Decision Sciences in Communicating Uncertain Climate Risks，*Nat. Clim. Chang.*，1（April），2011，pp. 35－41.

问题。①

尽管当前社会的媒体渠道越来越多，但是主流新闻媒体依然是公众了解气候变化信息的主要来源。② 主流新闻媒体关于气候变化的报道向**强有力的精英来源**（powerful elite sources）倾斜，这主导了公众世界观的塑造。③ 因此在本文中，我们将注意力转向这些**"强有力的精英来源"**。本文分析了那些颇具影响力的科学—政策报告的主题、隐喻和类比，这些报告来源于诸多国际知名的气候治理机构，时间范围为1992年到2012年之间。

乔伊埃塔·古普塔（Joyeeta Gupta）和艾米·达汉（Amy Dahan）等学者已经对气候变化政策随时间推移而出现的转变进行了研究④，但尚未有研究来描摹在其此间随之而来的政策话语中主题和隐喻的产生。在里约热内卢召开的两次峰会，对于气候变化的政策辩论具有里程碑式的意义，也是本文进行分析的重要时间节点，它们分别是：1992年联合国环境与发展会议（UNCED），又被称为"里约峰会"，或"里约会议""地球峰会"；2012年联合国可持续发展大会，又称"里约+20"或者"2012里约地球峰会"。

人们始终在争论所有的治理都是多层行动者（multi-actor）⑤，这也就是说，政策是在多个组织之间的松散互动中形成的，而不是在政府内集权化决策的产物。⑥ 基于这样一种认知，那就是聚焦于政府政策文件将有可能忽视来

---

① Pidgeon, N. P. and Fischhoff, B., "The Role of Social and Decision Sciences in Communicating Uncertain Climate Risks", *Nat. Clim. Chang.*, 1 (April), 2011, pp. 35-41.

② Painter, J., "Climate Change in the Media: Reporting Risk and Uncertainty", Reuters Institute for the Study of Journalism, Oxford, 2013.

③ Mautner, G., "Analyzing Newspapers, Magazines and Other Print Media", in Wodak, R., Krzyzanowski, M. (eds.), *Qualitative Discourse Analysis in the Social Sciences*, Palgrave Macmillan, Basingstoke, 2008, pp. 30-51.

④ Gupta, J., "A History of International Climate Change Policy", *WIREs Clim. Chang.*, 1 (5), 2010, pp. 636-653.

⑤ Newell, P., Pattberg, P. H. and Schroeder, H., "Multi-actor Governance and the Environment", *Annu. Rev. Environ. Resour.*, 37, 2012, pp. 365-387.

⑥ Stevenson, H. and Dryzek, J. S., "The Discursive Democratization of Global Climate Governance", *Environ. Polit.*, 21 (2), 2012, pp. 189-210.

自非政府机构（NSAs）的重要贡献，有人因此认为分析应当涵盖大量多样的文件来源。然而，暂且不考虑企业行动者（corporate actors aside），关于治理的研究已经指出，对于政策发展，非政府机构事实上通常仅仅发挥有限的影响。[①] 乔纳森·戴维斯（Jonathan Davies）解释了治理和网络理论为什么无法明辨公私之间权力关系的程度，（因为）结构与能动（structure and agency）是通过一系列集权化的制度来运作的。在不同的治理机制中进行协调、保持一致性，这需要共享的话语（包括隐喻），或者是不同的话语之间进行接触（engagement across）。[②]

鉴于目前存在的这些争议，我们决定将研究重心放在具有突出影响力的国际组织所发表的报告上，这些国际组织都参与了气候治理规制的构建。因为尽管这些国际组织并没有亲自治理全部政策领域，但是它们通常会在这些领域设定并实施关键规则；制定、引导并传播知识；形成主流论述；形塑问题和解决方案；通过它们的理念和专业知识影响谈判；并在现场监督项目的实施。[③] 这些职能授予了这些国际组织重要的且常常会被低估的自主权，并赋予这些国际组织塑造结果的权力。[④] 最终估算一下，政策是关于"世界将会如何"的理念，以及"除了语言之外就不存在的理念"。[⑤] 因为我们所分析的文本是新闻记者的重要信息源，对于那些被用来描述对气候变化的可能回应的语言，新闻记者们有权在公共领域中对其进行定义。

---

① Newell, P., Pattberg, P. H. and Schroeder, H., "Multi-actor Governance and the Environment", *Annu. Rev. Environ. Resour.*, 37, 2012, pp. 365 - 387.

② Davies, J., *Challenging Governance Theory: From Networks to Hegemony*, Policy Press, Bristol, 2011.

③ Newell, P., Pattberg, P. H. and Schroeder, H., "Multi-actor Governance and the Environment", *Annu. Rev. Environ. Resour.*, 37, 2012, pp. 365 - 387.

④ Ibid.

⑤ Marx, K., cited in Prawer, S. S. (2011), *Karl Marx and World Literature*, Verso, London, 1953.

斯特恩关于气候变化经济学的报告[①]所引发的广泛关注，加之随后对于气候变化采取减缓还是不减缓手段的相对财政成本的辩论，均强调了经济框架对于气候政策的讨论而言有多么重要。我们认为，面对大气化学成分的人为改变，我们是否以及如何做出应对，这不能仅仅依靠经济学框架。本文的观点是：把气候变化认定为一个经济问题是一种有意识的政治行为，这首先表现在语言上。

这并不否认经济学与气候政策制定之间的相关性，但是也有人提出，公平和伦理[②]以及民主决策原则[③]对于气候变化的治理而言是同等重要的框架。这表明，气候变化首先是一个经济问题，经济问题降低了这些备选框架的政策空间，并导致少数专家的边缘化，技术框架则逐渐破坏了在其他方面为了构建公众积极参与而做出的努力。[④]

考虑到气候变化传播（communication）的重要性，我们建议，更好地理解制度叙事如何正在塑造气候变化的下游框架（downstream framings），可以为我们提供有益的指导，帮助我们明确在传播过程中的哪个环节进行干预。对于环境话语在通过生产者和消费者的文化过滤器获得承认并反复传播的过程中如何逐渐发展的这一问题，文化巡回模型（cultural circuits model）提供了一种纵向分析。[⑤] 该模型将媒体专业人士界定为环境话语的生产者："成群的媒体专业人士……从各种原材料中生产故事。"[⑥] 这些媒体专业人士基于那些用来定义公共领域的语言学的、视觉的和体裁的标准来撰写文章。[⑦] 我们的

---

① Stern, N., "Stern Review on the Economics of Climate Change", 2006, http:// webarchive. nationalarchives. gov. uk/ + /http:/www. hm-treasury. gov. uk/sternreview_index. htm, accessed 3rd April 2014.

② Vanderheiden, S., "Atmospheric Justice", in *A Political Theory of Climate Change*, Oxford University Press, Oxford.

③ Machin, A., "Negotiating Climate Change: Radical Democracy and the Illusion of Con-sensus", Zed Books, London, 2013.

④ Ibid.

⑤ Carvalho, A. and Burgess, J., "Cultural Circuits of Climate Change in UK Broadsheet Newspapers, 1985 - 2003", *Risk Anal.*, 25 (6), 2005, pp. 1457 - 1469.

⑥ Ibid.

⑦ Ibid.

兴趣在于阐明，记者们基于原始材料讲述的是哪种类型的故事？哪些散乱无章的资源被用来讲述那些故事？

在本文的下一部分中，我们简要考察了过去约20年间对公共气候叙事为什么发生变化以及如何变化的一些解释。我们以时间轴的形式将考察结果进行了对比，以确定我们所分析的科学—政策文件在公共领域中是否发生了明显的变化。我们并不试图证明气候变化框架中的变化或许存在巧合的因果关系。

二、概念背景

（一）气候变化叙述中市场机制的出现

大卫·莱维（David Levy）与安德烈·斯派斯（Andre Spice）[①] 重点强调了竞争的假想（competing imaginaries）对于塑造气候政策的作用。假想提供了一种关于复杂问题之意义、连贯性和方向的共识。这种共识紧密联系到制度和经济活动组织起来、形成结构的方式，也与人们所认为的制度和经济活动应当如何组织起来并结构化的方式密切相关。[②] 莱维与斯派斯分析了气候政策谈判历史的不同阶段中，诸如NGO、商业团体和国家机构等不同的群体是如何应用这些假想的。他们将1990年之后的气候政治划分为三个明显的阶段：1990—1998年为“碳战争”（Carbon Wars）时期，当时强有力的化石燃料体制，极力反对那些对气候变化的日增担忧，并着力将气候变化排除在政策议程之外。1998—2008年为“碳妥协”（Carbon Compromise）时期，这时人们已经开始接受碳监管的必然性。2009年以来我们正处于“气候僵局”

① Levy, D. and Spicer, A., “Contested Imaginaries and the Cultural Political Economy of Climate Change”, *Organization*, 20, 2013, pp. 659 - 678.

② Ibid.

(Climate Impasse) 时期。[①]

妮娅·柯迪科(Nelya Koteyko)将2005年京都议定书的生效界定为向"共同战略转变"(corporate strategic change)[②] 的关键动力，她也认为1998年是预示着碳监管开始受到大众普遍接受的一年。柯迪科[③]和戴安娜·利沃曼(Diana Liverman)[④] 都认为，京都议定书将碳交易的理念摆在全球减缓策略的核心位置，京都议定书的生效（以及欧盟排放交易机制的启动），正是市场环境论话语崭露头角的时刻。罗杰斯（Rogers）则认为2006年是气候政治中的关键一年，这一年"全球气候变暖获得了那些最后强力抵制者的承认"。

依据利沃曼对国际性气候政策的研究，2008年前的一段时期见证了在公共话语中出现的三个关键的叙事，即："危险的气候变化"应当避免；气候变化的责任是"共同但有区别的"；新自由主义者宣称，市场是形成碳交易体系的最佳途径。[⑤]

这些不同的，但有时候会发生重叠的历史能够为我们提供参考，指导我们对文件进行分析。这些文件中出现的话语，其变化的方式反映了上述时间轴吗？在概括了为什么我们认为隐喻在气候话语和政策中起着如此重要的作用之后，我们解释了如何选择被分析的文件，以及如何选择我们在分析中所采用的方法，从而对那些隐喻和主题加以识别并对其分类，这些隐喻和主题构成了我们进行分析的数据；在结果部分，我们通过对模式进行松散计数，从而赋予数据相干性，这些模式产生于随着时间推移并且交替出现在不同文件中的隐喻的分布中。讨论部分将在广泛的历史和社会背景中将这些模式进行概念化。

---

① Levy, D. and Spicer, A., "Contested Imaginaries and the Cultural Political Economy of Climate Change", *Organization*, 20, 2013, pp. 659 – 678.

② Koteyko, N., "Managing Carbon Emissions: A Discursive Presentation of 'Market-driven Sustainability' in the British Media", *Lang. Commun.*, 32, 2012 pp. 24 – 35.

③ Ibid.

④ Liverman, D. M., "Review Symposium: Why We Disagree about Climate Change" (Mike Hulme 2009), *Prog. Hum. Geogr.*, 35, 2011, pp. 134 – 136.

⑤ Liverman, D. M., "Conventions of Climate Change: Constructions of Danger and the Dispossession of the Atmosphere", *J. Hist. Geogr.*, 35 (2), 2009, pp. 279 – 295.

（二）隐喻在气候政策叙事中的作用

话语有多重意义①，但是考虑到我们分析的焦点，本文将话语视为一种政治策略。② 我们假定在文中所分析的叙事是战略性的、意图服务于政治目的的。③ 我们希望理解经济学框架在这些文件中是如何应用的，以及用来构建这些框架的主题和隐喻又有哪些。

尽管隐喻在主流的批评性话语分析中已经“在很大程度上被忽视了”④，但认知语言学家已经证明，隐喻对于思考和行动而言都是很重要的，其中包括政治行为。⑤ 隐喻能提供并且约束我们考虑政策问题的方式，尤其是关于那些通常是抽象的、复杂的且似乎非常难以解决的问题，例如气候变化。乔治·莱考夫（George Lakoff）和马克·约翰逊（Mark Johnson）提出了所谓的“概念隐喻”（conceptual metaphors），它能将具体事物映射为抽象事物，将为人所熟悉的事物映射为不熟悉的事物，这就为行动创造了一种新的知识和可能性。政策分析家唐纳德·施恩（Donald Schön）提出了“可生性隐喻”（generative metaphors），这种方式换言之就是：通过将知识从一个经验领域应用到另一个经验领域，由此以另外一件事物来观察原有事物。⑥ 例如，将贫民窟视为一种枯萎症或一种生态系统，由此来呼吁不同的政策行动。施恩认为这类隐喻的

---

① Stevenson, H. and Dryzek, J. S., “The Discursive Democratization of Global Climate Governance”, *Environ. Polit.*, 21 (2), 2012, pp. 189 – 210.

② Wodak, R., “Introduction: Discourse Studies — Important Concepts and Terms”, in Wodak, R. and Krzyzanowski, M. (eds.), *Qualitative Discourse Analysis in the Social Sciences*, Palgrave Macmillan, Basingstoke, 2008, pp. 1 – 24.

③ Hampton, G., “Narrative Policy Analysis and the Integration of Public Involvement in Decision Making”, *Policy Sci.*, 42, 2009, pp. 227 – 242.

④ Hart, C., “Critical Discourse Analysis and Metaphor: Toward a Theoretical Framework”, *Crit. Discourse Stud.*, 5 (2), 2008, pp. 91 – 106.

⑤ Lakoff, G. and Johnson, M., *Metaphors We Live By*, Chicago: Chicago University Press, 1980.

⑥ Schön, D., “Generative Metaphor: A Perspective on Problem-setting in Social Policy”, in Ortony, A. (ed.), *Metaphors and Thought*, 2nd ed., Cambridge: Cambridge University Press, 1993 [1979], pp. 137 – 163.

"规范力量"源于它们"在我们的文化中生生不息的某个目的和价值、某个规范的想象"。这些当中的许多隐喻是不言而喻的、经常被人所忽视的，以及难以察觉到的。在本文中，我们想要揭示某些最有力的隐喻，这些隐喻塑造了国际气候政策，继而可能产生经济影响。不过，我们也充分意识到，我们所收集的部分隐喻可能并不会被其他研究者如此归类。

在为人所熟知或共享的观点（以及语言和文化）中，隐喻对于锚定（anchoring）新异现象（novel phenomena）发挥着极其重要的作用。锚定描述了人们开始了解陌生事件的方式。人们得设法将自身信仰与一些关于现实如何运作的事实相互调和，方能理解世界。[①] 锚定一个对象，就是将其放进一个既有的分类体系中，就是对其命名并将它与系统中的其他对象相联系。[②] 因此，锚点能够让人们通过分类、命名这种挑战，熟悉那些原本陌生的事物，从而理解新异的风险。[③]

对于提供一种替代性框架来理解新异和抽象的现象来说，隐喻是一种非常有效的锚定手法。因此，隐喻能够约束话语[④]，途径是通过对一个问题的优先特定理解而非其他可能的解释来创设形塑一个话题。[⑤]

在20世纪70年代的政策制定研究中，施恩或许是第一个强调隐喻重要性的学者。大约30年后，马克·施莱辛格（Mark Schlesinger）和理查德·劳（Richard R. Lau）[⑥] 研究了政策隐喻在政治判断中的使用。更近一些，保

---

① Schön, D. and Rein, M., *Frame Reflection: Toward the Resolution of Intractable Policy Controversies*, Basic Books, New York, 1994.

② Wells, A., "Social Representations and the World of Science", *Theory Soc. Behav.*, 17 (4), 1987, pp. 433 – 445.

③ Washer, P. and Joffe, H., "The 'Hospital Superbug'", Social Representations of *MRSA. Soc. Sci. Med.*, 63 (8), 2006, pp. 2141 – 2152.

④ van der Sluijs, J., van Eijndhoven, J., Shackley and S., Wynne, B., "Anchoring Devices in Science for Policy: The Case of Consensus around Climate Sensitivity", *Soc. Stud. Sci.*, 28, 1998, pp. 291 – 323.

⑤ Nerlich, B. and Koteyko, N., "Compounds, Creativity and Complexity in Climate Change Communication: The Case of 'Carbon Indulgences'", *Glob. Environ. Chang.*, 19, 2009, pp. 345 – 353.

⑥ Schlesinger, M. and Lau, R. R., "The Meaning and Measure of Policy Metaphors", *Am. Polit. Sci. Rev*, 94 (3), 2000, pp. 611 – 626.

罗·蒂博多（Paul Thibodeau）和莱拉·博格迪特斯基（Lera Boroditsky）[1]指出，即便是最为微妙的隐喻，也能对人们如何试图解决诸如犯罪等社会问题，以及人们如何搜集信息以做出“信息充分的”决策产生非常巨大的影响。有趣的是，蒂博多和博格迪特斯基还发现隐喻性框架效应的影响是隐蔽的：人们并不承认隐喻影响了他们的决策，相反，他们会指出更为“实质性的”（通常是用数字表示的）信息作为他们形成问题解决决策的动机。

三、文件来源

我们对来自九个机构的文件进行了分析（请参见表1）。对不同来源的文件加以分析，有助于我们理解文本是如何结合起来创造一个特定话语的。对文件的甄选遵循下列明确原则。首先，文件的适用范围必须是国际性的。其次，文件必须来自那些在相关时段内就气候问题定期发布文件的组织，这就使我们能够对文本进行时间比较（chronological comparison）（除了2009年《哥本哈根气候变化问题公报》）。不过，并不是所有文本都会每年出版一次（例如德国咨询委员会报告），检索条件（search terms）也并不是总能识别每一年度每一个组织所发表的适当文件。七国集团和八国集团的报告也并不总是包含与气候变化相关的内容，如果气候变化并不是当年讨论的一个专题。第三，文件来源必须在气候减缓辩论中具有某些重要性，具有充分权威性进而能够形塑下游的气候政策话语。相关文件通过引文追踪、谷歌检索或在相关机构的官网中检索加以识别。所采用的检索条件包含如下：关注的年份；关注的机构（或者在机构官网的搜索字段中按年份检索）；或者是谷歌中检索年份和机构；或者是年份、机构，再加上“气候变化”或“全球变暖”。我们参考了各界目前对国际性气候政策概况的熟悉程度来指导检索工作。在这

---

① Thibodeau, P. H. and Boroditsky, L., “Metaphors We Think with: The Role of Metaphor in Reasoning”, PLo S One 6, e16782. http://dx. doi. org/10. 1371/journal. pone. 0016782, 2011.

些标准的基础之上，来自下列组织的文件被确定为研究对象，这些组织包括：经济合作与发展组织（OECD）、政府间气候变化专门委员会（IPCC）、联合国气候变化框架公约（UNFCCC）、国际能源署（IEA）、欧盟（EU）、联合国环境规划署（UNEP）和八国集团（G8）。需要附加说明的是，当回溯到1992年时，文件的来源必须是可以获得的，尽管其中的某些获取途径并不直接（例如，对于经济合作与发展组织于1995年发布的一个关键性文件，只有在向该组织提出请求之后才能获得文件副本）。

表1　被分析的文件

组织	文档数量	发表年份
欧盟（European Union）/欧盟委员会（European Commission）	13	1992、1993、1995、2001、2003、2004、2005、2006、2007、2008、2010、2011、2012
联合国气候变化框架公约（UNFCCC）	12	1992、1995、1996、1998、1999、2000、2001、2002、2004、2005、2009、2010
经济合作与发展组织（OECD）	9	1992、1993、1995、1996、1997、2000、2004、2007、2011
七国集团（G7）/八国集团（G8）	8	1993、1995、2001、2004、2005、2008、2009、2012
政府间气候变化专门委员会（IPCC）	7	1992、1995、1999、2001、2004、2007、2011
联合国环境规划署（UNEP）	6	1997、2001、2002、2003、2006、2012
国际能源署（IEA）	5	2000、2004、2006、2008、2010
德国全球变化事务咨询委员会	3	1995、1997、2003
《哥本哈根公报》	1	2009
合计	63	

四、分析

（一）文件分析

我们对搜集到的63篇文档进行了分析（请参见表1）。我们并没有选取1992年之前的文件。表1中的分布概括性地反映出这些机构发表相关报告的年份，这些报告或专门论述气候减缓政策，或在很大程度上与其相关。表 1 并不是一份详细清单，其他机构及其发布的讨论气候变化的报告或许也应被纳入考察。但是尽管如此，本文所分析的报告数量以及所涵盖的年份能够提供较为充足的数据，这些数据可以被合理假定为能够代表整体。

（二）方法

我们使用维吉尼亚·布劳恩（Virginia Braun）与维多利亚·克拉克（Victoria Clarke）[①] 所描述的质性主题分析（qualitative thematic analysis）以及隐喻分析（metaphor analysis）对检索到的 63 篇政策文件进行分析。为了识别文件的主题和隐喻，我们通读了两个语料库（two corpora）中的所有文件，在考虑到那些涉及用来隐喻的整个语言表述的隐喻的情况下，提取出了关键词、主题和备选的隐喻。在判断某个词汇/表述是否被“隐喻化”地使用时，我们就会考虑它在其他的语境中是否有一个更基础的、具体的意义[②]，以及，用施恩的话说，它是否打开了看待世界的新视角、产生了观察问题的新方式。我们相对宽松地采用“Pragglejaz”原则或隐喻辨认（metaphor identification），将考虑的重点放在与政策相关的隐喻上，或者是施恩所说的“可生性隐喻”，而非普遍的概念性隐喻（pervasive conceptual metaphors），例如把空间介词“在……之下”（under）应用在“他处于她的影响之下”这一表述中。我们将隐喻分析作为话语分析而不是认知或概念分析的一部分。[③]

我们系统地提取了含有关键词的部分，这些关键词能够表明每一份政策

---

① Braun, V. and Clarke, V., “Using Thematic Analysis in Psychology”, *Qualitative Research in Psychology*, 3 (2), 2006, pp. 77 – 101.

② Pragglejaz Group, “MIP: A method for Identifying Metaphorically Used Words in Discourse”, *Metaphor Symb.*, 22 (1), 2007, pp. 1 – 39.

③ Cameron, L., Maslen, R., Todd, Z., Maule, J., Stratton, P. and Stanley, N., “The Discourse Dynamics Approach to Metaphor and Metaphor-led Discourse Analysis”, *Metaphor Symb.*, 24 (2), 2009, pp. 63 – 89.

文件中的备选主题和隐喻，将这些主题和隐喻输入到电子表格中，电子表格中的行代表政策文件，表格中的列则记录不同备选主题和隐喻的例证。备选的隐喻表述在不同的研究者之间进行比较，并安排进不同的群组和模式中，直到达成一致为止。

正如读者们将要看到的，总体主题和关键隐喻之间的差别并不是那么容易就能辨明的，我们相信它们之间事实上存在很强的相互影响，并且，同样的表述，对一个人而言是隐喻，对其他人来说则可能是主题。但是，我们确信主题和隐喻均会涉及创造新的观察、述说和行动的方式，也都需要加以检视和讨论。它们不应该秘而不宣，作为话语的背景，如果不是制定气候变化政策的基石。

为了给出一些例证，我们将“回弹效应”（rebound effect）编码为一个隐喻，这一短语首次被用于医学领域，现在则被用于地球科学和全球气候变化的语境中。“回弹效应”被定义为：“由于能源效率的提升，更低的能源服务成本对个人和国家的消费行为产生的影响。简而言之，‘回弹’效应是效率投资所带来的节能程度，这种效率投资是以消费者消费量的增加、使用时间的延长，或者更高质量的能源服务所带回的”。[1] 正如我们所看到的，在这两个词语（“回弹”和“效应”——译者注）或者这一隐喻中间存在大量的信息。相比之下，我们将“可持续性”作为普遍的主题，因为它确立了一种价值，这种价值尽管存在一定的矛盾，但它包含持续的经济发展和杜绝采用危害环境的方式。[2]

在表 2 中，结果中的关键主题和隐喻频数不涉及加权重。表格的右侧一列为主题或隐喻，标志着在相关的年份中，该主题或隐喻在所分析的文件中出现了至少一次。隐喻用黑体加以强调。

---

① Herring, H.,“Rebound Effect”, 2008,. http: //www.eoearth.org/view/article/155666/, accessed 21st October, 2014.

② Ibid.

表 2　主题和隐喻

1992	**汇和库**；稳定；预警；经济可持续发展；**能源安全**；**遏制**全球气变暖；**市场机制**；生态平衡；热汇；碳汇；**一切照旧**；**温室气体**
1993	**补救**行动；成本和收益；地球**能量收支**不平衡
1995	**耐受性窗口**（**tolerance window**）；可允许排放情况（admissible emission profiles）；**创新保存**（**preservation of creation**）；生态圈位于**温度窗口**（**temperature window**）的中心；可持续发展；**汇和库**；缔约方可以使用全球升温趋势来反映它们在二氧化碳当量意义上的**库存和预测**（**inventories and projections**）；不同干预对策的成本和收益；**市场信号**；因果关系；**碳泄露**；无悔政策；**命令与控制政策**；**汇增强**；**绿色政府**；对环境负责的管理；环境产业；环境—经济一体化；平衡两个中心作用，一方面创造就业和更高的经营效率，另一方面保护环境；全球竞争力
1996	能源效率；可持续和无害环境的可再生能源；使"人、环境和经济密不可分"的需求；**全球气候安全**；**确保（气候政策）机制富有成效**；无害环境的技术；**全球市场的绿化**
1997	可持续的；**汇和库**；能源效率；可再生能源；封存；创新型无害环境的技术；市场缺陷；**防撞护栏**（**crash barriers**）；**指印**；一切照旧；**综合征**；**气候窗口**
1998	可持续的；**汇和库**；能源效率；可再生能源；封存；创新型无害环境的技术；**市场缺陷**
1999	**源和汇**
2000	成本和收益；碳排放的**泄露**；可持续发展；**汇**；**能源安全**；"积极的全球协调以**遏制**气候变化"（aggressive global co-ordination to combat climate change）
2001	可持续发展；成本和效益；**源和汇**；能力建设；一切照旧；无害环境的技术
2002	可持续性；发达国家；发展中国家；**源和汇**
2003	**气候窗口**；**碳储量**；成本效益分析；**护栏**；**失控的温室效应**（**runaway greenhouse effect**）；**碳循环**；正反馈；紧缩与趋同；危险的限制（dangerous limit）
2004	应对气候变化（**tackle** climate change）；危险的界限（dangerous limit）；**遏制**气候变化（**combating** climate change）；可持续发展；一切照旧；突破性技术；系统层面；非线性；**阈值**；因果链；不确定性**来源**；边界模糊；反馈；循环；**高强度—低概率踪迹**（**the high-impact-low-probability tail**）；全球应对气候变化（global **fight** against climate change）；双赢；**时间紧迫**（**the clock is ticking**）；**抗击**气候变化（attacking climate change）；无悔；气候友好
2005	**源和汇**；无害环境的技术；可持续发展；**能源安全**；**清洁能源**；**碳库**；**遏制**气候变化
2006	**自然预警**系统；管理我们星球的栖息地；**能源安全**；**清洁能源**；非线性响应；气候惊奇（climate surprises）；深度不确定性；**阈值**
2007	转型；**能源安全**；先发优势；**主流化气候变化**（**mainstreaming climate change**）；**全球低碳经济**；地球村；**耐气候**（**climate proofing**）
2008	**低碳经济**；**遏制**气候变化；**能源安全**；**低碳社会**；经济可持续发展；**低碳技术**；**清洁能源**；稳定；**碳泄露**；**碳库**；**碳市场**

续表

2009	可持续增长；绿色；稳定、平衡和可持续的增长；**绿色复苏**；**能源安全**；**低碳社会**；迎击（fighting）气候变化；遏制气候变化；共同价值
2010	反馈效应；无悔措施；可持续发展；无害环境的技术；**“从摇篮到坟墓”排放**；**回弹效应**；**能源安全**；**低碳技术**；**清洁能源**资源
2011	**人类世**；可持续交通；**清洁能源**；可持续发展；回弹效应；**能源安全**；一切照旧；**临界点**；责任分担；迫切的目标；**潘多拉的盒子**；绿色增长
2012	转型；可持续性目标；气候变化社区；稳定

五、分析结果

（一）占优势的主题和隐喻有哪些？

这些主题和隐喻试图构建如下全面并且一致的话语，那就是将气候变化还原为一个二分法问题。这种对世界的二元化表达极大地影响着气候政策，因为它标志着气候政策可能产生怎样的结果。这些文件中所描绘的气候政策基于一种二元区分的明确理念：世界“受影响”抑或“不受影响”。这种“受影响/不受影响”的区分，已经被2℃这一“危险的界限”所取代，并且，对于那些对在2℃升温之前就显现出来的影响的讨论，这种二分法也会将其边缘化。这种二分法式的话语基于下列主题和隐喻构建起来的，如“阈值”“护栏”“临界点”“正反馈”“反馈效应”“非线性变化”“防撞护栏”“失控的温室效应”。“稳定”和“生态平衡”指的是一系列“不受影响的”气候条件背景，这些条件不会对现有社会和经济活动存续造成威胁。在这些文件中，“平衡”是反复出现的主题。“汇和库”以及“源和汇”强化了这种平衡的重要性，“源”和“汇”的隐喻使我们想起了玛丽·道格拉斯（Mary Douglas）对环境政治的文化分析，其在书中将污染界定为“错位的事物”。[1] 因此，气

[1] Douglas, M., *Purity and Danger*, Routledge, London, 1966.

候变化的原因就在于，人类干扰了碳从“源”到“汇”的循环运动，进而导致了碳出现错位，亦即“地球能量收支不平衡”的症状。

讨论“收支”不可避免地会引入经济学的框架。“可持续发展”指的是这样一种经济活动形式，它允许在“一切照旧”的同时，阻止地球超出阈值而进入到“受影响的”状态中。经济可持续发展的新阶段，与气候话语中的另一个关键二分法“成本—收益”相连接。基于“成本—效益”计算的谈判，对于形成“稳定、平衡和可持续的增长”来说将是必需的。构成可持续发展的“低碳社会”“低碳经济”“低碳技术”表明，占主导地位的假想是，世界上其他事物均没有改变，除了人类活动所排放的碳的数量，这界定了经济活动的晚近新自由主义模式。

通过上述主题和隐喻加以表达的二分法，援用了这样一番图景：气候系统是一份明细账，会计方式是复式簿记法（double entry book keeping method）。从明细账隐喻中衍生出来的最明显的话语隐喻就是“成本—效益”。复式簿记要求“有借必有贷，借贷必相等”，也就是每一项经济业务都必须以相等的金额，记录在两个相互联系的账户中。只有存在相应的收益，并且在同一个分析单位下，收益和成本相匹配，那么成本才是合情合理的。“汇”和“源”再度表明正确的状态应当是：由“源”产生的碳能够和进入“汇”或“库”的碳相匹配。

可持续发展的主题与如下理念相联系，那就是向免于气候影响的低碳世界轻松平和“转型”。这种理念与使用“命令与控制政策”来支持“应对”“遏制”“抗击”气候变化之努力的“积极的全球协调”这一鲜明二分法形成了反差。此类回应在面对“地球的预警系统”时是必需的。这些好战的隐喻与“全球气候安全”和“能源安全”形成了对比。

（二）什么变化了？

上文所识别出的话语，其二元本质在本文所考察的时间段内始终没有改变。但是，这些话语本身的主题是否变化了？是否存在其他的明显隐喻？尽管这并不是内容分析，但自2005年以来，就存在一个明显的上升趋势，这种上升趋势与"能量"和"碳"隐喻的使用有关。[①] "清洁能源"首次出现在2005年（京都议定书和欧盟排放交易计划），与之同时出现的术语还有如"绿色增长"。"转型"也是在这一期间出现的。碳泄露、碳市场、低碳社会、低碳经济和低碳技术是在稍后一段时间才出现的。在稍后一段时间与之共同出现的主题和隐喻还有如"先发优势""从摇篮到坟墓的排放""主流气候变化"。我们能强烈感觉到，减缓气候变化不再与经济增长的需求发生冲突，取而代之的是成为了经济增长的驱动力以及竞争优势的一个来源。这种"气候友好"型社会并不需要革命，通过转型便能实现。这一问题不再是生死攸关的，而变成了技术上的问题，需要更好地理解诸如"回弹效应"和"碳泄露"等新政策风险。"泄露"的图景也唤起了人们采取某些简单行动来应对"泄露"——气候变化已经成为了一种管道工程问题，成为了技术和金钱（经济）问题。

从某种程度上说，这种变化反映了"碳妥协"时期，"碳妥协"一直延续到2008年，由莱维与斯派斯所辨识，尽管从"碳战争"到"碳妥协"，再到"碳僵局"的变迁并不是很明显。"碳管理"被接受使得人们将注意力集中于碳控制，希望识别泄露和回弹效应的本质。使用清洁能源而非减少能源使用，这表明这种管理无法突破能源使用持续增长的范式。因此，人们应当引导这种管理方式，来寻求如何推翻GDP和排放之间存在的历史性的联系。在2005年到2007年这段稍后的时间中，随着2005年京都议定书的生效、斯特恩报告的推出（2006年）以及IPCC《第四次评估报告》的公布（2007年），一个比1998—2008年的框架更为清晰的话语区分浮出水面。"清洁能源"概念首次出现在2005年，在此后的每一年中，这一概念几乎均有出现，"低碳经济"理念则首次出现在2007年。在2008年金融危机和2009年"气候门"事件之后，除了提到了

---

① Nerlich, B. and, Koteyko, N., "Compounds, Creativity and Complexity in Climate Change Communication: The Case of ' Carbon Indulgences ' ", *Glob. Environ. Chang.*, 19, 2009, pp. 345 – 353.

“绿色复苏”的概念之外，关于气候的话语并没有出现明显转变。[1] 从某种意义上说，2005—2007 年之间出现的变化，已经重新构造了气候减缓的话语，这种话语与 GDP 增长的需求是一致的。布丽吉特·聂黎曦和如斯·佳思珀（Rusi Jaspal）也注意到，我们用来理解气候变化所使用的语言——语言、隐喻、政策、信念——或快或慢地回应着新的金融和经济模式。[2] 对 2014 年之前的文件加以分析，有可能展现出所使用的语言中更为明显的变化。

柯迪科（Koteyko）[3] 考察了网络上关于所谓的“碳复合词”（carbon compounds，字面上理解是碳和其他单词的组合）对气候减缓政策有何作用的讨论，她发现，大约在 2004 年前后，气候变化话语中的碳复合词数量激增，这类词包括“碳补偿”“碳足迹”“碳交易”“碳信用”等等。聂黎曦[4]则撰文探讨了工业和贸易领域中“低碳”隐喻的传播，她认为，“低碳技术”“低碳经济”“低碳未来”等等在刚进入 21 世纪的时候就已经开始被人们讨论了。在我们所掌握的数据中，第一个碳复合词是出现在 2005 年的“碳库”。直到 2008 年，碳复合词才开始大量出现，如“碳泄露”“碳汇”“碳市场”等开始出现在各种文件中，这表明“市场隐喻”[5] 逐渐开始对政策产生影响。这似乎表明，相对于媒体、广告、非政府组织和政府机构中碳语言的激增和对碳话语的明显热情，本文所分析的高层级的政策文件似乎滞后数年（碳信任等）。

---

① Nerlich, B.，“‘Climategate’: Paradoxical Metaphors and Political Paralysis”，*Environ. Values*，14 (9)，2010，pp. 419 – 442.

② Nerlich, B. and Jaspal, Rusi，“Metaphors We Die By? Geoengineering, Metaphors, and the Argument from Catastrophe”，*Metaphor Symb.*，27 (2)，2012，pp. 131 – 147.

③ Koteyko, N.，“Managing Carbon Emissions: A Discursive Presentation of ‘Market-driven Sustainability’ in the British Media”，*Lang. Commun.*，32，2012，pp. 24 – 35.

④ Nerlich, B.，“‘Low Carbon’ Metals, Markets and Metaphors: The Creation of Economic Expectations about Climate Change Mitigation”，*Clim. Chang.*，110 (1 – 2)，2012，pp. 31 – 51.

⑤ Cojanu, V.，“The ‘Market’ Metaphor and Climate Change: An Epistemological Application in the Study of Green Economics”，*Int. J. Green Econ.*，2 (3)，2008，pp. 284 – 294.

六、讨论

首先需要注意的是，正如前文所述，我们的分析结果有必要加以说明。其他研究者在探讨隐喻如何影响人们形成和保持关于气候变化和气候政策的特定理解时，可能会关注不同的文件，并且，基于他们提出的研究问题，他们所识别出的主题和隐喻可能与本文不同。我们并不认为这损害了本研究所使用的方法的有效性以及分析结果。相反，来自其他隐喻分析的替代性结论有可能是存在的，这恰如其分地论证了并鲜明反映出气候变化问题的含混的并且在一定程度上没有边界的性质。不过需要承认的是，方法论和分析都依赖于阐释性推理。同时，我们也理解这种阐释性的路径在经济学中并不常见，我们正试图解答的问题的性质，意味着我们与德里克·沃尔（Derek Wall）在面对环境问题的建构主义叙事时对方法论议题的解释相一致，沃尔指出，他所探寻的并非明确的、决定性的社会解释，而是“反复出现的偶发事件和因果关系的倾向，它们能够带来更有力的、更饱含深意的解释”。[①]

我们的分析已经展现出一种对世界的二分式表达，这在纳入分析的所有文件中都十分常见。可能和直观感觉相反，这些二分式的话语试图超越气候科学所表达出来的基础性的二分法，这种二分产生于环境与经济、气候与增长之间。对气候变化最初的政策响应也体现了超越这种二分法的尝试。全球气候政策最初的官方文件，即1992年的《联合国气候变化框架公约》承认了环境与经济之间的分歧，但同时也在公约中提出了能够克服这种张力的可持续发展逻辑。因此，在本文所分析的全球气候政策文件中的二分式隐喻，发挥了在现有经济和社会规范中使政策干预能够对气候变化产生影响的作用。那么这一点是如何实现的？气候变化是何种类型的问题，以及由此与之相适应的回应是何种类型，这取决于形塑“高阶政治”的其他话语，高阶政治意指宽泛的经济与外交事务。高阶政治活动中的话语不仅界定了关于未来可能

① Wall, D., *Earth First! and the Anti-roads Movement*, Routledge, London, 1999.

出现的图景，还提供了相关的隐喻和概念，那些图景可以在其中得以架构。因此，在把世界化约为“受影响”或“不受影响”、增长或衰退、战争或和平这样的状态方面，一种互文性（intertextuality）的形式似乎在发挥着作用。将气候变化化约为受影响/不受影响，并通过一个简单的数字（升温2℃）来表达这种区分，这都验证并且遵循着一种目标路径。一旦升温超过2℃，危险就会降临，因此气候政策变成了与外部威胁的对抗，变成了一种推动世界重返新自由主义经济学所谓的稳定且平和标准中的胜利。在本文所分析的整个时段中，这种话语是保持不变的，虽然在最近的表述中，对于碳管理的关注更加明显。

复式簿记框架在碳补偿的排放治理机制中发挥着最为显著的作用。在个人层面，相关的公民可以出资来种植一定数量的树木，以吸收他们在乘坐飞机时排放出的碳；或者在国际层面，通过引入联合履行机制，最富有的群体就能够通过补偿机制来获得享受高碳生活的合法性。如果没有相关的设施和机制，使得国家、组织和个人能够通过它们来保持碳预算和碳补偿之间的借贷平衡，那么那些高排放群体享受高碳生活的自由就难以为继。

我们的分析框架引发了一种更为宽泛的、充满迷思的话语。为什么将世界划分为“受影响”和“不受影响”两种情境？二分式的区分并不能代表真实情况（现实情况更有可能是，气候影响发生在多样的层次上、不同的时间里以及不同的地区中）[①]，考虑到上述情况，我们已经论及，在既存的概念和叙事中，有必要锚定我们对新风险的理解。将气候变化视为一种为维持旧秩序而加以抵御的威胁，这种话语成为了占据主导地位的叙事弧（narrative arc），它充塞着大众文化，并且仰仗随社会文明而生的种种迷思。在这些故事中，我们的目标通常是回到自身能广义或精确辨识出的“一切照旧”情景，这只包括两种可能性：既存的标准或者更糟糕的事物。社会与经济活动的当前模式，是我们可以指望的最佳模式，并且，我们必须努力加以维持。这些

① IPCC，“Climate Change 2014 Synthesis Report：Summary for Policy Makers”，http：//www. ipcc. ch/pdf/assessment-report/ar5/syr/SYR_AR5_SPM. pdf，accessed 9th November 2014.

政策话语的根源正是这种二分法。媒体报告和非营利组织运动材料加以报道并在全球传播的，正是这种框架。为了反映大众文化和其他政策领域的话语，这些话语让自己在面对受众时较为通俗易懂，并且对于“为应对气候变化，何种行动是可能的”这一问题划定了边界。

本研究可能对气候变化传播具有重要启发。如果我们承认这些组织化的话语是新闻的一个重要来源，并能形塑下游的气候变化话语[①]，继而有可能出现的情况就是：由这些话语来运作的气候变化二分式建构，将通过抑制可替代的主观性的出现，来防止积极的公众参与。充满战争色彩的隐喻明确意味着“非友即敌”。对于那些接受了气候科学成果的人而言，没有什么能够替代“受影响—不受影响”这种二分的设想，这样，气候变化就变成了升温2℃的问题。[②] 人们采取新技术，通过将碳市场化来推进治理，所有的这些努力都是为了避免升温超过阈值。现有的隐喻对这种叙事进行了详细的说明。我们的研究显示出，这种叙事极其有效，它借鉴了以不同形式流行在大众文化和政治话语中的各种故事的迷思结构。尽管如此，其他的叙事也是可能的，并且人类是讲故事的生物。这就意味着，气候变化本身带来民主的且可行的辩论，这并不是天方夜谭。在气候变化辩论中，不同声音的缺失是一种政治选择。我们的研究表明，对于那些具有一定政治牵引力的其他故事而言，只有在公共空间中，它们所发挥的影响才是不充分的，这一发现在关于气候政策的公共传播和参与的其他研究中尚不明显。对气候变化前景的替代性框架而言，如果它要助力于构建有效的减缓政策，则必须在气候变化叙事中占据一席之地。

隐喻是如何被有意地、战略性地部署的？本文目前尚未对此进行解释。如果要充分解释此类目的性，那就需要对相关人员进行深度访谈，前提是这些人员愿意参与到研究之中。

---

① Demeritt, D., “The Construction of Global Warming and the Politics of Science”, *Ann. Assoc. Am. Geogr.*, 91 (2), 2001, pp. 307 – 337.

② Shaw, C., “Choosing a Dangerous Limit for Climate Change: Public Representations of the Decision Making Process”, *Glob. Environ. Chang.*, 23, 2013, pp. 563 – 571.

七、结论

布伦登·拉森（Brendon Larson）在其著作《环境可持续性的隐喻》（*Metaphors for Environmental Sustainability*）中指出，“我们谈论自然界的方式并不是一扇透明玻璃窗，因为它反映了我们生活在其中的文化及其优先性和价值”。[①] 在本研究中，我们展示了在高层政策文件中用于讨论气候变化的隐喻，反映了现代西方社会的文化与价值，尤其反映了其经济状况。在我们的案例中，资产负债表的隐喻似乎已经被叠加到了生态平衡这一更为古老的隐喻上。

我们的分析揭示了一种关于世界的二分式表达，这一世界充斥着大量的主题和隐喻。我们识别出来的隐喻是由一个总体的复式簿记话语隐喻连接起来的。气候变化政策话语依赖于环境问题的历史建构，这些环境问题假定存在两个相悖的价值体系：原始自然 vs 经济增长。在气候变化的背景下，世界会出现两种状态：受影响的世界和不受影响的世界。减缓政策必须通过“成本—收益”分析进行调整。气候变化是地球能量收支平衡中的一个问题，其原因在于碳出现了“错位”，这种错位是由碳在“源”和“汇”之间的失当使用引发的。气候变化是一种外部威胁，这种威胁应当在世界受其所累之前加以解决。隐喻本身依赖于“英雄斗恶人以维持现有秩序”这种迷思式的叙事。这些叙事弧在大众文化中相当流行，并具有普遍和持久的吸引力。[②] 因此，气候政策话语展开隐喻的方式，存在于这些长期的叙事中，这些叙事则将气候变化锚定在我们所熟知的故事情节里。这些话语在某种程度上也建构着气候变化，途径是让气候变化适合于政策制定。历时 20 年的不同文件里，始终贯穿着这种二分式的隐喻，这一隐喻的持久性说明，不论其他研究所识

---

① Larson, B., *Metaphors for Environmental Sustainability: Redefining our Relationship with Nature*, Yale University Press, New Haven, 2011.

② Propp, V., “FairyTale Transformations”, in Matejka, L. and Pomorska, K. (eds. and trans.), *Readings in Russian Poetics*, MIT Press, Cambridge, Mass., 1971 [1928], pp. 94 – 116.

别出的公共话语或政策轨迹中发生了何种改变，那些改变在本研究所考察文件的话语中并不明显。在我们研究的高层政策文件中，气候变化的话语整体来看是保守的，它拒绝改变，其灵活性、动态性，以及对于不同框架或话语的开放性都极低。因此，在这个政策层级上，我们无法查明莱维和斯派斯①在此期间观察到的各种竞争性的假想。相反，我们发现的是一个整体性的、静态的假想，它使气候变化变得更适合政策制定，然而，这种政策制定相较于现实或现实主义而言，可能更加虚幻和神秘。

① Levy, D. and Spicer, A., "Contested Imaginaries and the Cultural Political Economy of Climate Change", *Organization*, 20, 2013, pp. 659-678.

国际可再生能源机构：制度创新中的一个成功故事？*

［美］约翰内斯·尤玻莱纳 ［比利时］泰斯·范·德·格拉夫 著
林雪霏 译**

一、引言

世界各国政府已经认识到需要打破当前不可持续的能源消费趋势，强调了可再生能源资源在实现这种转变中的重要性。① 在适当的条件下，可再生能源，如水能、生物能、海洋能、地热、风能、太阳能，有利于减缓气候变化②，实

---

* 原文标题：The International Renewable Energy Agency：A Success Story in Institutional Innovation? 载 *International Environmental Agreements：Politics，Law and Economics May*，2015，vol. 15，pp. 159 – 177.

** 作者简介：约翰内斯·尤玻莱纳（Johannes Urpelainen），美国哥伦比亚大学政治科学系副教授；泰斯·范·德·格拉夫（Thijs Van de Graaf），比利时根特大学国际政治系教授。译者简介：林雪霏，中国人民大学国家发展与战略研究院博士后。

① Ki-Moon，B.“SustainableEnergy for All：A Vision Statement by Ban Ki-Moon”，Secretary-General of the United Nations，November 2011.

② Kalkuhl，M.，Edenhofer，O. and Lessmann，K.，“Learning or Lock-in：Optimal Technology Policies to Support Mitigation”，*Resource and Energy Economics*，34（1），2012，pp. 1 – 23.

现国家能源安全[①]、经济增长[②]和创新[③]。然而，可再生能源的使用在不同国家和地区间千差万别，非洲和其他最不发达国家尚未充分地认识到它们的潜能。[④]

在此背景下，国际可再生能源署（IRENA）于2009年1月成立，它作为一个独立的国际组织，向其成员国提供可再生能源政策信息并促进相关合作。IRENA是一个“知识”的组织，它不设立或实施针对可再生能源的资本投资，而是专注于推进可再生能源的部署，特别重视对最不发达国家的能力建设和技术支持。尽管该机构成立不久，截至2013年8月，它已经惊人地拥有了161个成员国以及众多申请国，包括除5个国家（加拿大、巴西、俄罗斯、印度尼西亚和中国，而且中国已经宣布打算加入IRENA）以外的所有二十国集团成员国。该组织将总部设立于阿布扎比，同时在波恩、维也纳分别设立了一个技术中心和一个联络处。该组织拥有约70名员工，2013年的年度预算将近3000万美元。

作为全球治理架构中的一名新成员，IRENA至今在学术研究中缺乏足够的关注。例如，当年在哥本哈根的后京都谈判陷入明显僵局后，许多观察家都转向二十国集团或主要经济体论坛（MEF），期待它们作为可能的替代或者补充力量去打破僵局，却没有注意或认真考虑IRENA在这方面的潜力。[⑤] 现有文献已

① Asif, M. and Muneer, T., “Energy Supply, Its Demand and Security Issues for Developed and Emerging Economies”, *Renewable and Sustainable Energy Reviews*, 11 (7), 2007, pp. 1388 – 1413.

② Brass, J. N., Carley, S., MacLean, L. M. and Baldwin, E., “Power for Development: A Review of Distributed Generation Projects in the Developing World”, *Annual Review of Environment and Resources*, 37, 2012, pp. 107 – 136.

③ Cheon, A. and Urpelainen, J., “Oil Prices and Energy Technology Innovation: An Empirical Analysis”, *Global Environmental Change*, 22 (2), 2012, pp. 407 – 417.

④ Collier, P. and Venables, A. J., “Greening Africa? Technologies, Endowments and the Latecomer Effect”, *Energy Economics*, 34 (S1), 2012, pp. S75 – S84.

⑤ Stavins, R. N., “Options for the Institutional Venue for International Climate Negotiations”, 2010, available at http://belfercenter.ksg.harvard.edu/files/Stavins-Issue-Brief-3.pdf.

经对国际能源署[①]、石油输出国组织[②]、八国集团、二十国集团[③]和联合国[④]等国际机构在全球能源治理方面的角色进行了深入研究，却遗漏了 IRENA。

这个相对的遗漏是不幸的。作为一个重要而令人惊奇的制度创新案例，该机构应该进入那些关注全球治理和可持续问题的学者的研究视域之中。本文显示，尽管 IRENA 的预算较少并且承担的主要是技术任务，但它已经开始在环境和能源治理方面扮演重要角色。到目前为止，该机构已经可以被视为制度创新方面的成功故事。如果这个成功的故事能够持续下去，全球能源格局中的其他机构将从 IRENA 的成功中有所受益。

我们将就 IRENA 的创设历程提出三个疑问。第一，为何 IRENA 会在全球环境治理陷入停滞的时期得以成功创设？相较于全球治理创新中其他广泛形式而言，IRENA 的创设无论从时机还是速度上都显得极为特殊。一个关键性的因素是 IRENA 的发展路径使得发达国家和发展中国家同时获益。第二，仅仅承担软性职能的 IRENA 是如何发挥其国际影响力的？从法定视角看，IRENA 所拥有的权力相当有限。然而该机构承诺将在全球范围内的可再生能源政策输出方面做出重要贡献，其中部分承诺已经开始兑现。例如，国际能源署与其他一些国际机构只是热衷于利用全球对可再生能源日益增长的兴趣，而 IRENA 的创建对它们来说则是个正面的震撼。第三，IRENA 可以作为制度创新的典范吗？我们将检验有助于 IRENA 成功履行其核心职能的条件，并总结出 IRENA 案例为在全球治理中的制度创新所提供的独特经验。

IRENA 的成功建立对于全球环境政治是重要的。可再生能源对于减缓

---

① Florini, A., "The International Energy Agency in Global Energy Governance", *Global Policy*, 2 (s1), 2011, pp. 40 - 50.

② Colgan, J. D., "The Emperor Has No Clothes: The Limits of OPEC in the Global Oil Market", *International Organization*, 2013 (forthcoming).

③ Van de Graaf, T. and Westphal, K., "The G8 and G20 as Global Steering Committees for Energy: Opportunities and Constraints", *Global Policy*, 2 (s1), 2011, pp. 19 - 30.

④ Karlsson-Vinkhuyzen, S. I., "The United Nations and Global Energy Governance: Past Challenges, Future Choices", *Global Change, Peace and Security*, 22 (2), 2010, pp. 175 - 195.

气候变化、治理空气污染和化石燃料开采的损害而言，是颇有前景的解决方案。① 尽管 IRENA 并不标榜自己是一个环保组织，但其活动有助于可持续能源的发展，特别是在最不发达国家。令人惊讶的是，或许 IRENA 对环境问题的有意淡化反而使其能有效地促进环境的可持续发展事业。正如本文在结尾中所讨论的，这种策略可能会给更广泛的国际环境制度带来希望。

该研究的分析主要利用对相关国际组织官员们的半结构式精英访谈，包括一手或二手的资料来源。这些受访者都是根据可及性、知识结构及其决策过程中的中心性进行选择的，因为大多数采访都是在匿名状态下进行的，因此若在行文中涉及受访者时将采取不具名的方式。本研究的主要目标不是去检验理论，反而可以被定位为多元理论，因为不将研究限定于某个单一的因果框架，而是采取兼收并蓄的立场去注意各种不同因素，如利益因素②、权力政治因素③以及“框架”的作用（the role of framing）④。除了偶尔的引用外，本文将不会对 IRENA 的治理结构进行全面概述，因为在其他作品中已经得到了充分体现⑤，也因为以往的研究强调法律结构、正式授权、金融手段和官僚机构规模，这些因素并不总能准确地预测它们的作用和影响。⑥ 因而，本研究首先将 IRENA 和其他国际组织在谈判、批准过程中的时机与速度以及各自的核心职责都进行系统比较，而后将着重分析 IRENA 现有的和潜在的角色、功能与成就。文章的最后一部分将讨论 IRENA 在何种程度上可以被视为全球治

---

① REN21, “Renewables Global Status Report: 2012 Update”, REN21 Secretariat, Paris, 2012.

② Moravcsik, A., “Taking Preferences Seriously: A Liberal Theory of International Politics”, *International Organization*, 51 (04), 1997, pp. 513 – 553.

③ Krasner, S. D., “Global Communications and National Power: Life on the Pareto Grontier”, *World Politics*, 43 (3), 1991, pp. 336 – 366.

④ Wendt, A., *Social Theory of International Politics*, New York: Cambridge University Press, 1999.

⑤ Van de Graaf, T., “Fragmentation in Global Energy Governance: Explaining the Creation of IRENA”, *Global Environmental Politics*, 13 (3), 2013, pp. 14 – 33.

⑥ Bauer, S., Busch, P. O. and Siebenhuener, B., “Treaty Secretariats in Global Environmental Governance”, in F. Biermann and S. Bauer (eds.), *International Organizations in Global Environmental Governance*, pp. 174 – 191, London: Routledge, 2009.

理制度创新的成功典范。

二、IRENA 与其他国际组织的比较研究

IRENA 与其他国际机构，尤其是近期创设的相比，至少在三个方面表现更加突出。首先，考虑到多边主义的相对停滞，IRENA 的创设本身在某种程度上就是异乎寻常的。其次，IRENA 以令人印象深刻的速度获得了批准。最后，IRENA 对促进可再生能源这一核心使命始终保持着一以贯之的全部投入。

（一）IRENA 创设的“奇迹”

全球环境治理进入到制度创新停滞、国际机构的创设率普遍放缓的时代，全新官僚机构的创建已经变得非常罕见。这些情况使得 IRENA 的创设更加引起了全球治理领域的学者与实践者们的兴趣。该部分将从回顾 IRENA 的创建环境入手，进而讨论此事件的意义所在。

有证据表明，在过去的十年中，如果用自由环保主义的协议导向性战略来定义“发展”的话，全球环境治理的发展引擎则几近停滞。帕克（J. Park）等①指出，我们已经远离“1992 那个愉快的夏天”，当时世界各国政府都聚集在里约讨论全球环境与发展问题。国际环境协定数据库项目（IEA Database Project）的数据证实，从条约的形成或修改速度来看，制度创新呈现出停滞不前的状态。图 1 表明自 1980 年以来新的多边环境协定及其修正案的数量处于下滑趋势，其中 2005—2012 年是近期历史中条约形成和修改比率最低的时期。

---

① Park, J., Conca, K. and Finger, M., “The Death of Rio Environmentalism”, in J. Park, K. Conca and M. Finger (eds.), *The Crisis of Global Environmental Governance: Towards a New Political Economy of Sustainability*, London: Routledge, 2008, pp. 1-12.

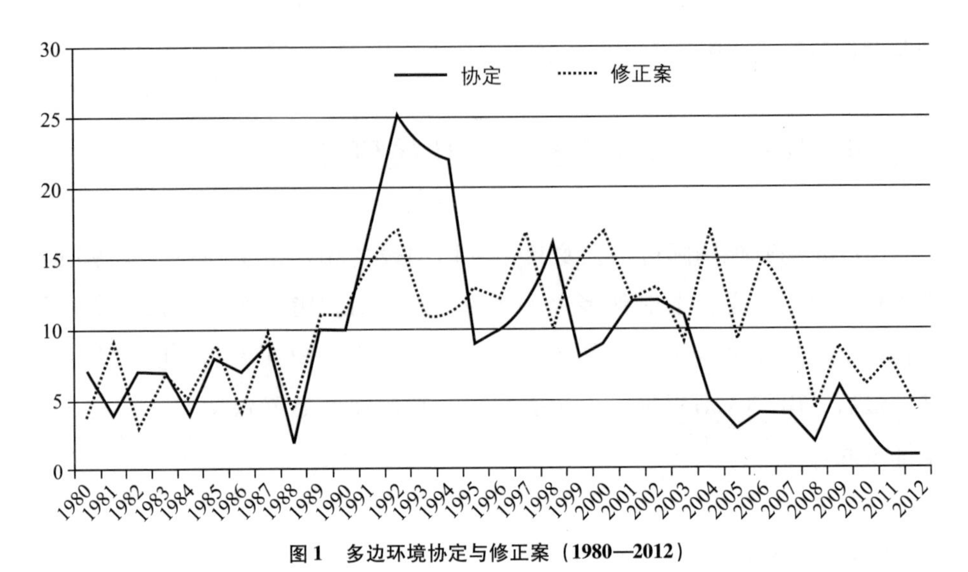

图1　多边环境协定与修正案（1980—2012）

资料来源：国际环境协定数据项目（IEA Database Project），数据可从 iea. oregon. edu 获取，最后访问时间：2013 年 5 月。

此外，有证据表明，国际组织的创设速度总体上在放缓。当前大约有 250 个政府间组织，但正如图 2 所示，该数量从 20 世纪 80 年代中期开始已有了相当幅度的下降（尽管从 2002 年起有所回升）。在过去的几年里，伴随着联合国秘书长职位重要性的显著下降，新的多边协定数量呈下滑趋势。以五年为单位观察可以发现，该数量从 1990—1995 年的 20 个下降到 1995—2000 年的 17 个，又从 2000—2005 年的 12 个下降到 2005—2010 年的 9 个，这使得鲍威林（J. Pauwelyn）等①推断国际法正“处于停滞状态”。这样看来，环境治理似乎顺应了多边主义更为普遍的趋势。

然而，尽管传统多边主义的发展速度正在放缓，但世界政治中的其他治理形式似乎正在蓬勃兴起。此类例子包括跨政府网络、公私伙伴关系和二十国集团等多边国家俱乐部②，这些趋势预示着从传统多边主义向其他治理形式

① Pauwelyn, J., Wessel, R. and Wouters, J., “The Stagnation of International Law”, KU Leuven, Working Paper, No. 97, October 2012.

② Abbott, K. W., Green, J. F. and Keohane, R. O., “Organizational Ecology in World Politics: Institutional Density and Organizational Strategies”, paper presented at ISA, San Francisco, April 2013.

的转变。而IRENA的创设则表现为与上述趋势相悖的典型例外。在过去十年间尚没有同样大规模或制度化的国际组织被创建。

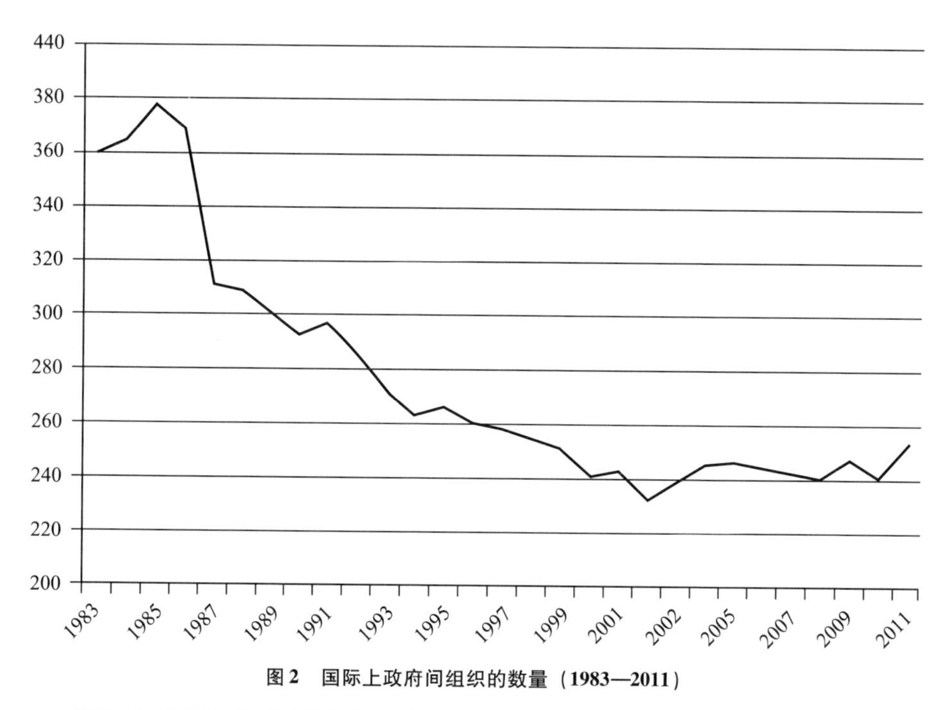

图2 国际上政府间组织的数量（1983—2011）

资料来源：数据收集自国际组织年检，可从 http：//www. uia. org/yearbook 获得，最后访问时间：2013年8月。

尽管无法找到单一的精确解释来解答IRENA的成功创设，但它很大程度上要归功于以德国为首的一些欧洲国家内持续的政治行动主义（political activism）。对于德国政府而言，为可再生能源的推广创建一个国际组织，是推进国际市场发育与开发的一次尝试，同时也是为了稳固并推销它自己的融资工具——可再生能源法案，该法案在德国乃至整个欧盟都是充满争议的议题。①

德国政治家赫尔曼·希尔（Hermann Scheer）数十年来一直在国内外积极

① Hirschl, B.,"International Renewable Energy Policy: Between Marginalization and Initial Approaches", *Energy Policy*, 37 (11), 2009, pp. 4407 - 4416, IEA. (2010).

推动可再生能源。[①] 作为国内的政治企业家，他在 IRENA 的创设过程中扮演着关键性的角色，不仅提出了创设该机构的建议，还在 2002 年选举后将之引入到联邦政府的联合协议。他的建议得到丹麦、西班牙等其他欧洲国家的回应和支持。作为环保领袖，这些国家和德国不满多边机构的现有格局，尤其是被这些国家视为化石能源和核能产业先锋的国际能源署。于是这个联盟放弃重组国际能源署的想法，希望通过建立一个全新的国际机构，专注于可再生能源，以此给予可再生能源部门在国际舞台上更大的话语权。[②]

目前的国际环境表现出极高的传导性，特别是油价的日益升高和公众对气候变化与日俱增的关注，而该联盟从其中受益颇多。油价在 2004—2008 年间翻了两番，在 2008 年夏天达到每桶近 150 美元的历史新高[③]，一年之后 IRENA 便得以创建。这些创纪录的油价使得能源安全问题迅速进入了许多国家的最高政治议程中。与此同时，公众对全球变暖的关注度也在过去的 20 年中稳步提升。1998 年至 2006 年间，美国公民对气候变化正在发生这一科学共识有了更为清醒的认知。[④] 2007—2008 年的民意调查显示，在欧洲和北美地区，超过 63% 的人口将气候变化视为严重的威胁。[⑤] 随后几年，可能是由于全球经济衰退，该数值在这两个地区都有所下降，这也证明 2008 年对于 IRENA 这类组织的创建确实开启了难得的机会之窗。

简而言之，不论是在全球环境治理还是在更为广泛的世界事务上，IRENA 的迅速创建与多边创新速度不断下降形成了鲜明对照。德国及其合作伙伴

---

① Scheer, H., *Energy Autonomy: The Economic, Social and Technological Case for Renewable Energy*, London: Earthscan, 2007.

② Van de Graaf, T., "Fragmentation in Global Energy Governance: Explaining the Creation of IRENA", *Global Environmental Politics*, 13 (3), 2013, pp. 14 – 33.

③ British Petroleum, "Statistical Review of World Energy", 2013, available at http://www.bp.com/statisticalreview.

④ Pidgeon, N. and Fischhoff, B., "The Role of Social and Decision Sciences in Communicating Uncertain Climate Risks", *Nature Climate Change*, 1, 2011, pp. 35 – 41.

⑤ Gallup, "Fewer Americans, Europeans View Global Warming as a Threat", 2011, available at http://www.gallup.com/poll/147203/Fewer-Americans-Europeans-View-Global-Warming-Threat.aspx.

们逆多边主义衰退的趋势而动，提议设立一个全新的、致力于可再生能源合作的官僚机构。在这一过程中，他们担负着巨大的风险，因为他们不知道这个倡议是否能够获得必要的外交支持。他们的努力之所以在诸多多边创新的尝试中被证明是成功的，一个关键性的因素在于部分政治企业家持续的政治行动主义，他们有效地利用了金登（J. Kingdon）[①] 所谓的“问题源流”（这里指的是对高油价和气候变化的关注）去推进创设 IRENA 这个首选方案。

（二）快速的签署进程

IRENA 快速的谈判与批准进程使该机构更加引人注目。仅仅通过 2008 年 4 月和 10 月的两次预备会议，该机构便于 2009 年 1 月成立。正如上文所讨论的，如此快速的谈判进程可以归因于由于极高的油价和对清洁科技日益增长的兴趣所创造的、独特的机会之窗。

这一全新的可再生能源机构也是近期历史上成员数量扩张最快的国际性组织。在四年多的时间里，截至 2013 年 6 月初，欧盟和分布在全球各大陆、发展水平各异的至少 159 个国家签署加入该机构。其中，欧盟和 111 个国家已批准 IRENA 的条例而成为其正式成员国。在尚未签署 IRENA 条例的国家中，中国可能是最令人惊讶的，因为它在诸如风力涡轮机和太阳能光伏板等低碳技术的制造业方面处于世界第一的位置。此外，中国开始成为清洁能源金融的中心，在 2012 年吸引到比世界上其他任何国家更多的可再生能源投资。[②] 然而中国官方高层在 2013 年初已经宣布中国正计划在不久的将来成为正式成员国。此外，另一个尚未加入的重要国家是巴西。

如图 3 所示，IRENA 获得批准的速度接近于近年来获批速度最快的那些重要环境协议。1997 年达成的《京都议定书》直到 2005 年才生效，在最初的

---

① Kingdon, J. W., *Agendas, Alternatives, and Public Policies*, Boston: Little, Brown, 1984.

② Pew, “Who's Winning the Clean Energy Race?”, 2012 ed., 2013, available at http://www.pewenvironment.org/uploadedFiles/PEG/Publications/Report/-clenG20-Report-2012-Digital.pdf.

四年中只达成了46份签署书。1998年关于危险化学品国际贸易的《鹿特丹公约》不得不等待多年才得以生效。至2002年只有17个国家签署了该条约，并且签署率至今仍然低于IRENA。IRENA在略超四年的时间里就获得111个国家的批准，其获批速度几乎与2001年的《斯德哥尔摩公约》和2000年《卡塔赫纳议定书》不相上下，后两者普遍被认为是在环境条约中拥有异常快速的签署进程。自2010年10月被正式采用以来，《关于获取遗传资源并公平公正分享其利用所产生惠益的名古屋议定书》至今仅仅被19个国家批准，而协议生效所需的获批国家数量是50个。除了可以追溯到20世纪80年代的《蒙特利尔议定书》，IRENA也是图3中列出的唯一获得美国参议院批准的重大环境条约。

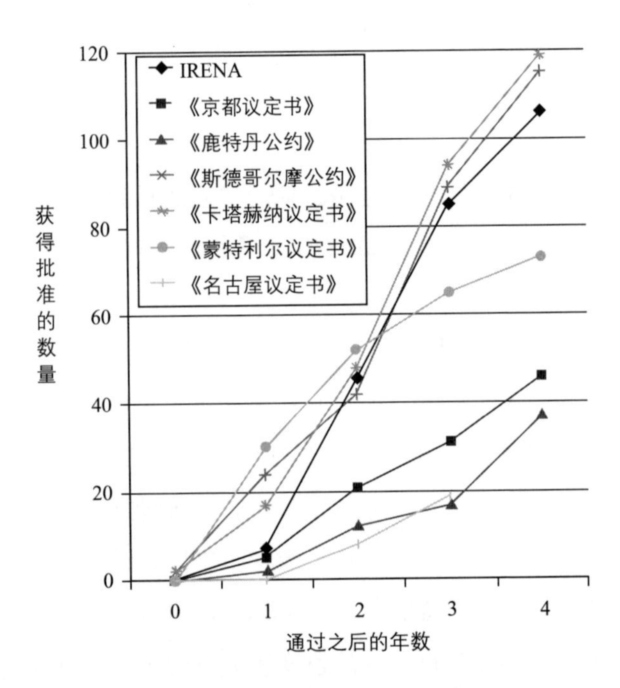

图3 部分多边环境协定的批准速度

资料来源：数据收集自各协定网站。

为何IRENA从创设之初就在国家间如此受欢迎？为有效地解答这一问题，可以将世界划分为两种类型的国家：那些有能力部署可再生能源的国家

（工业化国家和新兴经济体）和没有能力部署的国家（最不发达国家）。发展可再生能源的决定因素有很多，包括自然资源的可得性①和对核能的前期投资②，这种区别已被用于先前的研究③，也适用于 IRENA 的案例④。第一组国家构成了再生能源的先驱。它们庞大的经济规模、发展清洁科技的能力、运作资本市场的能力和有效的治理结构允许它们产生对可再生能源的需求，并利用公共政策支持该需求。⑤ 第二组国家缺乏发展可再生能源的先决条件，并且需要外部支持去增加这些能源的比重。⑥

考虑到第一组的工业化国家和新兴经济体，对于这些国家而言，IRENA 成员国的资格为它们提供了三种不同的好处。首先，成为 IRENA 成员国的工业化国家和新兴经济体，能通过低廉的代价来影响那些依赖 IRENA 获取专业知识和技术支持的国家的新能源部门。特别是在发展中国家，IRENA 在形塑政策选择与技术决策时能够发挥关键性的作用。然而，尽管拥有如此之多的成员国，这种优势不可能平等地提供给所有成员国。相反，IRENA 很可能成为可再生能源政策的竞赛舞台。考虑到工业化国家之间对于可再生能源政策和技术有着冲突性的偏好，这种优势可能由此在发达国家间竞争性地分散开来。其次，尽管 IRENA 自身并不投资可再生能源项目，但它允许工业化国家和新兴经济体在市场上向其他国家出售它们的技术和解决方案。由于最不发达国家在政策设计和技术选择上依赖于 IRENA，该组织的优先项和发展战略将形成一个快速增长的可再生能源市场，该市场区别于相对富裕国家较为成

---

① Burke, P. J., "Income, Resources, and Electricity Mix", *Energy Economics*, 32 (3), 2010, pp. 616 – 626.

② Szarka, J., "Why is There No Wind Rush in France?", *European Environment*, 17 (5), 2007, 321 – 333.

③ Urpelainen, J., "The Strategic Design of Technology Funds for Climate Cooperation: Generating Joint Gains", *Environmental Science and Policy*, 15 (1), 2012, pp. 92 – 105.

④ Meyer, T., "Global Public Goods, Governance Risk, and International Energy", *Duke Journal of Comparative and International Law*, 22, 2012, pp. 319 – 348.

⑤ REN21., "Renewables Global Status Report: 2012 Update", REN21 Secretariat, Paris, 2012.

⑥ Collier, P. and Venables, A. J., "Greening Africa? Technologies, Endowments and the Latecomer Effect", *Energy Economics*, 34 (S1), 2012, pp. S75 – S84.

熟的可再生能源市场。再次，对许多政治领导人来说，加入 IRENA 也会带来象征性的利益。因为不论是在减缓气候变化还是许诺创造绿色就业方面，该身份都显示出一种“正义事业”的承诺。[①] 这种姿态性的行为在人权[②]和一些地区的环境保护[③]方面也比较明显。

那些最不发达国家，加入 IRENA 的动力则有所不同。它们可以利用可再生能源解决一系列问题，包括电力中断、对国外燃料供给的依赖以及使用化石燃料发电造成的环境污染等。加入 IRENA 使得这些国家可以安全访问关于可再生能源的信息和专业知识的“交流中心”，也可以在获取相关技术转让和融资方面占据更有利的位置。鉴于它们有限的制度与政策能力，以及低廉的 IRENA 成员费用，加入该组织对这些不发达国家既方便又有利。

在考虑这些益处时，同样重要的是要记住，IRENA 成员国所需花费的成本很低。该机构在 2013 年的预算只有 2970 万美元，其中四分之一是由作为组织总部主办国的阿拉伯联合酋长国提供的。加入该组织只需要签署组织的条例，IRENA 不会向成员国强加严格的政策或条件。成员国的财政资助遵循的是基于各国经济规模的联合国加权公式。

（三）保持对可再生能源的高度聚焦

IRENA 是第一个明确致力于可再生能源推广的主要国际机构。这是一个重要的创新，可能预示着一种解决国际环境问题，如谈判已陷入困境的气候变化等问题的新途径。当多边环境谈判陷入停顿或僵局时，IRENA 由于不处理环境争议点而避免了这个陷阱。它专门着眼于提供服务，帮助各国部署可

① Van de Graaf, T., “Fragmentation in Global Energy Governance: Explaining the Creation of IRENA”, *Global Environmental Politics*, 13 (3), 2013, pp. 14 –33.

② Cole, W. M., “Sovereignty Relinquished? Explaining Commitment to the International Human Rights Covenants, 1966 –1999”, *American Sociological Review*, 70 (3), 2005, pp. 472 –495.

③ Cass, L. R., “The Symbolism of Environmental Policy: Foreign Policy Commitments as Signaling Tools', in P. G. Harris (ed.), *Environmental Change and Foreign Policy: Theory and Practice*, London: Routledge, 2012, pp. 41 –56.

再生能源能力。IRENA 并不参与到看似核心的环境争议点，而是战略性地选择缩小焦点，重点部署可再生能源。

IRENA 的有限授权可以在其战略规划文件中找到证据。这些文件证明该组织是在有意缩小自己的发展路径，而不是试图为可再生能源辩护。它将可再生能源的推广作为既定目标，并且聚焦于将政策与投资影响最大化，特别是 2011—2013 年间的 IRENA 工作计划。这些工作计划特别强调，即使是在全球气候变化的背景下，IRENA 也应该关注它的主要使命。正如 2011 年计划中描述到的：

> IRENA 必须保持相当的倾斜和敏感，提供一系列清晰的服务，以补充在可再生能源部署和政府间共同体中其他竞赛者的提供不足。例如，在更大国际体系中扮演可再生能源的倡导者角色，为全球气候变化的争论提供服务。①

在这些文件中，唯一与气候政策直接相关的是支持最不发达国家使用气候融资去推动可再生能源。例如，在 2013 年工作计划中，“气候变化”一词仅仅出现了一次，记录于“‘里约 +20’成果文件认识到，在应对能源系统的持续性问题以及可持续发展与气候变化这些更广泛的议题时，可再生能源是解决方案中必不可少的组成部分”。②

观察该机构运行的另一个有趣视角则是关注 IRENA 理事会中国家代表团的组成。IRENA 理事会是 IRENA 的执行主体，对所有的成员国负责，通过每年两次会议来安排 IRENA 的活动。例如该理事会在 2012 年 11 月举办的第四次会议。③

---

① IRENA, “Decision Regarding the Work Programme and Budget for 2011”, 2011, available at http: //www. irena. org/DocumentDownloads/WP2011/A_1_DC_8. pdf.

② IRENA, “Decision Regarding the Work Programme and Budget for 2013”, 2013, available at http: //www. irena. org/DocumentDownloads/WP2013. pdf.

③ IRENA, “Report of the Fourth Meeting of the Council of the International Renewable Energy Agency: List of Participants”, 2013, available at http: //www. irena. org/documents/uploadDocuments/4thCouncil/C_4_SR_1. pdf.

参与理事会的21个成员国共派遣了71名参与者。其中只有日本、德国、法国和丹麦派遣了由气候、生态或环境等部门官员构成的、成员众多的大型代表团。相反的，21个成员国中有15个国家至少派遣了一名来自能源部门或类似政府机构的官员。这表明成员国并不将IRENA本身视为环境组织，而强调它对于可再生能源的部署。

考虑到全球能源格局的复杂性，该机构聚焦于如此狭窄的领域从最初看来似乎是没有根据的，但它却产生了三大优势。首先，虽然预算有限，但它确保了该机构在其主要工作范围内的有效性。像IRENA这样的小型组织，难以承受由于一心多用而将本已稀缺的资源分配给其他次要的活动。但是，如果这类组织能全心地投入一组小规模的核心协同活动，则有限的资源也能产生明显的成效。IRENA目前的理事长阿德南·阿明（Adnan Amin）似乎对此有清楚的认知：

> 虽然我们的预算有限，但我并不想将预算用于创建一个庞大的、稳固的官僚机构。反之，我想要在秘书处组建一支能干而紧密的团队，并且根据需要引进外部的专业知识。（对阿德南·阿明的采访，伦敦，2012年4月26日）

其次，通过保持对可再生能源的高度聚焦，IRENA在当代全球环境治理的拼凑格局中扮演着重要的角色。没有其他现存组织像它一样明确地聚焦于可再生能源。对于工业化国家，国际能源署提供了许多能源相关的技术服务，但该组织主要关注旧能源，如装备有碳捕捉和封存（CCS）技术的核能和化石燃料。从世界银行到全球环境基金会，可持续能源在其项目投资组合中扮演着越来越重要的角色。正如下文将论证的，这在一定程度上也归功于IRENA的创设与活动，然而这两个国际机构都尚未制定明确的可再生能源政策或部署其明确的优先发展项目。

最后，IRENA对可再生能源的聚焦降低了政治争论。例如，各国可能对气候变化政策各执己见，但是可再生能源在全球范围内增长如此迅速，各国都需要相关的专业政策和知识来管理并促进这种增长。[①] 考虑到可再生能源的急速增长及其潜能，没有国家能够承担得起将自己完全排斥在该政策领域之外的后果。而今即使是像沙特阿拉伯这样的主要石油出口国，也要通过对太阳能的投资来减少本国的石油消耗。

三、IRENA 的角色、功能与现有成就

IRENA 不建立具体的行为标准，也不对其成员施加有法律约束力的义务，甚至不为谈判相关的义务或承诺提供组织框架。相反，IRENA 关注与可再生能源技术和政策相关的知识收集与传播。尽管授予的是软性职权，IRENA 仍然可能对全球能源和气候政治施加重大影响。IRENA 的软性定位与对信息的关注，可能是它同时取得高批准率和有效开端的原因，尽管普遍认为[②]在国际组织的形成过程中，即便不总是，也经常性[③]地存在广泛而深刻的权衡交易。本文着重分析 IRENA 获取全球影响力的三种机制：（1）向其成员国提供有价值的知识服务；（2）在分散化的全球制度环境中将服务聚焦于可再生能源；（3）动员其他国际机构共同促进可再生能源。

（一）知识服务

IRENA 的主要活动围绕着缓解信息壁垒和不对称性、收集和传播知识，比较和评估国家规章制度，以此鉴定可再生能源管理领域的最佳实践。因而该机构被划归为一个“知识”的机构，被迈耶（T. Meyer）[④] 界定为“吸收基

---

① REN21, “Renewables Global Status Report: 2012 Update”, REN21 Secretariat, Paris, 2012.

② Downs, G. W., Rocke, D. M. and Barsoom, P. N., “Is the Good News about Compliance Good News about Cooperation?”, *International Organization*, 50 (3), 1996, pp. 379 - 406.

③ Gilligan, M. J., “Is There a Broader-deeper Trade-off in International Multilateral Agreements?”, *International Organization*, 58 (3), 2004, pp. 459 - 484.

④ Meyer, T., “Epistemic Institutions and Epistemic Cooperation in International Environmental Governance”, *Transnational Environmental Law*, 2 (2), 2013, pp. 15 - 44.

本的科学与技术研究，并将之应用到特定的法律或政策问题”。

IRENA 之所以定位为知识性机构，在一定程度上受到探讨国际机构“能”与“不能”的大量国际关系研究的影响。许多学者强调：这样的机构在试图强制和约束国家行为时面临着诸多困难，相反，制度化的国际组织在能力建设、信息共享与协调方面则更为有效。① 从这个角度看，将 IRENA 界定为知识性机构则显得理由充分。

这个年轻机构所支持的一个主要的知识性计划是发展“全球太阳能和风能数据集”（Global Atlas for Solar and Wind），就是将风能和太阳能的技术和经济潜力绘制成图。在图谱数据库的网站显示的诸多数据中包括世界各地区的平均资源状况，例如平均日照的年度辐射值、风速等。这样的资源评估是前所未有的，而且范围涉及世界上所有国家。这大大降低了可再生能源投资的信息壁垒，从而刺激了私人投资。IRENA 也参与到培训可再生能源的专业人员，因为正是专业人员的缺乏增加了可再生能源的安装成本，进而成为许多国家扩张部署的重要障碍。它还对不同国家的政策模式进行研究并且拥有一个可再生能源专利的数据库。根据 IRENA 的活动范围可以看出，它涵盖了在可再生能源部署和政策方面所有需要关注的关键问题。

尽管 IRENA 没有设立具有法律约束力的规则，但它提供了有价值的服务，特别是对于最不发达国家，因为它们普遍缺乏独立开展资源评估、培训课程和政策研究的能力。与此同时，IRENA 所提供的知识性服务可能会在发展中国家间引发对生产性科学与政策知识的可信性的关注。为何这些发展中国家要信任这个国际机构所提供的知识呢？它们可能会警惕发达国家为自己的清洁能源技术产业开拓新市场，例如倡导 100% 使用太阳能。这些担忧与目前仅有少数国家主导着清洁能源行业这一格局有关，八成的清洁能源创新仅仅来自美国、日本、德国、韩国、法国和英国这六个国家。② 已经提交的有关

---

① Chayes, A. and Chayes, A. H., *The New Sovereignty: Compliance with International Regulatory Agreements*, Cambridge: Harvard University Press, 1995.

② Meyer, T., “Epistemic Institutions and Epistemic Cooperation in International Environmental Governance”, *Transnational Environmental Law*, 2 (2), 2013, pp. 15 – 44.

清洁能源技术的专利申请中仅有不到1%来自非洲。[①]

迈耶[②]为解决这个难题提供了一个很好的解释。既然IRENA所提供的信息对一系列行动者们都富有价值，从采用可再生能源项目的政府到决定是否投资可再生能源产业的企业们。那么，“不同信息用户的高需求则为IRENA投资于开发高质、合用的科学信息提供持续的激励”。因为这些行为者可以独立地使用这些信息，在可再生能源传播过程中就可以避免集体行动问题。因而：

> IRENA信息的可信度最终可以通过实践得到检验。对知识性机构有所警惕的发展中国家并不需要对科学信息的收集过程进行直接观察，也不需要紧接着在集体场合下决定是否采用这些法律规定。相反，它们可以通过对已采用的国家进行观察去验证该信息的价值。[③]

这凸显出IRENA作为知识性机构的重要性。通过积累和传播信息，它创造了一个允许国家间互相学习的环境。这样的学习也减轻了对虚假信息和自利性信息的担忧，后者源于目前在全球清洁能源市场上占据主导地位的那些国家。

（二）聚焦于可再生能源

虽然组织规模小且预算有限，但IRENA已经积累了极大的知名度，因为没有其他国际机构专门从事可再生能源研究工作。该机构战略性地避开了气候变化及相关的分配冲突，全身心地关注于可再生能源并且强调它所能产生

① UNEP and EPO，“Patents and Clean Energy Technologies in Africa”，2013，report available at http：//www. epo. org/clean-energy-africa.

② Meyer，T.，“Epistemic Institutions and Epistemic Cooperation in International Environmental Governance”，*Transnational Environmental Law*，2（2），2013，pp. 15 – 44.

③ Ibid.

的共同利益。设立于巴黎的国际能源署作为经合组织（OECD）的一个分支，总的来说也着重于能源政策，但该组织只有28个成员国，而且全都来自发达国家。此外，可再生能源在国际能源署议程中仅仅是其中的一小部分。相比之下，IRENA能够指挥更多的资源和职员，为更大规模的成员国家开展分析工作。IRENA的年度预算（2013年为2970万美元）尽管略低于国际能源署（2012年为3450万美元），但是也相差不远。

在IRENA创设之前，国际可再生能源治理分散在各种政府间网络、专业项目和跨国合作之间。诸如此类的例子包括可再生能源和能源效率项目（REEEP；开始于2003年）、21世纪可再生能源政策网络（REN21；开始于2005年）和全球生物能源伙伴关系（GBEP；发起于2006年，在位于罗马的联合国粮食与农业组织FAO总部创立）。虽然这些网络与机构中许多至今仍然存在，但是IRENA则扮演联盟组织的角色，给予整个可再生能源部门更大的知名度和话语权。

与此同时，IRENA可以帮助在可再生能源共同体内部建立更多的政治共识，目前在共同体内对于可再生能源技术和各种政策工具的使用上仍存有激烈的争论。巴西作为水力发电和生物燃料大国至今尚未加入IRENA的这一事实，就是对这种分歧的有力证明。随着时间的推移，IRENA将可能为这个散乱的政策领域带来更多规范性标准，只要它持续地为可再生能源以及所有以可持续方式、可再生原料生产出来的所有形式的能源[①]提供包括技术、市场、政策在内的一站式服务建议。

《联合国气候变化框架公约》也从事环境友好型能源技术的转移，将此作为全面减少温室气体排放任务的一部分，它自2001年就开始运营一项技术转移框架（Technology Transfer Framework）。公约缔约国为了对该框架进行补充，在2010年建立了由执行委员会（Executive Committee）、气候技术中心和网络（Climate Technology Centre and Network）所组成的技术机制。《京都议定书》

---

① IRENA, "Statute of the International Renewable Energy Agency", 2009, available at http: // www. irena. org/ menu/index. aspx? mnu = cat&PriMenuID = 13&CatID = 126.

也有所谓的灵活机制以促进技术转让与投资，例如清洁发展机制（Clean Development Mechanism）和联合履约（Joint Implementation）。关键区别在于，在《联合国气候变化框架公约》赞助下的那些非商业条款中的技术转移机制具有再分配性质，因而充满了分配上的冲突。实际上，这恰好说明了近来在《联合国气候变化框架公约》内部创设的技术机制已经放弃了“技术转移”机制中的“转移”部分。①

（三）动员其他国际机构

IRENA 正在通过吸引其他机构关注可再生能源，来塑造全球政策环境。要是没有处于焦点位置的机构，其他国际组织在日常活动中很容易忽视可再生能源。然而，IRENA 的存在破坏了这一忽视战略。在可再生能源迅猛增长的情况下，小规模的 IRENA 迅速占领可再生能源的政策领域，这将使那些主要组织面临着背上污名和丧失领地的风险。因此，既然 IRENA 如此关注可再生能源，其他组织则不能再将可再生能源视为国际能源政策的边缘话题，而 IRENA 的快速批准速度则进一步强化了这种利害关系，向其他国际组织发出强烈的信号，即它们正在错过全球能源发展的重要趋势。通过鼓励机构间的竞争和政策思想的扩散，IRENA 似乎正在塑造其他机构的行为，这种连锁反应是由可再生能源领域被视为新兴的“复合机制”（regime complex）所引发的。②

虽然把可再生能源领域的利益增长与 IRENA 联系起来比较困难，但这一趋势本身是显而易见的。从 2008 年 10 月至 2013 年 6 月，世界银行和其他多边开发银行通过气候投资基金（Climate Investment Funds）在 49 个发展中国家投资近 80 亿美元，并吸引价值近 440 亿美元的联合融资用于清洁技术项

---

① Meyer, T., “Epistemic Institutions and Epistemic Cooperation in International Environmental Governance”, *Transnational Environmental Law*, 2 (2), 2013, pp. 15 – 44.

② Raustiala, K. and Victor, D. G., “The Regime Complex for Plant Genetic Resources”, *International Organization*, 58 (2), 2004, pp. 277 – 309.

目。在2012财政年度，世界银行在可再生能源方面的投资达到了36亿美元的新纪录，占能源贷款总额的44%。在发电方面的份额则高达84%。[①] 而2012年当年联合国发起“人人享有可持续能源”倡议。该倡议的目标之一就是到2030年使可再生能源在全球能源结构中的比重翻一番。

尽管很难找到直接证据证明IRENA在近来爆炸式的“可再生能源热”中发挥着重要作用，但它与国际能源署的新近变化有着直接的联系。2008年9月，就在IRENA成立的几个月前，国际能源署内部规模相对较小的可再生能源部门被彻底整合到了能源市场和安全理事会。2009年7月1日它则转变为一个完备的部门，配备了十名全职分析师并且和国际能源署的石油市场部门拥有相同的法律权限。[②] 此外，国际能源署和IRENA的领导者于2012年1月签署了一份意向书，宣布两个机构将密切合作。双方同意共同开发国际能源署关于全球再生能源政策及措施的现有数据库，并将其重命名为IEA/IRENA数据库。意向书中提及的其他合作形式包括定期的信息交流、成立筹办联合会议和研讨会的组织、相互参与到双方的技术委员会会议。本次重组表明国际能源署以更加重视可再生能源的形式回应了IRENA的成立。

四、全球治理中制度创新的典范?

通过回顾IRENA的特征及其议程，该部分将从更普遍的意义上讨论它给全球环境与能源治理带来的经验。首先，将评估IRENA在充满挑战的全球政策环境中能够持续成功的条件。机遇和挑战都将涉及，以此为政策制定者有效地驾驭它们提供实用性的指导方针。其次，将初步尝试将IRENA的经验推广到那些正在寻找角色和方向的全球性环境与能源治理机构中去。

---

① World Bank, “World Bank Financing for Renewable Energy Hits Record High”, 2012, entry available at http: //go. worldbank. org/ITW1FVVIJ0.

② “IEA Activities on Renewable Energy: An Update”, available at http: //www. iea. org/IEAnews/0310/REN_Brochure. pdf.

（一）成功的条件：机遇与挑战

IRENA 的未来会怎样？尽管该机构有个令人印象深刻的开始，但要想获得更大的影响力则是挑战与机遇并存。举个例子，IRENA 作为知识服务提供者的角色取决于其有能力不断向最不发达国家提供有益的政策建议和技术支持。那么，IRENA 的服务是否有效，这在很大程度上取决于可再生能源是否有足够的吸引力成为这些国家政府所面临的各种问题的解决方案。在当前环境下，许多国家认为可再生能源是解决从能源安全[①]到经济发展[②]等各类问题的有利方案。IRENA 满足不发达国家需求的能力关键取决于识别出在不完善的电力和资本市场下可操作的相关政策与技术，同时不要求具备高水平的治理能力并且经济划算。识别这些问题的解决方案应该是 IRENA 在未来提供知识服务的基石。

同时，目前可再生能源的投资环境为 IRENA 提供了有前景的发展机遇。随着技术的进步和全球市场的扩张，可再生能源发电的成本将逐步下降[③]，对于那些被排除于工业化国家和新兴国家之外的世界其他国家，可再生能源变得越来越有利可图。尽管目前大多数可再生能源的增长主要存在于经济合作与发展组织以及主要新兴经济体，但是在过去的 20 年中，投资可再生能源的国家的数量成倍增长。若要在地理范围上扩展主要可再生能源投资，需要专业性的技术知识。如果 IRENA 能够成为供给专业知识的核心机构，它可以催化这些国家的主要私人投资，否则，这些投资将因为管理与信息上的障碍而难以实现。

---

① Asif, M. and Muneer, T., "Energy Supply, Its Demand and Security Issues for Developed and Emerging Economies", *Renewable and Sustainable Energy Reviews*, 11 (7), 2007, pp. 1388 - 1413.

② Brass, J. N., Carley, S., MacLean, L. M. and Baldwin, E., "Power for Development: A Review of Distributed Generation Projects in the Developing World", *Annual Review of Environment and Resources*, 37, 2012, pp. 107 - 136.

③ REN21, "Renewables Global Status Report: 2012 Update", REN21 Secretariat, Paris, 2012.

IRENA 所面临的最重要挑战是政治性的。首先，IRENA 的可再生能源议程至少在原则上可能被其他能源利害相关者挟持。在 IRENA 成立之初，这种担忧是关于核能源，特别是由于将 IRENA 总部定在阿布扎比的决定和一名法国女人获得临时理事长的职务。[①] 阿布扎比的支持者指出，将总部设在西方国家以外有利于帮助机构获得全球支持，埃里克·马丁诺德（Eric Martinot）作为可再生能源专家和 REN21《可再生能源发展报告（2005—2010）》（Renewables Global Futures Report for the Years 2005－2010）的主要作者，怀疑 IRENA 能否成为有效推动变革的机构（例如促进可再生能源代替核能），或者只是一个核议程的附属。[②] 同样，也有说法暗示总部选址的结果表明这是产油国影响可再生能源行业的一次尝试。到目前为止，这些担忧被证明是毫无根据的。但 IRENA 能否成功地成为可再生能源的中心机构，将取决于能否避免类似的政治化。既然 IRENA 倘若缺乏广泛、全球范围的支持则无法成功，那么对它而言，来自既得利益集团别有用心的“制度虏获”[③] 将是重大的威胁。

IRENA 所面临的另一危险来自气候政策。与可再生能源不同，气候政策仍然是在政治上有争议的话题。尽管大多数国家都认同气候变化是一个威胁，但对于如何对待该问题却远未达成一致意见。[④] 对气候政策的支持者而言，IRENA 可能是推广他们观点的潜在论坛。虽然这个意愿是好的，但该战略将产生适得其反的效果。IRENA 推进可再生能源的能力，对于结合当今能源技术进行“可持续能源转型”的任何有意义实践而言都是重要的组成部分[⑤]，但 IRENA 的这种能力取决于国家间关于“可再生能源**为何**很重要”这一问题

---

① Worldwatch Institute, “IRENA Politics May ‘Taint’ Agency, Advocates Say”, *Eye on Earth*, 2009, available at http://www.worldwatch.org/node/6169.

② Ibid.

③ Mansfield, E. D., “Review: International Institutions and Economic Sanctions”, *World Politics*, 47 (4), 1995, pp. 575－605.

④ Victor, D. G., *Global Warming Gridlock: Creating More Effective Strategies for Protecting the Planet*, New York: Cambridge University Press, 2011.

⑤ Barrett, S., “The Coming Global Climate-technology Revolution”, *Journal of Economic Perspectives*, 23 (2), 2009, pp. 53－75.

存在分歧而引发的政治僵局能被避免。

（二）一个独特的或可复制的过程？

IRENA 能否作为未来全球治理创新的榜样？例如，IRENA 的经验能否对“里约 +20”区域筹备进程、可持续发展目标、后京都气候谈判和多哈贸易谈判有所借鉴？为了回答这些问题，上文对 IRENA 进行了详尽的描述。本文认为尽管事后看来 IRENA 可能显得**别具一格**，但它确实面临着与其他大多数的多边谈判相类似的政治障碍。

IRENA 的创建过程是坎坷的。希尔创建 IRENA 的最初提议比这一全新组织的实际建立时间早了近 20 年，这证明了他在实现该计划过程中所遭遇的困难。在 20 世纪 90 年代，尽管他积极活动，该提议仍未能聚集足够的兴趣和支持。[①] 八国集团于 2000 年设立了一个可再生能源工作组，只是在下一年度峰会中完全忽视了该工作组的建议。[②] 在 2002 年约翰内斯堡的可持续发展世界首脑会议上，一些欧洲国家和发展中国家想要制定一个全球目标，使可再生能源到 2010 年实现 10%—15% 的增长，但该提案被包括美国在内的一些国家所挫败。[③] 紧接着，德国和一些国家缔造了约翰内斯堡可再生能源联盟（JREC）以继续推动该领域富有意义的国际行动。欧盟委员会筹设了可再生能源联盟秘书处，超过 80 个国家参与到该联盟中。2004 年，德国在波恩第一次组织了有关可再生能源的系列政府间会议。然而，这次会议的政治结果令许多可再生能源的支持者失望。

于是，德国政府做出“改变策略”这一至关重要的决定。它不再追求包

---

① Van de Graaf, T., “Fragmentation in Global Energy Governance: Explaining the Creation of IRENA”, *Global Environmental Politics*, 13 (3), 2013, pp. 14 – 33.

② Lesage, D., Van de Graaf, T. and Westphal, K., *Global Energy Governance in a Multipolar World*, Farnham: Ashgate Publishing Limited, 2010.

③ DeRose, A. M., La Vina, A. G. and Hoff, G., “The Outcomes of Johannesburg: Assessing the World Summit on Sustainable Development”, *SAIS Review*, 23 (1), 2003, pp. 53 – 70.

容的多边行动，而是从一开始就形成“排他性的先驱联盟”，将 IRENA 设立于联合国的领域之外。[①] 因此，在 2008 年的华盛顿可再生能源会议上，德国政府宣布将启动筹建 IRENA 的谈判进程。三位特别大使被任命来与其他各国进行双边会谈。2008 年的这次预备会议有大量的代表团出席，其中 70 个国家在 2009 年 1 月就决定签署 IRENA 法令。[②]

总而言之，IRENA 是在艰难的谈判环境中取得成功的。这一经历为世界政治其他领域的谈判提供了两点启示。第一，在全球治理领域，即使制度创新的最初尝试被证明是失败的，但只要在创议背后有着持续的政治行动，最终仍然可以获得成功。第二，倘若集体行动问题不是亟待解决问题的关键部分，通过小规模的意愿联盟进行制度创新可以是很好的开局方式。多边合作倡议可以被推迟以打破谈判僵局。

IRENA 创新模式的可复制性取决于两个关键参数。其一，对于那些有能力在全球治理上开展创新的国家，其国内政治力量对比必须是这样的：对于国际合作存在持续的需求（推力因素）。其二，必须对那些亟待解决的问题加以形塑，使之避免涉及集体行动困境，要为每个国家和参与方提供净收益，使之成为富有吸引力的选项进而促使各方争先效仿（拉力因素）。

五、结论

本文描述并评估了 IRENA 在全球能源格局的作用，最终的核心观点是 IRENA 展现了在促进可再生能源方面的一条非同寻常的创新路径。IRENA 将其目标设定为与可再生能源相关的狭小领域，尽管预算较小且缺乏可靠的工作业绩，它仍然成为了面向最不发达国家的知识服务主要提供者。IRENA 聚焦于可再生能源的职能授权，使其避开了一些围绕核能和气候变化的政治争

① Hirschl, B., “International Renewable Energy Policy: Between Marginalization and Initial Approaches”, *Energy Policy*, 37 (11), 2009, pp. 4407–4416, IEA. (2010).

② Van de Graaf, T., “Fragmentation in Global Energy Governance: Explaining the Creation of IRENA”, *Global Environmental Politics*, 13 (3), 2013, pp. 14–33.

论。我们已经证明，这一新萌芽组织的成功，很大程度上是因为它能够保持这种高度的聚焦。对 IRENA 而言，纠缠于那些诸如气候变化谈判这类仅仅和消除可再生能源部署中的障碍相关的议题，这既在政治上不明智，也在经济上不划算。从更普遍的角度看，IRENA 并不强调那些和可再生能源相关的集体行动和政治争议，这点可以为其他国际组织应对环境问题提供一种颇有前景的战略建议。基于 IRENA 在创设初期这些年间的表现，该策略的前景和未可预料的困难值得进一步研究。例如，避开集体行动可能会使组织被公认过于软弱，进而丧失现有的规范各国行为的能力。对于该组织而言，避开集体行动的优势是否比陷入上述危险更为重要？

本文同样也证明了 IRENA 的成功可以为全球治理领域的其他创新提供有益的经验。尽管事后看来，IRENA 的成功似乎是显而易见的，但持续的政治行动和周严的制度设计使得该组织拥有一个充满希望的开端，而 IRENA 能否长期保持其势头还有待观察。或许最重要的是，IRENA 这个案例强调了使各国家产生积极参与的内在激励相当重要。作为全球可再生能源的信息中心，IRENA 填补了治理架构的一项重大空白。最不发达国家之所以纷纷加入该组织，是因为它们期望获取诸如资源评估、能力建设等政策建议及相关信息并从中得到可观的收益。与此同时，工业化国家和新兴经济体也加入 IRENA，因为它们有强大的动力去参与塑造全球可再生能源政策环境。

我们未能评论 IRENA 在未来全球能源和环境治理中能否具有更加引人注目的影响。从中长期来看，IRENA 也可能逐渐地为可再生能源的全球扩张创建支持群体。虽然 IRENA 主要扮演信息的收集者和传播者，但它也具有明确的使命，即推进可再生能源在全球范围内的发展和部署。IRENA 不仅仅是信息的搜集中心，也在向更广泛的受众传达“支持可再生能源”的清晰信号。

从先前研究可以看出，国际机构可以增加支持者的选举影响力和信息状况，这有利于那些由他们提出的、尚存有争议的政策。[①] 在这一过程中，国际

① Dai, X., “Why Comply? The Domestic Constituency Mechanism”, *International Organization*, 59 (2), 2005, pp. 363 – 398.

机构可以促成分散化的支持机制，并借此获得各国家对其目标和任务的支持。这种支持不是因为这些国家被其他国家说服而遵守国际协定，而是因为国内支持者迫使其政府按照国际机构规定的方式去执行。

尽管现在说 IRENA 有足够的合法性和公信力去实现这一目标为时尚早，但也不能即刻否定这种可能性。事实上，关于 IRENA 的争论早已被提出。按照迈耶[①]的观察，“IRENA 对于减少投资交易成本的关注，可以动员起私人金融资源对可再生能源的投资，一旦投资成功，那么有利于可再生能源的政治支持就会相继出现”。换言之，IRENA 可以帮助形成或增强国内甚至跨国的游说集团来支持可再生能源。理论上说，这可能激发起一种自我强化的动力，并借此利用国内领导力量去影响国外领导力量。尽管 IRENA 目前的方向是充满希望的，若能形成动员全球可再生能源共同体的领导能力，则会将该组织的重要性整体提升到一个全新的高度。

① Meyer, T., “Global Public Goods, Governance Risk, and International Energy”, *Duke Journal of Comparative and International Law*, 22, 2012, pp. 319 – 348.

全球能源治理：金砖国家是否有能力推进改革？[*]

［澳］克里斯蒂安·唐宁　著　　刘九勇　译[**]

金砖国家——巴西、俄罗斯、印度和中国——日益崛起的实力如今已经成为关于国际事务和全球治理未来的讨论焦点。金砖国家拥有重塑国际系统的能力，这已经是不争的事实；并且由一些学者开启的对这些西方的潜在竞争者的关注，也是屡见不鲜。例如，现实主义者就主张美国和欧洲应该实施权力平衡战略来牵制这些新兴力量的崛起。① 其他人则聚焦在金砖国家对全球治理特别是全球经济治理而言到底意味着什么②，这反映了这样一个事实，即2001年出现的“金砖国家”概念，实际上是为了强调这些国家中不断增长的经济力量。的确，2015年将成为中国的GDP首次（至少在最近的历史中）超

---

* 原文标题：Global Energy Governance：Do the BRICs Have the Energy to Drive Reform?，载 *International Affairs*, 91 (4)，2015，pp. 799 – 812。

** 作者简介：克里斯蒂安·唐宁（Christian Downie），新南威尔士大学博士后。译者简介：刘九勇，北京大学高等人文研究院博士后。

① Patrick Stewart，“Irresponsible Stakeholders? The Difficulty of Integrating Rising Powers”，*Foreign Affairs*, 89：6，2010，pp. 44 – 53.

② Miles Kahler，“Rising Powers and Global Governance：Negotiating Change in a Resilient Status Quo”，*International Affairs*, 89：3，May 2013，pp. 711 – 729.

过美国的年度，而且它还很有可能长期保持这种地位。① 全球经济治理是金砖国家的主要领域，也是最能够明确展示这些新兴经济实体力量的领域。正如其他人指出的那样，金砖国家利用了2008年全球金融危机，来推动全球经济机构特别是国际货币基金组织和世界银行的改革。②

然而，却很少有人注意到金砖国家在全球能源治理中的作用。其原因主要包括两方面——虽然正如安德鲁·库珀（Andrew F. Cooper）和丹尼尔·弗莱姆斯（Daniel Flemes）指出的，这可能反映了这样一个事实，就是关于金砖国家的学术文献基本上仍然热衷于经济和外交领域。③ 第一个原因在于，在一些全球治理学者那里已经达成了一个新共识："全球能源治理鸿沟"（global energy governance gap）④ 仍然存在。新兴的生产者和消费者已经重塑了全球能源市场；能源部门"贡献"了全球温室气体排放量的三分之二，其现存的制度架构亟待变革。例如，中国现在是世界上最大的能源消费国，且不久还将成为最大的石油进口国，印度也预计会在十年之内成为世界上最大的煤炭进口国。⑤ 然而中国和印度，也包括其他的那些金砖国家，却被排除在主要的国际能源组织——国际能源署（IEA）之外。

第二个原因在于，尽管最近的文献开始积极思考与现有的国际能源体系结构相关的问题，并开始考虑所需的全球能源治理改革类型，但却很少考虑哪一角色可以来帮助实施这样的改革。其中一个观点认为金砖国家具有这样的实力。这不是单纯地建立在它们日益增长的经济力量基础之上，而

① World Bank, "Purchasing Power Parities and Real Expenditures of World Economies: Summary of Results and Findings of the 2011 International Comparison Program", Washington DC, 2014.

② Oliver Stuenkel, "The Financial Crisis, Contested Legitimacy, and the Genesis of Intra-Brics Cooperation", *Global Governance*, 19: 4, 2013, pp. 611 –630; Peter Drahos, "Regulatory Capitalism, Globalization and the End of History", *Intellectual Property Law and Policy Journal*, Vol. 1, 2014, pp. 1 –23.

③ Andrew F. Cooper and Daniel Flemes, "Foreign Policy Strategies and Emerging Powers in a Multipolar World: An Introductory Review", *Third World Quarterly*, 34: 6, 2013, pp. 943 –962.

④ Ann Florini, "The Peculiar Politics of Energy", *Ethics and International Affairs*, 26: 3, 2012, p. 303.

⑤ IEA, *World Energy Outlook* 2013, Paris, 2013.

是基于对金砖国家经济转型能够推动全球能源市场快速转型的观察。2014年在布里斯本举行的二十国集团峰会上，与会领导人首次商讨了全球能源治理，并一致同意改革国际能源体系，以期能够更好地反映这些国家所承担的角色。[①]

在全球能源治理改革已经列入了国际议程的大背景下，本文主要讨论金砖国家是否有潜力重塑适用于能源治理的国际体系。特别是，本文要考察金砖国家是否能够作为一个联盟来对现有的国际体系结构产生实质性的改变和影响——具体来说就是，一方面推动那些安全可靠且负担得起的能源供给改革，另一方面实现未来向低碳能源转型。[②] 根据最近对全球治理和国际谈判方面的一些学者，以及对二十国集团官员（包括那些从事能源谈判的官员）的采访和作者的观察，本文认为在过去的二十国集团谈判中，金砖国家没有能力也没有意愿去推动全球能源治理改革。特别是，作为一个能源联合体，金砖国家在产生不同的利益纠纷时无法进行有效的协调，结果是它们在能源治理方面没有形成一致偏好。然而，采访资料显示，在金砖国家缺乏统一领导的情况下，鉴于最近中国在国际舞台上的表现，中国很可能会在推动全球能源治理改革方面展现更好的前景。文章首先概述“全球能源治理鸿沟”这一新兴共识；接下来则是将金砖国家置于全球治理的文献背景中加以研究；在这些实证和理论背景下，笔者将继续通过考察那些访谈数据，来探讨金砖国家是否有能力推动全球治理改革；最后讨论的是，如果金砖国家不具备这样的能力，那该由谁来承担这一责任。

一、全球能源治理鸿沟

全球能源部门主要是为金砖国家所重塑。正如上文所述，中国现在是世

---

① Tony Abbott, “G20 Leaders Discuss Global Energy Issues”, Department of the Prime Minister and Cabinet, Canberra, 2014.

② Florini, “The Peculiar Politics of Energy”.

界上最大的能源消费国家，印度也将会从 2020 年起成为亚洲能源消耗的主要驱动者。巴西将会成为一个主要的石油出口国家，并预计在 2035 年成为世界第六大石油出口国。[①] 我们正在见证一次能源格局的巨变，且这一领域已经不再由大西洋两岸的那些经合组织（OECD）国家所主导了，取而代之的是，全球能源市场未来的轮廓将会被亚洲和中东地区所塑造。根据国际能源署的统计，全球对能源的需求将会持续增长到 2035 年，但是非经合组织国家则贡献了这种需求增长的 90%。更直接地说，2004 年经合组织国家和非经合组织国家消耗了同样多的能源，但是在 2035 年的时候非经合组织国家对能源的需求量将会是经合组织国家对能源需求量的两倍。[②]

中国和印度有着充分理由被用来描绘未来能源趋势。到 2035 年，亚洲曾经的水稻种植区所消耗的能源，将会比第二大能源消费国——美国多出 80%。北京和上海的道路拥堵，反映了中国对汽车持续增长的需求，而这一需求还会持续增长到 2030 年。到那时，中国在道路上所消费的石油将会超过任何其他国家的舰队所消费的石油——而在不到十年以前，这还是一个看似很荒谬的预言，尤其是对于亨利·福特而言。从 2025 年开始，中国对能源的需求将会放缓，在亚洲，印度将会成为能源需求的主要驱动力，且它对能源的需求量相当于整个欧盟 2035 年一年的需求。[③]

上述变化将会发生在这样一个世界背景当中：碳排放受到限制，并且“能源部门将成为决定气候变化目标是否实现的关键”。[④] 气候问题也是一个能源问题。与能源相关的二氧化碳排放量持续上升，而且根据国际能源署的预测，即便世界各国政府已经考虑采取相应措施来应对气候变化的影响，碳排放量到 2035 年也将会增加 20%。[⑤] 如果世界没有采取进一步行动来减少温室气体的排放，那么最终结果将是全球平均气温上升超过防止危险气候变化

---

① IEA, *World Energy Outlook 2013*.

② IEA, *World Energy Outlook 2013*, p. 65.

③ IEA, *World Energy Outlook 2013*, pp. 67 - 8.

④ IEA, *World Energy Outlook* 2013, p. 1.

⑤ IEA, *World Energy Outlook* 2013, p. 24.

的 2℃。[①]

这些快速的转型也暴露着现有国际能源体系内的鸿沟。全球治理的学者认为，目前的这一体系由一些重叠的、带有偏见的机构组成，“这与一个良好结果的合理评估还相去甚远”[②]。尼尔·赫斯特（Neil Hirst）和安东尼·福罗格特（Antony Froggatt）总结说，“在能源合作政策上可能会需要一个真正的全球机构，该机构囊括所有的主要能源消费国，并且在与能源生产国有共同利益的领域中，同这些生产国展开合作”[③]。他们认为这样一个机构可以通过对现有机构进行改革而产生，“也可以从头构建”。

目前居于主导地位的机构是国际能源署（IEA），它由世界上最大的石油消费国家——美国、英国和日本在 1974 年所建立，以实现 20 世纪 70 年代石油危机之后对世界最大的石油供应组织——石油输出国组织的牵制。在最近几十年间，该机构所涉范围不断扩大，它所关注的焦点也不仅仅包括石油制造，还涉及天然气市场、能源效率以及气候变化问题。它的成员国也在逐渐增加，从最初的 17 个成员国到现在的 29 个成员国，这几乎囊括了经合组织的所有成员国。[④] 但是由于金砖国家并非经合组织的成员——成为国际能源署正式成员国的一个关键条件就是作为经合组织的成员，此外，还需要成员国持有的石油战略储备至少应相当于 90 天的石油净进口量——因此，金砖国家仍然被排除在国际能源署之外。

---

① T. F. Stocker, D. Qin, G. -K. Plattner, M. Tignor, S. K. Allen, J. Boschung, A. Nauels, Y. Xia, V. Bex and P. M. Midgley, *Climate Change* 2013 : *The Physical Science Basis. Contribution of Working Group I to the Fifth Assessment Report of the Intergovernmental Panel on Climate Change*, Cambridge: Cambridge University Press, 2013.

② Navroz K. Dubash and Ann Florini, “Mapping Global Energy Governance”, *Global Policy*, Vol. 2, special issue, 2011, p. 15; Christian Downie, “Global Energy Governance in the G20: States, Coalitions and Crises”, *Global Governance*, 21: 3, 2015, pp. 475 – 92.

③ Neil Hirst and Antony Froggatt, *The Reform of Global Energy Governance*, London: Grantham Institute for Climate Change, 2012.

④ Ann Florini, “The International Energy Agency inGlobal Energy Governance”, *Global Policy*, Vol. 2, special issue, 2011, pp. 40 – 50; Thijs Van de Graaf, “Obsolete or Resurgent? The International Energy Agency in a Changing Global Landscape”, *Energy Policy*, Vol. 48, 2012, pp. 233 – 41.

除了国际能源署以外，现有的国际能源体系机构中还包括了一系列相互重叠的，并且议程往往相互冲突的能源机构。这包括：1960 年成立的石油输出国组织，该组织直到 1991 年的第一次海湾战争之后才开始与国际能源署有所互动；国际能源论坛（IEF），该组织成立于 1991 年，是石油消费国和欧佩克成员国之间的对话机构；于同一年建立的能源宪章条约组织（ECT），则旨在促进冷战后能源部门对东欧的投资；以及最近的国际可再生能源署（IRENA），2011 年在德国领导人对可再生能源的积极推进下，该组织得以成立。[①] 尽管这些组织已经比国际能源署和国际能源论坛拥有更多包容性的成员国，比如它们囊括了四个金砖国家，但相比之下其成员国对国际能源市场的影响及其资源都十分有限。因此，二十国集团和金砖国家将能源改革的努力聚焦在国际能源署方面，而在该机构内，没有一个国家是金砖国家的成员。

在这种情况下，需要什么类型的全球能源治理改革仍然是一个悬而未决的问题。比如现有的一个正在进行的讨论就是，全球治理鸿沟是否可以通过改革现有的机构（如国际能源署）或在机构之间开展更好的合作（比如国际能源署和国际能源论坛），或者是否需要一个新的机构——如全球能源组织来实现。然而，本文并不关注全球能源治理改革的具体**类型**，而是分析金砖国家能否作为一个联盟并通过实质性的影响去改变现有的国际能源体系结构。下一节中，本文将考察金砖国家在全球治理中的作用；而接下来，则将更仔细地考察金砖国家作为一个联盟在能源领域中扮演的角色。

二、全球治理和金砖国家

（一）全球治理

参与国际政治讨论的学者和政策制定者，已经接受了“全球治理”作为

① Thijs Van de Graaf, “Fragmentation in Global Energy Governance: Explaining the Creation of Irena”, *Global Environmental Politics*, 13: 3, 2013, pp. 14 – 33; Hirst and Froggatt, *The Reform of Global Energy Governance*; Dries Lesage, Thijs Van de Graaf and Kirsten Westphal, *Global Energy Governance in a Multipolar World*, Aldershot: Ashgate, 2010.

“国际关系”的对立概念。[①] 对治理的关注立即引发了这一问题：谁去执行这些治理？换而言之，就是：谁来治理全球?[②] 国际关系理论家主要关注国家，比如政府可以通过国际条约、创造国际组织和利用诸如二十国集团之类的峰会过程，来参与对全球事物的讨论和议程制定。

在这种背景下，自由主义学者的研究都集中在国际“规制”（regimes）方面，即被定义为“围绕参与者的期望所汇集的给定领域的诸原则、规范、规则和决策程序”[③]。从这个观点来看，诸如世界贸易规制或气候规制之类的规制，之所以在全球治理中至关重要，乃是因为它们能影响国家的行为。传统的观念认为国家建立规制是期望能增强人民的幸福感，并且规制一旦确立之后，就更倾向于维持自身而非再创造。因此，当国家遇到问题时，通常都是试图去改良已有制度，而非建立新的制度。[④]

尽管全球能源治理研究的主要理论贡献之一是强调无数“非国家行为者”对全球治理的参与，本文的目的及关注点则是金砖国家的作用，并聚焦于国家角色。全球治理的一个显著特征是对联盟的强调。诸如二十国集团之类的多边谈判的其中一个关键特征就是各方所构建的联盟，即“一组通过谈判来协调和捍卫共同立场的国家”[⑤]。谈判学者指出，在多边谈判中，联盟越大，所失越少，而所得越多，并且，那些同时包括发达国家和发展中国家的联盟要比没有同时囊括这些国家的联盟收益更多。实证研究表明，根据特殊事务而界定的联盟，要比同时涉足多个领域的联盟表现更好。[⑥] 因此假如金砖国家

---

① Mark Bevir, *Governance: A Very Short Introduction*, Oxford: Oxford University Press, 2012.

② Deborah Avant, Martha Finnemore and Susan Sell, *Who Governs the Globe? Cambridge Studies in International Relations*, Cambridge: Cambridge University Press, 2010.

③ Stephen Krasner, “Structural Causes and Regime Consequences: Regimes as Intervening Variables”, in Stephen Krasner (ed.), *International Regimes*, Ithaca, NY: Cornell University Press, 1983.

④ Robert Keohane, *After Hegemony: Cooperation and Discord in the World Political Economy*, Princeton: Princeton University Press, 1984.

⑤ John Odell, “Introduction”, in John Odell (ed.), *Negotiating Trade: Developing Countries in the WTO and NAFTA*, Cambridge: Cambridge University Press, 2006.

⑥ John Odell, “Introduction”.

要就全球治理改革而开展联盟，那么在能源方面，金砖国家联盟的经济发展基础则颇为重要。

（二）金砖国家

在这种背景下，毫无疑问，金砖国家的崛起会对国际事务和全球治理带来显著影响。对此，没有比二十国集团的崛起更能清楚地说明这一点的了，二十国集团通过让金砖国家坐下来和谈，已经取代了八国集团而作为国际经济合作和越来越多的非经济事务的主要论坛。一方面，金砖国家的崛起已经被视为一个挑战现有国际秩序和对西方具有根本性威胁的联盟。威廉·桑顿（William Thornton）和桑戈克·汉·桑顿（Songok Han Thornton）甚至认为，尤其是随着中国的崛起，我们正在见证威权资本主义和民主资本主义之间的“竞争性资本主义的角逐”①。另一方面，金砖国家很大程度上在现有的多边机构例如二十国集团内合作的意愿，也已经被视为其渴望适应现有的自由主义国际秩序的证据。②

由于金砖国家在不同问题上表现不一，因此现实可能比上述两个观点更为微妙。例如，金砖国家挑战美元势力的行动和对更加多元化的国际储备货币的推进，都表明其渴望挑战现有国际秩序。同时，中国由于考虑到其经济效益来源于国际贸易，因此也一直在大力提倡开放的多边贸易体系。当然，也可以将金砖国家（或者此种情况下的中国）对国际秩序的支持，视为一种在其试图挑战国际秩序前壮大自身实力的权宜之计。但是，按照迈克尔·格洛斯尼（Michael Glosny）的看法，现在还很少有证据支持这一

---

① William H. Thornton and Songok Han Thornton, “The Contest of Rival Capitalisms: Mandate for a Global Third Way”, *Journal of Developing Societies*, 28: 1, 2012, pp. 115 –28.

② Melissa Conley Tyler and Michael Thomas, “BRICS and Mortars: Breaking or Building the Global System”, in Vai Io Lo and Mary Hisock (eds.), *The Rise of the BRICS in the Global Political Economy: Changing Paradigms?*, Cheltenham: Edward Elgar, 2014; Kahler, “Rising Powers and Global Governance”.

观点。[①]

但相比于金砖国家的崛起是否代表了对国际体系的根本性挑战，在这里更要紧的问题是：金砖国家是否能作为一个协调一致的联盟来影响全球治理改革。考虑到这些国家内政治经济差异和历史不信任，多数学者倾向于强调金砖国家合作与协商所存在的诸多限制。但鉴于巴西和印度是世界上最大的两个民主国家，而处于另一极的则是作为非民主国家的俄罗斯和中国，因此最鲜明的分歧也许在政治方面。同样的，中国的经济实力也要比其他金砖国家成员的总体实力都强。[②] 它们之间的贸易利益和偏好也各不相同：俄罗斯和巴西是商品出口国，而中国则是商品进口国。中国主张追求多哈回合（Doha Round）贸易，而印度却对此持怀疑态度。[③] 历史的不信任和尤其是在亚洲的紧张的外交政策，使得外界对其作为一个协调联盟而开展行动的能力的质疑不断增加，更不用说在规范基础上进行集体领导了。毕竟，中国曾经与俄罗斯和印度有过战争。中国对巴基斯坦的支持和印度对西藏的支持，对于它们之间的关系更是无所裨益。双方在印度洋上存在利益重叠区域，并且就像缅甸和柬埔寨一样，双方也都在积极争夺在亚洲的经济影响力。[④] 中俄之间的复杂关系可以追溯到19世纪末俄国侵占了中国的大部分领土，而双方关系的破裂则当然是在冷战时期。[⑤] 而巴西则很大程度上远离了这些地缘政治的紧张局势，但距离也并未消除它与其他国家之间的政治和经济差异。

尽管学者们一致同意这些国家之间的差别超越了共识，但金砖国家之间仍旧在出人意料的层次上开展了合作。自2009年俄罗斯举办第一届“金砖国家”领导人峰会后，伴随着一些常规的峰会和部长级会议，金砖国家内部的

---

① M. A. Glosny, “China and the BRICs: A Real (but Limited) Partnership in a Unipolar World”, *Polity*, 42: 1, 2010, pp. 100 – 129.

② Joseph Nye, “BRICs without Mortar”, *Project Syndicate*, April 2013, http://www.project-syndicate.org/commentary/why-brics-will-not-work-by-joseph-s-nye, accessed 26 May 2015.

③ Stuenkel, “The Financial Crisi”, p. 620.

④ Jonathan Luckhurst, “Building Cooperation between the BRICS andLeading Industrialized States”, *Latin American Policy*, 4: 2, 2013, p. 257.

⑤ Glosny, “China and the BRICs”, p. 127.

合作频率和范围都有显著增加。[①] 如上面所看到的那样，金砖国家在二十国集团中强烈主张对国际货币基金组织和世界银行进行改革。尽管迄今为止美国仍拒绝实施下一轮改革，作为对国际货币基金组织同意提供更多的金融资源的报答，金砖国家也推动二十国集团开展了一系列的配额和治理改革以增加其投票权。[②] 2012 年新德里的金砖国家峰会[③]同意建立金砖国家开发银行，并且在 2014 年宣布这个拥有 1000 亿美元资金的银行将设于上海。除此之外，在中国和印度的支持下，2014 年成立的亚洲基础设施投资银行（AIIB），也旨在为亚太地区的基础设施项目提供融资。[④]

自由主义学者认为，只有让各个国家看得到效用，它们才会形成一个联合并对机构进行创立或者改革。金砖国家的最强烈支持者是俄罗斯和巴西，它们似乎把它视为一个增强自己在国际舞台上的话语立场和对国际事务施加影响的契机。印度也看到了好处，尽管鉴于其目前与美国的良好关系，它可能仍然会更加谨慎地看待金砖国家挑战现有秩序的作用。[⑤] 毫无疑问，就像亚洲基础设施投资银行的案例所显示的，鉴于中国拥有将其经济实力转化为单边举措的能力，它常常被看作该组织内的一个特殊类别。此外，中国经济并不像其他金砖国家尤其是俄罗斯那样脆弱，后者过度暴露于波动的全球石油市场且政府收入也依赖于此。因此，中国的参与壮大了金砖国家这一组织，并增强了它作为全球联盟的合法性。中国能够通过双边渠道寻求利益，因此它对金砖国家的需求要远远低于金砖国家对它的需求。这也最能够解释为什

---

① Stuenkel，"The Financial Crisis"，p. 619.

② G20 leaders' communiqué，Brisbane summit，15 – 16 Nov. 2014，https：//g20. org. tr/past-presidencies/，accessed 26 May 2015.

③ 南非于 2010 年加入金砖国家，使这一集团从"BRIC"变为"BRICS"。然而，鉴于本文的研究目的，我们只关注"BRIC"，因为南非在全球经济中的重要性要有限得多。参见 Jim O'Neil，*The Growth Map：Economic Opportunity in the BRICs and Beyond*，New York：Penguin，2011。

④ Atul Aneja，"ChinaInvites India to Join Asian Infrastructure Investment Bank"，*The Hindu*，30 June 2014，http：//www. thehindu. com/todays-paper/tp-national/china-invites-india-to-join-asian-infrastructure-investmentbank/article6161311. ece，accessed 26 May 2015.

⑤ Luckhurst，"Building Cooperation".

么中国不愿意作为“金砖国家”的领导者。与此同时，中国也确实在维护其与金砖国家立场一致所带来的利益，而这些立场则包括改善中国在多边论坛上与其他西方国家的谈判地位，以及改善其与俄罗斯和印度的历史不友好关系。①

三、金砖国家能否推动全球治理改革？

尽管这些国家之间存在差异，但是金砖国家能够且确实作为一个联盟在国际事务中展开行动。但是，问题在于它们是否具有实践这一机构影响的能力。在全球经济治理方面，它们影响最甚，并利用其日益增长的经济权重来充当否决权联盟，即阻碍那些它们反对的提案，而不是推动其所支持的改革。

正如它们在2014年二十国集团峰会前所做的那样，金砖国家的领导人已经公开质疑国际货币基金组织的“合法性和信用度”，但是它们并未呼吁金融体制的根本变革②，它们选择支持那些零零碎碎的改变，而非试图转变现有结构。这使得一些人认为金砖国家已经变成了一个阵营（bloc）。③ 实际上，即使在最近的国际货币基金组织实施的改革——自2008年全球金融危机后金砖国家一直支持的所谓2010治理改革中，美国仍然占据了16.5%的投票份额（相比之下，中国是6%，而俄罗斯、印度和巴西则刚刚超过2%）；这已经足够否决任何国际货币基金组织的决策了。④ 一种说法是，金砖国家最近主动采取的战略性案例——金砖国家发展银行和亚洲基础设施投资银行——都说明了这些国家希望能围绕改革而进行联合，并共同推进这些改革；尽管这两个项目目前都仍处在襁褓期，但是中国却已经在印度的支持下，大力推进了后

① Glosny，“China and the BRICs”，pp. 109 – 110.

② “BRICS Leaders Dissatisfied with Slow IMF Reforms”，*Business Standard*，15 Nov. 2014，http：//www. business-standard. com/article/news-ians/brics-leaders-dissatisfied-with-slow-imf-reforms-114111500920_1. html，40 accessed II，June 2015.

③ Drahos，“Regulatory Capitalism，Globalization and the End of History”，p. 8.

④ IMF，“Quota and Voting Shares before and after Implementation of Reforms Agreed in 2008 and 2010”，http：//www. imf. org/external/np/sec/pr/2011/pdfs/quota_tbl. pdf，accessed 11 June 2015.

一个项目。

作为一个联盟，金砖国家是否具有能力和意愿推动全球能源治理的重大改革呢？换言之，它们是否拥有足够资源，使得一方面能够推动那些保证了一个可靠且价格合理的能源供给的改革，另一方面又能够推进向低碳能源的转型？毫无疑问，金砖国家是有志于全球能源治理的。[①] 正如上文所述，全球能源市场的快速变革已经且将会持续为金砖国家所推动，并且其在全球能源市场的主导地位也使得某位评论家呼吁金砖国家将它们自己打造为一个“能源俱乐部”（energy club）。[②] 但是，它们之间的能源兴趣却各不相同。俄罗斯和巴西作为能源生产国，倾向于从高额的能源价格中获利；而作为消费国的印度和中国则会因此而备受损失。这些动机已经成为持续性的紧张关系的来源。例如，俄罗斯天然气工业股份公司（Gazprom）和中国石油天然气集团 2014 年 5 月签订的协议规定，俄罗斯每年为中国输送 3800 万立方米燃气，而这一协议的制定则在长达十年的时间中一直为相互猜疑和价格分歧所困扰。[③] 相较于与中国签订长期协议，俄罗斯更乐意把天然气以高价卖给欧洲、日本或者韩国。然而，俄罗斯同时也面临与欧洲和乌克兰的冲突，故也试图寻求其市场的多元性，中国正是利用了这一点来压低价格。[④]

进一步来说，中国和印度对进口能源不断增长的依赖和消费，也已经引起了这两个国家对能源安全的关注。[⑤] 例如，中国制定了统一的政策来试图降

① Thijs Van de Graaf, “Old Rules, New Players? Integrating the BRICs in Global Energy Governance”, in L. Spetchinsky and T. Struye (eds.), *La Gouvernance de l'énergie en Europe et dans le monde*, Louvain-la-Neuve: Presses universitaires de Louvain, 2008.

② Matthew Hulbert, cited in Stephen Fortescue, “The BRICS and Russia”, in Lo and Hisock (eds.), *The Rise of the BRICS in the Global Political Economy*, p. 231.

③ Alec Luhn and Terry Macalister, “Russia Signs 30-year Deal Worth $400bn to Deliver Gas to China”, *Guardian*, 22 May 2014, http://www.theguardian.com/world/2014/may/21/russia-30-year-400bn-gas-deal-china, accessed 26 May 2015.

④ Ole Odgaard and Jørgen Delman, “China's Energy Security and Its Challenges towards 2035”, *Energy Policy*, Vol. 46, 71, 2014, pp. 107 – 117.

⑤ 例如参见：Odgaard and Delman, “China's Energy Security and Its Challenges”。

低对煤炭的依赖，并增加对可再生能源的依赖。习近平主席在讲话中指出，中国的二氧化碳排放量将会在2030年达到顶峰，这宣告了有史以来“最关注环境”（greenest）时刻的到来。[①] 有证据显示，可再生资源正在改善中国的能源安全，2013年中国制造出了比世界上其他任何国家都要多的可再生能源（中国生产了378千兆瓦可再生能源，而美国则只生产了172千兆瓦）。[②] 因此，与高度依赖化石能源的俄罗斯相反，中国正在积极推进低碳未来。这也是国际气候大会中“基础四国”集团（即减去俄罗斯的金砖五国）之所以成立的一个原因。

尽管如此，金砖国家领导人还是打造出了一个全球能源治理改革的案例。其中大部分活动都是在二十国集团峰会上展开的。[③] 在2014年布里斯本峰会上，二十国集团领导人首次就全球能源治理进行商讨，并通过了一系列能源合作原则，约定“国际能源体制需更好地反应世界能源变化的现实图景”[④]。这一声明，不仅反映了来自金砖国家之间多年的激烈争论，也反映了发达国家承认国际能源体制并没有实现与能源市场的快速变革的同步。例如，2012年戛纳峰会之后，时任中国总理的温家宝就提出要在二十国集团国家范围内确立多边协作机制，以实现全球能源市场更加“安全、稳定和可持续”。[⑤] 2013年，国际能源署与六个“伙伴国”——巴西、中国、印度、印度尼西亚、俄罗斯和韩国——发布了一份联合声明，表示要追求一种更强大、更进步的能源多边合作形式。[⑥] 此后，2013年圣彼得堡的二十国集团峰会，与会

---

① Elspeth Thomson, “Introduction to Special Issue: Energy Issues in China's 12th Five Year Plan and Beyond”, *Energy Policy*, Vol. 73, 2014, pp. 1 – 3.

② John Mathews and Hao Tan, “Manufacturing Renewables to Build Energy Security”, *Nature*, 53: 7517, 2014, pp. 167 – 8.

③ Downie, “Global Energy Governance in the G20”.

④ G20 leaders, “G20 Principles on Energy Collaboration”, Brisbane Summit, 15 – 16 Nov. 2014, https://g20.org.tr/past-presidencies/, accessed 26 May 2015.

⑤ Hirst and Froggatt, *The Reform of Global Energy Governance*.

⑥ IEA, “Joint Declaration by the IEA and Brazil, China, India, Indonesia, Russia and South Africa on the Occasion of the 2013 IEA Ministerial Meeting Expressing Mutual Interest in Pursuing an Association”, Paris, 2013.

各国领导人也通过了所谓的“联合倡议”（association initiative），旨在吸纳国际能源署之外的新兴经济实体。[①]

然而，金砖国家是否有能力和意愿推动改革却仍不清楚。首先，对金砖国家官员的采访显示，这几个国家并没有作为一个联盟而行动。谈判专家认为，一个联盟指的是在谈判中通过明确协商来捍卫某种共同立场的一组政府。但是，大部分官员却都认为，至少在二十国集团中，“他们并没有照着同一首谱子来合唱”。[②] 在二十国集团商讨会议中，并不存在欧盟成员之间那种明确的协商，即使存在诸如国际货币基金组织改革这样的例外，但在包括全球能源治理问题在内的大部分事务上，金砖国家都会采取不同的立场。[③] 实际上，一些二十国集团官员已经指出，这一集合（grouping）“由于互相的战略利益差距之大，目前正在丧失相关性”。[④]

其次，金砖国家也由于上述原因缺乏对全球治理改革的一致偏好。例如，它们已经支持了国际能源署的联合倡议，及其延伸的例如国际能源论坛（IEF）之类的能源机构，但它们仍没有对未来能源治理的图景予以明确说明。中国和印度似乎更乐意支持国际能源署的改革，而巴西对此则更加谨慎，尤其是在有关国际主权的问题上更是如此。俄罗斯尽管也表现出了对国际能源署整合的兴趣，但乌克兰危机则使得其立场颇为复杂。[⑤] 事实上，它们对这一问题所采取的路径，也从总体上反映了它们针对全球经济治理的态度，它们会给自己所反对的提案投否决票，但并不会推动它们支持的提案。金砖国家有能力推动现有秩序内的微小变革，但它目前尚未显示出能够推动基本改革的领导力类型。

---

① IEA，“Agreement on an International Energy Program”，IEA，Paris，2014.

② 作者对二十国集团官员的采访，2014 年。

③ 作者对二十国集团官员的采访，2014 年；BRICS Information Centre，“Media Note on the Informal Meeting of BRICS Leaders on the Occasion of the G20 Summit in Brisbane”，Brisbane，2014，http://www.brics.utoronto.ca/docs/141115brisbane.html，accessed 26 May 2015.

④ 作者对二十国集团官员的采访，2014 年。

⑤ 作者对二十国集团官员的采访，2014 年。

四、若非金砖国家，那将是谁？

如果金砖国家作为一个集合体并没有能力推动全球治理改革的话，那么是否还有其他可能的成员能够更胜任这一挑战呢？例如，中国能否单独行动呢？在各种文章中有一个普遍说法是，包括中国在内的一些新兴力量，乃是“不负责任的利益相关者”：虽然它们叫嚷着要更大的全球影响力，它们通常又不愿意承担参与现有国际秩序的责任。① 类似地，正如其他人所指出的那样，虽然中国可能看起来在国际舞台上更加自信了，但这种自信乃是有限度的②，而且中国领导人也不断在国际论坛上强调说中国是一个发展中国家，并且“绝对不会接受超出发展中国家能力的义务”。③ 这一立场也扩展到了全球能源治理方面。例如，米克尔·赫贝格（Mikkal Herberg）就认为，“与国际能源署进一步的合作可能导致的更大的国际责任，这是北京所不愿意承担的”。④

不仅是中国自己，即便是整个金砖国家集团，也没有就未来国际能源结构阐明一个清晰的偏好或图景。相反，它正在转向双边的和区域的渠道以确保其能源目标。中国已经加入了与美国和日本的双边对话来管理能源事务，而且它的国有石油公司在三十多个与其签订了确保石油和天然气供应长期协议的国家中十分活跃。⑤ 此外，中国也通过上海合作组织（SCO）致力于增进区域能源合作，该组织建立于 2001 年，其成员还包括了俄罗斯和哈萨克斯坦。

但是，2014 年对二十国集团官员的采访显示，中国正准备在国际舞台上

① Stewart，“Irresponsible stakeholders?”.

② Zhiqun Zhu，*China's New Diplomacy：Rational Strategies and Significance*，Farnham：Ashgate，2013，p. 11.

③ Jiechi，cited in Zhiqun Zhu，*China's New Diplomacy*，p. 236.

④ Mikkal Herberg，*China's "Energy Rise"*，The US and the New Geopolitics of Energy，Los Angeles：Pacific Council on International Policy，2010.

⑤ Herberg，*China's "Energy Rise"*.

更积极地活动，不再是仅仅摆出其在之前的二十国集团峰会上针对汇率所采取的代表性的防卫姿态，而是要以更大的自信去推进相关议题。[①] 二十国集团官员指出，中国成功获得 2016 年二十国集团峰会的主办权，以及其在 2014 年末的一系列声明，都是中国可能愿意承担“负责任利益相关者”这一角色的强有力迹象。例如，在布里斯本峰会上，习近平主席就表示中国将遵守国际货币基金组织的数据公布特殊标准（Special Data Dissemination Standard，SDDS），该准则是 20 世纪 90 年代金融危机之后确立的，遵守这一准则将要求中国在其经济数据上更加透明，而中国曾一度长期对此持回避态度。[②]

这一态度转变在能源治理方面也正在变得明显起来。中国全力支持二十国集团的能源合作原则，尤其是其所宣称的目标：“要让国际能源机构对新兴经济体和发展中经济体更具代表性和包容性。”[③] 更重要的是，在发表关于国际货币基金组织数据的声明之后，习近平同意开放中国石油储备即其战略石油储备的信息。[④] 二十国集团官员指出，这一点十分重要，并不仅仅是因为中国长期以来一直反对公开那些其认为是敏感的信息，也因为，正如上面所指出的，国际能源署正式成员资格的其中一条规定：成员国的战略石油储备相当于 90 天的石油进口量。中国的这些声明，都与它之前不想承担“与国际能源署进一步的合作可能导致的国际责任”[⑤] 相反。

尽管如此，希冀中国会发布一系列声明来转入重大的能源治理改革，则是十分愚蠢的。虽然采访数据显示，中国决定在国际舞台上承担更积极的角色，并且也在考虑成为一个负责的利益相关者，但就像金砖国家已经停止质疑国际金融秩序一样，它并未超出质疑现有国际能源秩序合法性之

① 作者对二十国集团官员的采访，2014 年。

② Christine Lagarde，“The Second IMF Statistical Forum：Statistics for Policy Making”，18 Nov. 2014，IMF，Washington DC，http：//www. imf. org/external/np/speeches/2014/111814. htm，accessed 26 May 2015.

③ G20 leaders，“G20 Principles on Energy Collaboration”.

④ “UPDATE 1 — China Makes First Announcement on Strategic Oil Reserves”，Reuters，20 Nov. 2014，http：//www. reuters. com/article/2014/11/20/china-oil-reserves-idUSL3N0TA1QE20141120，accessed 26 May 2015.

⑤ Herberg，*China's “Energy Rise”*.

外。中国并未就未来多边能源体系展示出清晰的偏好或图景，并且正如最近与俄罗斯的天然气协议所展示的，中国也依旧依赖于双边的和地区的渠道来确保能源目标。如果中国要领导这一改革，最有可能的是在其主办的2016年二十国集团峰会上；这会为将短期能源合作原则转变为重大改革提供绝佳机会。

接下来一个进一步的问题是：中国是否具备单独驱动改革的能力呢？如果二十国集团的能源原则可以成为任何这方面的迹象的话，中国仍然需要美国或其他诸如印度这样有实力的国家予以支持。[1] 实际上，采访数据中最有趣的发现是，二十国集团关于能源的原则是由中国和美国联合推动的。看起来全球能源治理改革似乎是中国的首要事务，尽管中国并没有完全主导，但它乐意与美国合作来推进协议。在缺乏金砖国家领导的情况下，倘若要弥合全球能源治理的鸿沟，那么这两个超级能源大国之间的合作就变得尤为重要。虽然二十国集团峰会之前，中美关于减少温室气体排放的联合声明显示了双方可能会在气候变化上合作的迹象[2]，但是在能源方面的同级合作是否会出现，这在目前尚不清楚。如果中国的确打算在2016年推动全球能源治理改革，这一改革将显现为何种模样仍然是一个未决问题，而这是否足以填补学者们所界定的治理鸿沟，也尚待讨论。

五、结论

金砖国家是全球能源市场快速转型的中心。现在中国不仅是全球名列前茅的经济体，也是最大的能源消费国，而印度则紧随其后。同时，巴西和俄罗斯则控制着全球能源供给的大量存储，并且巴西也着手在20年内成为世界第六大石油生产国。全球治理学者们的一个共识是，国际能源体系并没有跟

---

① 作者对二十国集团官员的采访，2014年。

② Mark Landler, "US and China Reach Climate Accord after Months of Talks", *New York Times*, 11 Nov. 2014.

上这些变化。毕竟，这些国家都不是最重要的国际能源组织——国际能源署的成员。

尽管金砖国家毫无疑问具备重塑国际系统的潜力，但很少有人了解这一潜力是否适用于国际能源治理——换言之，金砖国家是否能够作为一个持续且有效的联盟来驱动这一改革，使得一方面能够确保可靠的且价格合理的能源供给，另一方面又向低碳能源的未来转型。根据上文所述，金砖国家改革的案例主要通过二十国集团来实现，包括支持2014年二十国集团领导人做出的“国际能源体制需更好地反应世界能源变化的现实图景”的声明。

本文的访谈显示，金砖国家并没有能力和意愿驱动改革。它们看起来并不能够作为一个有效的联盟开展行动。与协商专家们对一个有效联盟的期望不同，它们并没有通过明确的合作来捍卫共同的全球能源治理立场；实际上，全球能源治理也只是它们在多边谈判中持有分歧立场的诸多事项之一。这些证据也表明，即便金砖国家能够在大多数事务上明确合作，它们也不愿意在能源领域合作，因为对于未来国际能源结构，它们之间并没有一致共享的偏好。这部分反映了它们在政治和经济方面的差异，更不用说其在能源领域的分歧了。

本研究所要表明的是，中国正开始在国际舞台扮演更活跃的角色，并且它与美国合作提出二十国集团能源合作原则，这对于布里斯本协议至关重要。尽管一些观点认为新兴势力是“不负责任的利益相关方”，中国做出遵守国际货币基金组织数据公布特殊标准的决定，连同习近平主席做出的中国将公开其石油储备信息的声明，都说明了中国对于自身角色的看法正在发生变化。虽然中国对全球能源治理议题的卷入与日俱增，可能会在2016年主办的二十国集团峰会上形成重要成果，但考虑到传统的国际多边协商速度，单单这一次峰会肯定无法带来弥补能源治理鸿沟所需的改革形式。进一步而言，正如其他经验研究所述，当国际协商已经“成熟”，并且协议也从诸种原则转换到维护各种成本利益承诺时，一致意见就更加难以达成。[①]

① Christian Downie, “Toward an Understanding of State Behavior in Prolonged International Negotiations”, *International Negotiation*, Vol. 17, 2012, pp. 295 – 320.

因此，未来研究应该打开中国国内政治的黑箱，去了解中国在国际舞台尤其是能源政策领域行为的表面变化背后的动机。对于不同政府机构在全球能源政策方面扮演何种角色的研究，并没有与这些新兴力量的崛起相一致。更好地理解金砖国家的国内偏好，将很大程度上提高我们对于全球能源治理改革的评估，并且也能够得出诸多与广泛的外交政策领域有关的结论。

生态文明与可持续发展*

[美] 罗伊·莫里森 著　　刘仁胜 编译**

生态文明的出现，或者第六次大规模生物灭绝的出现，将是人类纪（即人类时代）的标志。这是我们的时代选择，不多也不少。我们的历史是我们奢华生活的一部分，也是不断进化背景中的一部分，我们在其中扮演着重要的角色。生态文明的行为代表着对第二自然超越正常生物限制的诸种力量和毁灭性结果的自觉表达。现在，认识论重新定义了本体论，我们的未来仍未确定。将来要发生什么，部分取决于我们所有人的协同行为。某种生态转向和可持续发展可能将自我毁灭的工业主义转变成一种繁荣的全球性生态文明。这是我们在21世纪需要做出的选择。

---

* 中国学术界在20世纪80年代正式提出了“生态文明”（ecological civilization）的概念，经过三十多年的不断发展和完善，生态文明建设最终成为国家的核心战略之一。在英语世界当中，罗伊·莫里森（Roy Morrison）在其1995年出版的《生态民主》（*Ecological Democracy*）一书中，首次专门论述过“生态文明”，并将“生态民主”作为实现“生态文明”的必由之路。2006年，他又专门出版了《生态文明：2140》（*Eco Civilization 2140*）一书，进一步探讨了可能存在于未来22世纪的“生态文明”。在《生态民主》和《生态文明：2140》中文版的翻译和出版过程中，译者与莫里森多次探讨过“生态文明”与“可持续发展”之间的逻辑关系，本文正是在莫里森的总结性回信的基础上编译而成，内容有所删减，题目为译者所拟。译文首次发表于《国外理论动态》2015年第9期。

** 作者简介：罗伊·莫里森（Roy Morrison），美国南新罕布什尔大学可持续发展办公室主任。译者简介：刘仁胜，中央编译局马克思主义研究部副研究员。

可是，生态文明是什么？它是一种正在出现的社会制度吗？生态文明能够量化吗，能够通过季度报告、年终报告和年度计划、五年计划展示出来吗？生态文明是一种方向，一种矢量，一种意向或者一个过程吗？生态文明是动态的还是静态的？可持续发展可以通向生态文明吗？而且，如果我们一旦理解了生态文明是什么，那么，我们又如何从此岸到达彼岸？

一、生态文明

使经济增长象征着生态改善、自然资本和金融资本的再生与增长，属于生态文明的操作性定义。按照净额基准，预定利润必须意味着自然资本的增长与污染、损耗和生态破坏的减少。比如，发展符合生态标准的有效可再生能源以替代化石燃料，这就是关于生态增长导致生态改善的一个好的例子，也是全球生态增长战略的重要支柱之一。生态文明将不是无意识的经济矛盾的产物，而是全球性生态增长战略成功的结果。传统的商业和污染导致生态灾难和生态崩溃。全球性生态增长实践则是一种积极而慎重的结束贫困并通向繁荣与和平的道路。

生态文明的定性定义则将人类足迹简化为一种可持续性整体。作为人类生态影响的综合性测量标准，自然过程的全球性净更新、修复和再生应该等量于净污染、损耗和生态破坏程度。在生态文明当中，人类的全球足迹和影响属于可持续发展的 1.0 版。在实践当中，这些措施不仅意味着新的生态市场规则和制度，也意味着工业生态学、农业生态学、森林生态学、渔业和水产养殖生态学的全球性实践作为某种全球性制度的基础——致力于零污染和零废物，所有产品都成为进一步加工的原料。这就是一种生态文明。

生态文明基于多种多样的生活方式，这些生活方式使相互联系的自然生态和社会生态得以持续。生态文明具有两个基本的特征。第一，人类生活与欣欣向荣的生物界保持动态的可持续性平衡；人类不与自然为敌，而是存在于自然之中。第二，生态文明意味着我们生活方式的根本性变革——基于我们做出新的社会选择的能力。

在我们的工商业和污染依然照旧的背景中，生态文明源自以下三个重要的社会圈层的活动以及它们与生物圈的相互关系。首先，在经济方面，经济增长必须意味着生态改善和自然资本的增长，以及金融资本的增长。其次，在社会方面，建设代表自由和共同体的诸多生态公地，以允许继续使用公地，并保护公地的健康。生态公地是一个竞技场，在其中，生态原则得以实践，以塑造、引导、限制并变革工业制度。第三，在可持续发展方面，追求可持续发展是伟大的协同进化力量在社会和经济方面的表达。生态社会属于可持续性社会，它将增长和变革置于能够改善密不可分的人类生态和自然生态的背景中加以考虑。在一个可持续性社会当中，没有任何人可以继续使用化石燃料，并倾倒有毒废弃物。这三个社会圈层的协同进化行动共同达成了源自工业主义的生态文明的自然行动。因此，生态文明的操作性定义使经济增长意味着生态改善和自然资本的再生。

经济、生态公地和追求可持续性三个方面的协同进化——这将在追求和保持生态标准的过程中改变我们生活的各个方面——具有深刻的含义。这在实践中意味着：经济行为的新市场规则；使价格体系发出清晰的可持续发展信号的新方法——通过使用生态消费税取代所得税和传统的增值税；筹集和转移基金的新方法，以便于所有人参与可持续发展；为商业和政府制定新的宪章和管理规则，将追求可持续性原则作为行动基础；重新定义信托责任，即在追求经济增长的同时改善生态；为保护生态公地而制定决定权利和责任的新规则和新法律；重新理解个人的、公共的和社会的财产权利和责任。

生态文明是一种知识的再平衡，一种追求可持续发展技术的再平衡，是对文明工具的使用。生态文明期望运用社会的、政治的和经济的诸多方式，解决将人类文明与生态自我毁灭捆绑在一起的“戈耳迪之结”（gordian knot）。这不是神话或者技术魔术，而是业已选择的追求可持续发展的果实。这也是一种文明。生态文明不仅是工程师的文明（即遵循零污染、零废物的某种工业生态学的诸多原则，其中，任何过程的终端产品都成为另一个过程的原料），也是哲学家和诗人的文明。

自然资本不仅是一种将自然货币化和将所谓的生态系统服务量化的矛盾

尝试，也是资本得以创造、维持和增长的基础。如果没有自然资本的可持续性基础，那么，作为传统的商业和污染的自我毁灭方式所带来的一种后果，货币资本将会瞬间消失。也许，工业主义的最大错误首先就是允许、然后则是容忍生产、消费和投资的诸多后果在生态方面和金钱方面的分离。这就造成了外部化和自我毁灭的诞生。这就像允许一个婴儿玩弄一把装填了子弹并打开了保险的左轮手枪一样疯狂。

生态文明是一个繁荣的、可持续的未来的一种符合逻辑的而且实际上是唯一的现实选择——通过全球性生态增长议程。传统的工商业是一种通向短期利润、长期灾难和共同毁灭的道路。生态文明则是通向全球增长、结束贫困、走向繁荣和长期生存的道路。追求生态文明和全球性生态增长议程是一种改造性社会实践，可以通过以下变量而加以测量：污染、损耗和生态破坏的减少，栖息地和生物圈以及物种的多样性和健康的增长。

追求生态文明必将成为利润计划、商业目标、政府投资和基础设施计划的一部分。在传统工商业的基础上建设生态文明意味着需要动员并协调全社会的每一个方面，以追求可持续发展、生态目标和导致生态改善的经济增长。正在崛起的生态文明是对于正在兴起和运动中的自由和共同体的全球性表达。

二、可持续发展

人类的自觉意识和社会行为已经成为伟大的可持续发展这种协同进化舞蹈的必要组成部分——在协同进化中，生物改变生物圈，生物圈同样改变生物。我们必须正视这种划时代变革的意义。可持续发展是一种基础动力，其中，生物因应各种影响和环境而得以进化，同时，也通过眼花缭乱的诸多表现形式而塑造出对其有利的生物圈。进化现象因应生物圈中的诸多变化的协同反应而出现加速和减速。这就是正在兴起的可持续发展。当前，可持续发展已经成为一种自觉的社会行为。

可持续发展利用了生物进化乐队中所有的乐器，包括自我组织趋向、基因物质交换、共生、合作和控制基因开关的复杂的外遗传方法和方式。可持续发展也包括社会行动。作为社会实践的可持续发展可以有力地解决生物变化与社会变化之间的矛盾。当前，人类行为影响着地球上的所有物种，远超我们自身作为另外一种成功的灵长类动物的存在。生物创造并维持着一个有氧大气层，其中，足够的二氧化碳用以保持一种宜人的地面温度。即使面临着突发的灾难性变化和周期性的大规模物种灭绝，生物也能够反复地存活下来并再次得以繁荣。

鉴于工业排放导致冰雪和冻土层的融化和气候变化，理解如下事实非常关键，即在过去 5 亿年当中出现的五次大规模物种灭绝，均由灾难性气候变化所导致的地球物理事件所引起。大规模的火山爆发，或者巨大的流星撞击，或者大规模的冰河作用及其所造成的海平面下降，均导致气候变化速度快于物种适应速度。在过去的 5 亿年中所发生的五次大规模生物灭绝，导致 50% 至 95% 的生活于水中或者陆地上的生物永久灭绝。现在，人类自身所产生的废弃物，可以带来当初流星或者地核运动所偶然产生的效果。在前五次大规模物种灭绝中，虽然绝大多数物种已经灭绝，但是，还有少数物种生存了下来，其后代迅速崛起。

工业文明就像惊慌失措的兽群，正在逃向悬崖的边缘。我们可以继续走向灾难，也可以选择另外一条生态文明的道路——我们必须建设的道路。可持续发展有两条基本的原则，且两者之间相互作用：第一，作为社会实践，可持续发展是社会福利与生态福利之间矛盾的解决方案；第二，可持续发展在 21 世纪获得成功的测量标准是经济增长即意味着生态改善。因此，可持续发展既意味着自然资本的福利和改善，也意味着金融资本——作为人类在生态方面的生产性工具——的增长。

可持续发展必然被作为拯救商业的生态方案而加以理解和支持。在 21 世纪，成功的季度盈利报告既要反映销售增长所导致的利润增长，也要反映因为污染、损耗和生态破坏的下降而导致的生态改善。因此，可持续发展在 21 世纪意味着自然资本和金融资本之间矛盾的最终解决。地球将不再简化为可以消费且正在永远消失的资源。金融和自然资本必须存在于一种有效的再生流当中。将生物圈和生态公地作为自然资本，就不能够再将地球简化为商业投入。意识到生物圈和公地——即自然资本——的健康与金融资本的存在和生长具有不可分离的本质，就是在保护并增加不动产和永久性财产。

生态文明不仅关注宏大抽象的诸多可再生主题，也关注我们如何为可持续发展建设社会和经济上层建筑。这可能意味着运用各种不同的互补因素，比如，生态消费评估税费和使价格体系为可持续发展发出清晰信号的新的市场规则等。我们的出发点是当今世界业已存在的全球性市场经济，其中，贫困、局部战争频仍、污染、损耗和生态破坏正清晰地展现出有可能演化成生态大灾难的危险。这就是我们生活于其中的世界，一种生态未来将为我们所有的人类提供诸多可持续的和繁荣的生活方式——在正义、公平与和平的背景当中。

我们拥有改善效率的技术能力，可以大幅度降低物质投入总量，可以实践导向零污染和零废物的工业生态，可以将农业、林业和水产养殖业改造成可持续性活动。比如，各国政府拥有惊人的敏捷性，花费数百万亿用以拯救因过度投机而导致自我毁灭的全球金融体系，并将那些导致这种自我毁灭的投机者和银行家保释出来。我们面临的挑战是运用必要的社会能量和金融资本将全球经济体系和生态体系从自我毁灭中拯救出来。这不是一种保释，而是关于未来的一种生产性的数万亿资本投资，用以创造出数百万可持续性工作岗位，并导致生物界的再生——我们所有的财富和健康均赖于此。

三、生态文明的碳测量标准和具体实践措施

全球每年人均 3 吨的二氧化碳排放量，可保持碳产量同土壤和海洋自然吸收的大约 210 亿吨碳相平衡。而据统计，在 2012 年，全球可持续性人均碳足迹（Carbon Footprint）为 4.5 吨碳。这意味着需要 1.5 个地球以维持这种碳排放水平，但是，我们只有一个地球。如果超出可持续性平衡，大气中的碳就是引起可怕的全球性后果的因素之一。

我们所需要做的事情非常清楚：既要减少碳排放，也要通过全球降温议程清除业已存在的过量碳。稳定碳排放需要结合全球降温制度，比如，通过

以下行动清除巨量存碳：重造森林、正确管理牧场草地、通过水热碳化为黑土地的土壤养分生产生物质煤、正确处理沙漠种植的农林间作，等等。上述行动的目标在于为未来 30 年清除 2000 亿吨碳，从而将大气中的碳浓度降至 330ppm。

在 2012 年，中国人均能源使用总量所产生的年人均二氧化碳为 6.2 吨，美国则为 17.6 吨。中国等发展中国家指出，发达国家应该为温室气体排放承担历史责任。截止到 2005 年，世界主要国家温室气体排放的历史总量和所占比例分别如下。美国：339174 兆吨，28.8%；德国、英国和法国：186624 兆吨，15.47%；中国：105915 兆吨，9.0%；俄罗斯：94679 兆吨，8.0%；日本：45629 兆吨，3.87%；印度：28824 兆吨，2.44%；加拿大：25716 兆吨，2.2%；乌克兰：25431 兆吨，2.2%。

问题仍然是：如果使用化石燃料且无法避免污染，那么，中国和美国是否会做出根本性选择并进行必要投资，以便使用高效的可再生能源，从而根除化石燃料污染并将化石燃料储存于地下呢？中国和美国是否有助于领导世界通向全球可持续性的年人均 3 吨的碳排放限额呢？这是一个全球性挑战，我们每一个人都必须成功地、公正地而且创造性地加以回应。我们每一个人都必须在全球可持续性碳排放预算方面达成一致，借此作为我们建设生态文明所必须采取的措施中至为关键的一部分。

鉴于目前工商业和污染依旧如常，从实践层面而言，为了从此岸到达彼岸，生态文明在中国、美国、欧盟和非盟确实都有不同的内容。但是，在追求可持续性、自然与金融资本的共同增长方面则具有共同内容。不同的轨迹则由历史的、社会的、经济的和生态的差异所决定。每一个组织都将遵循自然的道路，追求自己的创造性，并且与其他组织保持协同一致。追求不同的生态路径不需要也不能够等待联合国气候谈判达成共识后的全球决定，或者同意集体追求生态转向，从而将人类的生态足迹面积降低到一个符合长期可持续发展的数量值。我们现在必须在丰富的、协作的和毫无隐讳的追求生态未来的过程中进行单边的、双边的和多边的诸种创新。

我们可以采取三个主要步骤以通向生态未来：让市场体系发出清晰的可

持续发展价格信号；建设大陆规模的可再生能源电网；创建全球性资金以资助高效可再生能源基金投资。

第一，对所有的产品和服务实行生态消费和使用评估税，以引导所有的投资、生产和消费决定。可持续性产品和服务必须比非可持续性产品和服务便宜。可持续性产品必须获得市场份额，而且更容易盈利。优质的商业必须是具有可持续性且生态健康的商业。选择价格优惠的购物方式一定意味着要购买可持续性产品。大量工具可以使价格反映出资源、污染、土地使用和消费费用。一种综合性的生态评估税费制度可以替代传统的税收征集方式。在中国，在高度依赖增值型税收工具的同时，可以尝试采用一种附加生态价值的生态增值税。污染、损耗和生态破坏愈严重，生态增值税愈高。

第二，建设大陆规模的可再生能源电网。虽然可再生能源在地方电网并不稳定，但是，通过大陆规模的高压直流电网，可再生能源就可以提供稳定、经济有效且没有污染的能源。鉴于大陆规模的可再生电网正在被逐步采用，中国的煤炭发电厂可能被逐渐淘汰。目前，欧洲人正在采取更加有效的步骤以发展高压直流电网。任何一个国家在该领域领先，都会获得巨大的全球市场。许多研究团队都为东亚超级电网设计初步方案。

第三，创建全球性资金，以资助高效可再生资源建设投资，从而取代化石能源。基本能源权利（Basic Energy Entitlement）的全球性计划将评估税运用到所有能源使用方面，并以千瓦时作为基本单位。基本能源权利可以设置70 千焦耳的基本能源和 3 吨二氧化碳排放为基础。基本能源权利是一种工具，可以借此将资本从高量能源使用者手中转移到低量能源使用者手中，从富人手中转移到穷人手中，可以同时在国内和国际之间转移。每年每人 3 吨的二氧化碳排放额度，可以使碳排放与自然界的 210 吨的碳吸收能力之间保持平衡。物理学能够支持全球性可持续生态增长和由基本能源权利所推动的可持续性投资。

例如，在 2012 年，全球每人平均能源使用量为 22127 千瓦，排放二氧化碳 4.5 吨。其中，美国每人平均能源使用量为 86203 千瓦，排放二氧化碳 17.6 吨；中国每人平均能源使用量为 23240 千瓦，排放二氧化碳 6.2 吨。按照每千瓦1美分的基本能源权利评估税计算，美国3.11亿人口的基本能源权利评估税总额将达到3000亿美元左右。美国作为高量能源消费国，基本上每人都需要交基本能源权利评估税；而中国作为低量能源消费国，则应该成为基本能源权利评估税转移支付的净接受国，用于开发可再生能源。

建设生态文明应该成为我们在21世纪行动的必然结果。我们必须在生态毁灭结果阻止我们进行选择之前，积极地追求一种生态未来。时间和机会就在此时此刻。

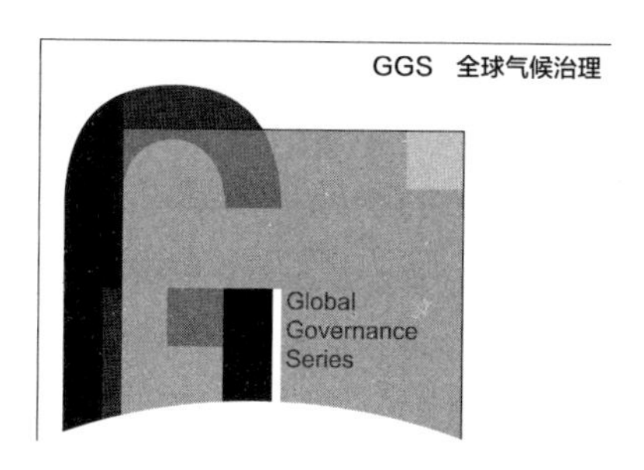

第二部分｜全球气候治理：关键机制

多层级全球气候治理的潜力*

[德] 马丁·耶内克　[德] 米兰达·施鲁斯　[德] 克劳斯·托普弗　著
王嘉琪　译**

长期以来，全球气候治理方面的相关研究文献具有这样的特征：它们关注于寻求气候政策方面的"一揽子"最佳方案，尤其是格外重视全球层级的行动和国际规制的形成。这一现象在气候政治领域中也能够得到印证。虽然许多实践参与者对此持有不同的见解，但是当时的主流观点认为，气候变化作为全球性的问题，必然需要全球性的解决方案。因此，一些学者和政客们纷纷强调全球层级的气候规制的重要性。

不过在最近几年，全球气候治理研究的焦点出现转向。研究者们开始关注地方和区域层面的作用，以及不同利益相关者或经济部门（例如建筑部门或交通部门）所扮演的角色。这种更具"多中心"① 或多层级② (multi-level)

---

* 原文标题：The Potential of Multi-Level Global Climate Governance，载 *IASS Policy Brief*, 2, 2015。

** 作者简介：马丁·耶内克（Martin Jänicke），德国柏林自由大学环境政策研究中心教授，可持续发展高级研究所（IASS 教授）；米兰达·施鲁斯（Miranda Schreurs），德国柏林自由大学环境政策研究中心主任；克劳斯·托普弗（Klaus Töpfer），波兹坦可持续发展高等研究院院长，前联合国环境规划署执行主任。译者简介：王嘉琪，北京大学政府管理学院博士研究生。

① Ostrom, E.,"Beyond Markets and States: Polycentric Governance of Complex Economic Systems", *American Economic Review*, Vol. 100 (3), 2010, pp. 641 - 672.

② Sovacool, B. K.,"An International Comparison of Four Polycentric Approaches to Climate and Energy Governance", *Energy Policy*, Vol. 39 (6), 2011, pp. 3832 - 3844. See also Bach, I. and Flinders, M., *Multi-level Governance*, Oxford: Oxford University Press, 2004.

特点的研究路径，并没有将行动者和层级的多元化以及它们之间互动的复杂化看作研究的障碍，而是将其视为一种有助于创新、互动学习，以及相关技术和配套政策工具扩散的重要机遇。

在上述背景下，德国可持续发展高等研究所（IASS）于2014年9月召开了相关会议。这次会议以“多层级气候治理的全球体系”为主题，深入探讨了全球气候治理的结构。会议的焦点在于多层级气候治理的系统维度（systemic dimension）。[①] 这次会议形成了一些支持多层级全球气候治理体系的关键建议，其中主要包括：

首先，在全球可持续发展治理的“里约模型”（Rio model）基础上，多层级全球气候治理体系逐渐形成了自身的内在逻辑、动力系统和稳定机制。这为创新和互动学习的扩散提供了强有力的机会结构，创新和互动学习又可以进一步被用来奠定智慧型气候战略（smart climate strategies）的基础。

其次，将气候政策建基于既有的各个层级的最佳实践之上，并提供互动学习的渠道。要为较低层级的政府提供定向支持，并通过标杆管理、竞争比赛、经验学习、协同合作与网络联系激发横向层级上的发展动力。要建立起雄心勃勃的目标并辅以稳健的落实方案，同时要适当提高力度和目标，以便应对出现意料之外的学习效应。

第三，为了在所有的层级上推进减缓与适应气候变化，建议在有可能的情况下将气候政策目标转换成协同效益的语言和思维，尤其是其中那些既能够提升经济效益又有助于保护生态环境的气候政策目标。这种更加广泛的路径应当建立在联合的基础上，这种联合应当囊括多层级全球气候治理体系中各个层级的政府部门、商业组织和市民社会等主体。

一、多层级全球治理：1992年“里约峰会”的创举

气候政策是在多层级、多部门协同的全球治理体系中形成的。1992年，

---

① Biermann, F., *Earth System Governance—World Politics in the Anthropocene*, MIT Press, 2014.

在巴西里约热内卢召开的联合国环境与发展大会（即“地球峰会”）上，这些概念被列入了“21 世纪议程”和“里约原则”中。里约峰会中提出的“治理”路径，其目标在于：超越“政府”行为，面向全球体系中跨政策领域、跨工作部门、跨政策层级的所有政治、经济和市民社会领域的行动者，动员其中最广泛的有可能性的群体共同采取行动。（见图 1）

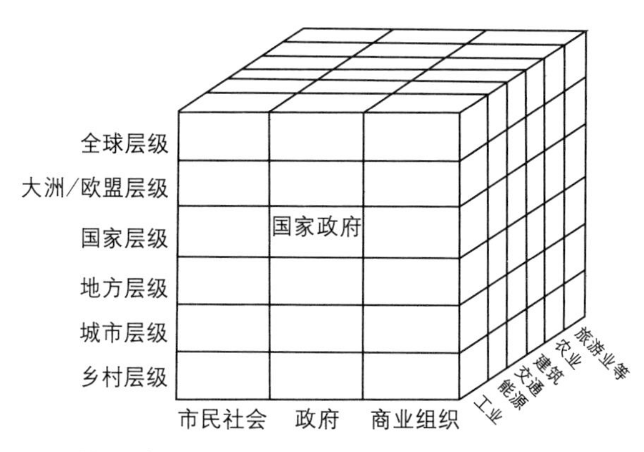

图 1　多层级/多部门可持续性治理的“里约模型”

资料来源：Jänicke, M.,“Accelerators of Global Energy Transition: Horizontal and Vertical Reinforcement in Multi-Level Climate Governance”, Institute for Advanced Sustainability Studies (IASS), Working Paper, December 2013。

多层级治理是基于“可持续发展需要全球行动”这一假设的结果，因此，它需要全球政治体系内的各个中间层级参与其中，每个层级都有各自的职能定位和机遇挑战，以及横向层级内部的动力机制（比如，同伴之间进行经验学习或相互竞争）。“里约模型”是首个向可持续发展转型的全球性的治理模型。[①] 它的成功之处在于使“21 世纪议程”的进程得以扩散，至少是在议程设置和政策规划方面发挥了作用。里约会议后的 10 年间，共有 6400 项地方性的“21 世纪议程”进程得以启动。[②] 这是全球可持续发展战略的第一次试验，它囊括了地方共同体中的最低层级。尽管如此，落实方面依然存在一些欠缺，经济结构和产出效果方面的相关变革也寥寥无几。在相当长的一段时

① Meuleman, L. (ed.), *Transgovernance — Advancing Sustainability Governance*, Berlin: Springer, 2013.

② UNDP/OECD,“Sustainable Development Strategies—A Resource Book”, Paris, New York, 2002.

期内，商业部门在“21 世纪议程”的大部分项目中并没有发挥显著的作用。

气候政策运用了类似于多层级、多部门协同治理的模型。而应对气候变化的努力比“21 世纪议程”的进展更为顺利。可再生能源在全球范围内日渐繁荣就是一个明显的例子。在这个案例中，全球治理体系中各个层级的相关经济利益都可以被激发起来。作为许多国家和次国家政府政策议程的组成部分，绿色经济战略似乎也成功地运用了这一模型。但是本文认为，多层级全球气候治理体系依然是最先进的体系，并且在目前已经形成了其内在逻辑和动力机制。这一体系的特征不仅包括具有内在的革新动力机制，而且包括稳定性或稳健性的内在要素。例如，当一个在气候治理领域中曾经居于领导地位的“先驱国家”或“先驱次国家地区”不再发挥引领作用时，“接力棒”可以传递到另一个“先驱国家”或“先驱次国家地区”手中。[①] 已被建立起来的全球气候治理体系根基深厚，因此可以说已经无法被轻易撼动。自 2007 年以来，将气候政策纳入法律法规的国家数量已经翻了一番。支持气候行动的新兴利益集团不断出现和壮大，这可能是全球气候治理体系稳定性增强的一个更进一步的信号。[②] 然而，只有那些支持现状的力量被彻底削弱之后，新兴的气候友好型利益集团方能变成主流。双方之间的斗争远远没有结束。

二、多层级治理：作为创新扩散的一项机会结构

气候政策已经清晰地阐明：对于跨层级和跨部门的技术与政治创新、扩散，以及互动学习而言，多层级全球治理具有卓越的潜能。促进创新扩散的一个重要因素存在于横向层级，这包括行动主体们向“先驱国家”（或省份和城市）进行经验借鉴，以及行动主体之间开展对等学习（peer-to-peer learning）。

---

① Schreurs, M., “Regionalism and Environmental Governance”, in Falkner, R. (ed.), *The Handbook of Global Climate and Environment Policy*, First Ed., Hoboken, N. J.: Wiley-Blackwell, 2013, pp. 358 – 374.

② Patashnik, E. M., *Reforms at Risk: What Happens after Major Changes are Enacted*, Princeton: Princeton University Press, 2008, N. J.

对等学习基本发生在横向层级，促成横向“对等学习”的一个重要诱因则是国内和国际的行动者网络。

促进创新扩散到更大范围的另一个重要因素则存在于纵向维度：较低层级的最佳实践（创新）自下而上地进入更高层级中。来自较高层级的纵向的政策干预，引发了横向层级的创新动力。而且，如果创新扩散的速度足够快，则常常可以引发二次创新，这意味着成本的进一步降低、技术的进一步提升。这样的情况在可再生能源或节能措施领域中屡见不鲜。

因此，这种多层级、多元化的治理体系提供了一种机会结构，有助于气候友好型技术的创新和扩散，亦有助于为这些技术提供市场支持的政策得以制定和落实。多层级、多元化的治理体系及其交流机制为“先驱”国家、省份和城市发挥其示范效应提供了可能。这一机会结构可被用来提升和振奋应对气候变化的雄心，也可以用来促成有效的气候行动。智慧型政策甚至还可以加速这种变化。[1]

三、经济协同效益：从责任分担到机会共享

智慧型气候政策能够为社会和经济带来许多可能的协同效益。协同效益又为人们提供了机会，得以将气候政策目标转化为广泛的、多样的收益。联合国政府间气候变化专门委员会（IPCC）提出，上述潜在的协同效益包括18种类型[2]，这一数字远远超出了先前的“**双重**红利”（*double* dividend）。商业部门存在于全球气候政策多层级体系中各个层级中，对于调动这些商业部门的积极性来说，经济协同效益已经发挥了至关重要的作用。

① Jänicke, M., “Accelerators of Global Energy Transition: Horizontal and Vertical Reinforcement in Multi-Level Climate Governance”, Institute for Advanced Sustainability Studies (IASS), Working Paper, December 2013.

② IPCC, *Climate Change 2014: Mitigation of Climate Change*, Cambridge University Press, New York.

表 1 减缓气候变化的协同效益（IPCC《第五次评估报告》2014）

关于附加目标或关注的减缓措施之影响		
经济方面	社会方面	环境方面
能源安全（7.9，8.7，9.7，10.8，11.13.6，12.8）	健康方面影响（如通过空气质量和噪声）（5.7，7.9，8.7，9.7，10.8，11.7，11.13.6，12.8）	生态系统方面的影响（如通过空气污染）（7.9，8.7，9.7，10.8，11.7，11.13.6/7，12.8）
就业影响（7.9，8.7，9.7，10.8，11.7，11.13.6）	能源/流动的可能性（7.9，8.7，9.7，11.13.6，12.4）	土地利用的竞争（7.9，8.7，10.8，11.7，11.13.6/7）
新的商业机会/经济活动（7.9，11.7，11.13.6）	（燃料）扶贫（7.9，8.7，9.7，11.7，11.13.6）	水资源利用/质量（7.9，9.7，10.8，11.7，11.13.6）
生产力/竞争力（8.7，9.7，10.9，11.13.6）	粮食安全（7.9，11.7，11.13.6/7） 对地区冲突的影响（7.9，10.8，11.7，11.13.6）	生物多样性保护（7.9，9.7，11.7，11.13.6） 城市热岛效应（9.7，12.8）
技术外溢/创新（7.9，8.7，10.8，11.3，11.13.6）	安全/灾后重建（7.9，8.7，9.7，10.8，12.8）	资源/材料使用的影响（7.9，8.7，10.8，12.8）
	性别影响（7.9，9.7，11.7，11.13.6）	

注：括号中的数字是指引用 IPCC《第五次评估报告》（2014）中的章节。

对于表 1 中 IPCC《第五次评估报告》中提出的这些经济、社会和环境方面存在的协同效益，如果气候政策能够加以关注，那么把气候政策目标和广泛利益基础联系起来，就具有了可能性。对于那些不能局限在狭隘的气候领域的转型过程而言，上述协同效益中的任何一种都有潜力推进转型。

四、“次国家”层级的重要性与日俱增

尽管在全球范围内促成一项强有力的气候政策还面临着诸多障碍，但当把全球气候政策放到多层次视角中来考察时，我们还是会发现一些进步的迹象。各种各样的气候政策已经从“次国家”层级上升到国家层级，继而走向国家间层级，最终覆盖到全球层级，这一进程中时刻伴随着较低层级中最佳实践和政策创新的整合。“自上而下”的强势影响力为这一过程提供了支持。

致力于达成更具雄心目标的全球气候谈判，至少在这一动态过程中发挥了催化作用。

过去十年间，省份和城市/地方共同体等次国家层级的重要性也在与日俱增。地区与城市之间国际网络中不断增加的成员数量、与日俱增的影响力，均可以被视为这一方面的明证。这些网络中包括“地方环境行动国际委员会”（ICLEI）、“气候领导城市团体”（C40）、“市长盟约”（Covenants of Mayors），以及“可持续发展的地方政府网络”（Network of Regional Governments for Sustainable Development），等等。在一个国家内部，次国家政府之间的网络也发挥着越来越重要的作用，例如印度的“太阳能城市”（Solar Cities）、中国的“低碳生态城市”（Low-Carbon Eco-Cities）和德国的“100%可再生能源”网络（“100% Renewable Energy” network）。

一些国家和地区推行了为人称道的举措。美国“区域温室气体减排行动”中的9个州在2014年减少了45%的二氧化碳排放差距（美国能源信息署EIA，2014年3月2日）；中国的12个省份正计划到2020年减少13亿吨二氧化碳排放量；苏格兰计划到2020年实现百分之百的绿色能源。

21世纪可再生能源政策网络（REN21）在2014年度《全球现状报告》（Global Status Report）中，对城市的角色定位进行了如下描述：“全球范围内数以千计的城镇通过政策、方案和目标来推进可再生能源发展，其力度有时甚至超过了国家立法的标准。……城市和地方政府正在努力减少排放量，支持和创新地方产业，缓解电网容量压力，以及确保供给安全。……各个城市都力图分享其最佳实践经验，使其最大限度地发挥作用。……反过来，各国政府通常对次国家层面的行动加以观察，并考虑从中选取成功的方案用作国家政策的模板。……地方、州和国家不同层级政府之间的协同不断强化，这为城市政府进一步促进可再生能源的发展，进一步激发快速的市场转型，开启了一扇大门。”①

① REN21，“Renewable Energy”，*Global Status Report 2014*，Paris，2014.

五、欧盟的案例

欧盟的多层级气候治理体系，可以说是全球气候治理体系中最先进的地区子系统。它与“北美自由贸易协定”“非洲联盟”“东南亚国家联盟”“南美国家联盟”等世界上其他地区的多层级治理体系不同，具有独特之处。最为重要的差异在于这一事实：在气候治理领域，欧盟为自身发展了许多卓有成效的机制。欧盟拥有相应的制度性权力，因此，雄心勃勃的政策得以制定和推行。欧盟中还存在相应的制度性机制，使得发生在较低层级的气候政策创新得到提升，引发协同。

在共同市场（Common Market）下，各成员国政策创新的协同通常遵循着《欧盟运作协议》（Treaty on the Functioning of the European Union）中的“更严格的保护措施”条款（art. 193）。[①] 因此，英国的排污权交易制度、德国的可再生能源支持政策随后都得到了欧盟的采纳，并陆续被其他成员国借鉴。在“辅助性原则”的强化作用下，**区域和地方层面**也出现了一种强大的制度潜力。例如，欧盟通过创设“市长盟约”，在较低的层级诱发了强大的横向动力。“市长盟约”涵盖的范围日渐扩大，目前已经汇聚了6000多个成员，其中也包括一些非欧盟成员。它们引入了4000多项“可持续能源行动计划”（2014），并且针对到2020年实现温室气体平均排放量减少28%这一议题达成了共识。

就目标的形成与治理的开展而言，欧盟的多层级动力机制可以被誉为成功案例。与气候相关的投资也发挥了重要的作用。然而，目前存在一个值得注意并且已引发争议的问题，那就是长期“锁定”到不可持续的能源结构中。包括德国在内的许多欧洲国家对煤炭的依赖，常常被引以为例。当然，在欧

① Callies, Ch. and Hey, Ch., “Renewable Energy Policy in the European Union: A Contribution to Meeting International Climate Protection Goals?”, in Ruppel, O. C., Roschmann, Ch. and Ruppel-Schlichting, K. (eds.), *Climate Change: International Law and Global Governance*, Vol. II, Nomos, Baden-Baden, 2013.

洲，加速的趋势往往同“减速”的趋势是并存的。当前的经济形势不容忽视。政治领导依然重要。[①] 由于欧盟目前的气候政策仍然缺少政治领导和雄心，因而带有“无领导式的领导”（leaderless leader）这一特征。[②] 这种看似矛盾的现象正是欧洲多层级气候治理的力度和持久性所导致的：布鲁塞尔欧盟总部的疲软政治领导，得到了欧盟体系中的其他部分，即气候治理中的“多层级强化机制”的补充。

六、结论与建议

本文围绕“多层级全球气候治理”这一体系，探讨了该体系的优势与潜力。从目前的情况来看，多层级气候治理已经逐渐形成了内在的逻辑和动力机制。并且，多层级气候治理体系为气候友好型技术创新的扩散提供了强大的机会结构，促进创新扩散的动力既包括横向的主体间经验借鉴与对等学习，也包括纵向的基层创新被提升至更高层级。在多层级气候治理体系中，省、州、城市等“次国家”层级的重要性与日俱增，对于整合创新实践具有基础性的意义。基于上述结论，未来完善气候政策和治理体系，需要考虑以下八个方面：

第一，在全球可持续发展治理的“里约模型”的基础上，多层级全球气候治理体系逐渐形成了其自身的内在逻辑、动力系统和稳定机制。这为创新和互动学习的扩散提供了强有力的机会结构，而这些往往又被用作智慧型气候战略的基础。

第二，要把现存的各个层级的最佳实践作为气候政策的基础，并提供交流学习的渠道。要为较低层级的政府提供有针对性的支持，并通过标杆管理、竞争比赛、经验学习、协同合作和网络联系激发横向层级上的发展动力。要

---

① Wurzel, R. K. W. and Conelly, J. , “The European Union as a Leader in International Climate Change Politics”, *Routledge/UACES Contemporary European Studies*, London and New York, 2011.

② Jordan, A. , van Asselt, H. , Berkhout, F. , Huitema, D. and Rayner T. , “Understanding the Paradoxes of Multi-Level Governing: Climate Change in the European Union”, *Global Environmental Politics*, 12 (2), 2012, pp. 43 – 66.

建立起雄心勃勃的目标并辅以稳健的落实方案，同时要适当提高理想和目标以便应对出现意料之外的学习效应。

第三，为了推进各个层级对气候变化的减缓与适应，建议在适当的时候将气候政策目标转换成协同效益的语言和思维，尤其是其中那些既能够增进经济效益又有助于保护生态环境的方面。这种更为宽泛的路径应当建立在联合的基础上，这种联合应当囊括多层级全球气候治理体系中的各个层级政府组织、商业组织和公民社会等主体。

第四，多层级气候治理能够调动经济利益，从而促使气候友好型技术落实到具体的地方层面。因而，为气候友好型的可持续发展研发计划提供目标支持，并在适当之处运用“先导市场”机制是必不可少的。气候政策必须与技术方法相结合，同时加强对技术进步的培育。目前，这是占据主流地位且最为有效的方式。[①]

第五，尽管技术层面非常重要，但是气候政策还必须进一步处理非技术层面的问题。这其中包括对温室气体排放量最低值的严格规定。另外，基础设施、生活方式、标准规范和制度结构方面的变革也是必要的。

第六，作为一个独特的多层次体系，欧盟的每个层级都拥有各自强有力的制度和特定的发展潜力。为了激活欧盟多层次气候治理体系中的独特优势，欧洲的政治领导应当得到加强。提升欧盟应对气候变化的力度，这是清洁能源创新的一个先决条件，而清洁能源创新又是气候治理中最重要的经济协同效益。

第七，各国政府既可作为个体行动者，又可作为集体行动者，并且通常具备最大的能力，因而应当率先确立雄心勃勃的气候政策。国家领导层必须介入到各式各样的网络协作中。国家内部和国家之间的竞争可以加速气候治理的进程。

第八，近年来，“次国家”层级的重要性越来越得到凸显。在这一背景下，对于欧盟及其成员国而言，为较低层次的政府以及私人低碳投资提供有针对性的支持是十分必要的。

---

① IPCC，*Climate Change* 2014：*Mitigation of Climate Change*，Chapter 15.6.，FN 10，2014.

功利主义与气候政策*

[德] 本沃德·吉桑 著　　任付新 译**

碳循环的相互作用问题已成为近年来人们关注的核心问题。这些是关于气候变化的最重要的事实，因为它们是我们能够清楚地理解这种可能的破坏的一种新维度，这种维度无法以任何方式与主要关注发展中国家损害的传统计算相比较。我们将会发现，难以确定应该根据一些概率还是不确定性来评估碳循环的反馈。事件发生的不确定性使得此类研究困难重重。因此，本文试图通过评估当前雄心勃勃的气候政策为减轻贫困所呈现的巨大优势效用，以展示基于这些评估可以做出什么决定，本文支持一种可以避免危险的气候变化的有力政策。到目前为止的争论忽视了这样一种气候政策的双重影响：它不仅规避了产生损害的风险，而且也创造了效用。总之，本文拟介绍为功利主义所支持的气候政策的三种策略：（1）功利主义支持在全球范围内按照二氧化碳排放量来征收排放税；（2）功利主义呼吁在征收排放税的同时，增加对可再生能源的投资；（3）此外，功利主义支持旨在减缓人口增长速

* 原文标题：What Climate Policy Can a Utilitarian Justify?，载 *Journal of Agricultural & Environmental Ethics*，2013，26（2），pp. 377 - 392。译文首次发表于《国外理论动态》2014 年第 2 期。

** 作者简介：本沃德·吉桑（Bernward Gesang），德国曼海姆大学哲学系教授。译者简介：任付新，山东大学哲学与社会发展学院博士研究生。

度的政策。

一、反馈过程

关于气候变化，我们了解多少？1988 年，世界气象组织与联合国环境规划署联合成立了政府间气候变化专门委员会（IPCC），其评估包括：气候自然科学；影响、适应和脆弱性；减缓气候变化。该委员会旨在为全世界提供有关气候变化认知现状及其潜在环境和社会经济影响的全面评估。IPCC 在 1990 年、1995 年和 2001 年提交了三份全面的报告。这些报告的主要调查结果包括如下内容：

IPCC 首先解释了到目前为止观察到的气候变化模式。气温方面，他们的报告指出："20 世纪温度的增长幅度是过去 1000 年来最大的一个世纪。"而其他现象主要包括极端气候事件、海平面上升、永冻层消融、冰川融解等。鉴于其巨大的潜在危险性，我所要指出的一个新的威胁是：碳循环中的反馈机制。这些已在最新的 IPCC 报告中得到了承认，最近刚刚成为详细研究的对象。

长期以来，地球、森林和海洋一直作为二氧化碳和甲烷的储蓄池。然而，存在这样一种危险：随着温度的升高，它们的这种作用会逐渐减弱，甚至会释放储存于其中的二氧化碳和甲烷。来自哈德利中心（Hadley Center）的考克斯（Peter Cox）等人已经提出了解释这种现象如何发生的模型。考克斯声称，我们将会超越全球气温升高 2℃的临界点，这将会产生一种自我增强的动能，从而导致全球气温升高 6℃甚至更高。他论证说，前两个临界点处于气温升高 2℃到 3℃之间，可能会由于干旱引起的亚马逊雨林以及其他雨林的森林火灾和细菌引起的土壤中二氧化碳的释放而达到。这支来自哈德利中心的团队认为：超过了一个临界点，就会自动产生足够多的二氧化碳，进而导致冰川消融，这就意味着甲烷的增加将足以使地球温度再升高大约 1℃。此后，地球将会变得如此温暖，以至于海底的甲烷水合物（methane hydrate）被释放。根据这篇论文的观点，如果全球气温升高 2℃，最终将不可避免地升高 6℃或者更高。我们可以得出结论：临界点系统可能会像多米诺骨牌一样倒下，即使我们只是超过第一个临界点——全球气温升高2℃。

二、应该被正确看待的因素

下面是关于如何正确看待上述观点的一些思考。

1. 弗里德令斯坦（Pierre Friedlingstein）等人的一项比较研究，依次考察了关于反馈效应预测的11种模型，得出以下结论：这样一种反馈效应毫无疑问是可以预料的。到2100年，这些过程（雨林火灾、土壤中甲烷的释放）所产生的二氧化碳在大气层中将会占到百万分之二十到百万分之二百，地球气温将上升0.1℃到1.5℃。哈德利中心的数据是最悲观的预估。

2. 关于可能导致达到临界点的变暖程度的假设是很不确定的，它是以评估为基础的。莱纳斯（Mark Lynas）写道："例如，没有人精确地知道永久冻土层的融化将会释放多少二氧化碳和甲烷，也没有人确定地知道甲烷水合物何时会被释放。"然而，研究者们如汉森（James Hansen）则认为，这些临界点已逼近。

三、一个功利主义者必须考虑的因素

这些思考如何在功利主义伦理学框架内进行？我们首先必须权衡某种气候政策措施或者如果没有采取这些措施所可能产生的幸福和成本。为了实现这样一种平衡，我们需要进一步说明一些应该关注的因素。

1. 当前的效用和未来的效用原则上具有同等价值。经济学中常见的打折行为，不仅涉及未来的金钱，而且涉及未来的效用，即出于一种对当前效用的纯粹偏好而贬低金钱的未来价值，无法得到道德哲学的辩护。

2. 将来可能实现一种巨大的福利。如果人类世界和动物界仅仅还会持续存在几百年，如果种群的大小依然包含几十亿的人类和动物，那么未来的潜在福利将无论如何也会远远超过当前的福利总量。

3. 与此相对，我们知道现在一种有效的气候政策的成本，它的大小是以一种功利主义的方式计算的。例如，如果某些发展步骤对新兴国家来说变得更加困难，为了实现这些步骤，它们必须排放更多的二氧化碳，这就可能意味着穷人将会继续贫穷，因而遭受死亡和痛苦的威胁，却没有繁荣发展的机会。在这一方面，目前与未来可能的实际成本很明显是抑制迅速采取气候行动的政治野心的因素之一。然而这些成本是否真实存在？如果存在，谁来承担它们？这些仍有待观察。

4. 需要最大化的效用不仅取决于效用的潜在重要性。重要的是可预期效用的最大化，它是利益的数量及其实现可能性的综合产物。在这里，实现的可能性起到了类似折扣因素的作用。例如，下面的五个方面应该被考虑到，因为它们可能会阻止今天我们在气候保护方面的投资所期望产生的未来利益。我将这些称为“准贴现因素”（quasi-discounting factors），因为它们具有一种贴现效果，但它们不只是由一种时间偏好定义的。

（1）人类的终结。伴随着人类的终结，另一种高等生命将会出现，即使这不大可能。如果除了全球变暖之外，还有其他的原因导致未来生命的消失，那么为了未来的利益而现在节约的行为就是不合理的。或许人类自己将会被自身毁灭，例如通过核战争。

（2）政治的无效性。如果一些国家，或者甚至所有的国家，许诺承担执行气候政策的费用，其中一些（在后来的某一时刻）改变了自己的立场，就会阻挠预期效果的实现。如果气候政策的效果无法实现，未来的利益将不会随之发生，不过合作的国家将会继续支付费用。

（3）大灾难的不可避免性。即使所有的气候政策措施都如期实施，也无法确定它们将会取得预期效果。例如，可能会有巨大的意料之外的反馈效应，现在已经释放的二氧化碳甚至也可能导致哈德利中心所描述的过程的发生，并且这场大灾难无法被阻止。在这种情况下，现在所做的储备可能就没有任何效用，或者可能只能起到延迟作用。

（4）不会发生全球变暖，或者只会出现个别不良后果。基于气候变化怀疑论的其他疑虑也需要考虑，即使这些论证在任何情况下都不适用，因为它们与研究者们的普遍共识相冲突，这种共识已经被 IPCC 报告记录下来。关于反馈周期和临界点的疑虑在这里也可能被提到。如果关于当前没有发生气候变暖或者它没有危害的主张是正确的，那么未来的不利后果也就不会被预料到，现在的储备对未来就不会有巨大的利益。

（5）大规模的技术解决方案。如果未来出现一种可以解决二氧化碳问题的技术解决方案，我们在今天的付出将会是不必要的。从大气层中消除二氧化碳或者利用巨大的太阳能镜面保护地球免受太阳辐射的办法已经被考虑了。如果这些努力能够成功，避免产生二氧化碳就可能是不必要的。

所有这些因素应该与一种有力的气候政策的未来利益相权衡，以便在此问题上保持一种现实的功利主义立场。在这样做的过程中，我们必须对“现在”（present）这一概念做出一些区分，因为在这里它并不是指特定的时间点。“现在”是指一段时间，它涵盖了今天依然活着的几代人，特别是未来 50 年里依然活着的那些人的效用，在这段时间内，我们必须承担气候政策的主要成本。

四、衡量成本与利益

经过这些反思之后，形势并不明朗，因为我们应该对一种有力的气候政策的效用和成本进行衡量。地球温度会因为碳循环内部的反馈机制升高几度（超过 2℃或 3℃）。如果地球温度升高到这种程度，地球上的所有地区都会处于严重的困境之中，这样一种观点是通过分析反馈机制得出的。例如，如果我们假设托尔（Richard Tol）所做的成本—利益分析是正确的，很明显所有 14 个被观察的关于温度升高多于 3℃的计算都预示着损失。然而，这种可能的损害足以为一种能够避免气候变化但目前产生巨额费用的气候政策辩护吗？无论如何，对反馈机制的发生概率是有争议的，脱离反馈机制而描述气候变化的后果很严重。托尔所做的关于成本—利益的对比十分细致，甚至计算出了温度增加 1℃到 2.3℃的净收益，这是很容易引起争议的。然而，本文认为，即使托尔和一些气候怀疑论者认为温度的升高会带来利益的观点是正确的，一种有力的气候政策仍然是可取的。

有力的气候政策是这样一种政策：它试图避免由于触动临界点而导致的多米诺效应。关于这样的反馈机制和临界点的存在几乎是没有争议的。可以想象，我们一切照旧的行为会触发它们。精确的概率是不存在的，超过50%的预测赞同上述观点。

然而，这样一来我们就更加如履薄冰。许多气候研究者拒绝接受概率事件。如果我们暂时假设汉森和哈德利中心以实验为基础的预测为真，那么我们有可能通过风险分析方法来有效地评估有力的气候政策。如果我们不这样假设，情况就会变得更加复杂。通过计算预期效用，将会导致以下情形：

（1）气候变化导致大范围地出现风暴、海岸地区消失等预计的损害：发生概率高，破坏性中等，对许多工业化国家来说相对较低。

（2）反馈循环导致世界极度高温：根据汉森和哈德利中心的研究，发生概率中等；根据其他研究，发生概率低，破坏性很高。

（3）排污权交易为最贫困国家带来了财富，因为它们可以出口准排证：发生概率高，效用非常高。

（4）只有可再生能源能够为未来提供安全、价格合理的能源来源：发生概率高，效用非常高。

（5）人口增长减缓，贫困和排放者的数量减少：发生概率高，效用高。

结论：我们应该执行有力的气候政策。

五、功利主义的初步责任

用更加具体的术语来解释这些思考，能够形成三种功利主义的初步责任（prima-facie obligation），这就为设想我们实际的责任指明了方向。

功利主义责任1（责任1）：为了限制全球变暖，采取所有值得注意的技术上可行的措施是一种初步的责任。

对预期效用的分析将表明责任1的收益。只有一种有力的气候政策能够确保临界点不会被超越。如果我们假设前面提到的关于临界点的经验数据是真实的，并且如果我们应该避免反馈机制的发生，那么很明显，不去追求值得注意的技术上可行的措施就无法获得利益。IPCC 报告建议我们关注全球气温最高升高 2℃的目标，这要求禁止进一步的排放，正如迈因斯豪森（Nicolai Meinshausen）等人所指出的。一般说来，这迫使我们尽可能快地采取任何值得注意的技术上可行的措施。推迟采取气候保护措施同样会引起未来的饥荒，而排放贸易可以防止饥荒的发生。正是出于这些原因，执行一种有力的气候政策势在必行。

当然，尽可能地降低气候政策的支出是一种功利主义的政策。我们正在寻求一种最大的利益，增加支出意味着可获得的幸福减少。这就导致了责任 1 的初步性特征，因为在某些情况下，值得关注的技术上可行的措施可能是效率低下的。

为了对支出方面进行检验，接下来要进一步详细说明两种初步的功利主义责任。所有这三种责任都暗含在预期效用最大化原则中；然而以一种明确的方式阐述它们有助于我们进一步的论证。

功利主义责任 2（责任 2）：初步支持能够实现当前利益和未来利益的策略。

功利主义责任 3（责任 3）：与那些合理性仅仅建立在预测精确性（这些预测可能是易错的）基础之上的投资相比，具有确定效用的投资初步应该被优先考虑。

责任 3 源于通过提高发生概率来扩展预期效用的欲望。恰恰在气候问题领域，我们必须纠结于发生概率问题。为了将这个问题最小化，当我们寻求符合预期效用最大化原则的方法时，一种可能性是去履行责任 3。一方面，责任 2 似乎表达了同样的意义，因为当前的利益比未来的可能利益更加确定；另一方面，履行责任 2 也可以提高执行措施的能力，因为它们的执行主体是今天活着的人们，他们总是试图使自己的利益最大化，因此具有执行符合责任 2 的措施的强烈动机。

六、三种政治策略：排放贸易、额外的气候政策、人口政策

存在着一些执行上述激进目标、同时将可能支出与准贴现因素考虑在内的政治策略。接下来，本文将列举最重要的可能性政治策略，但该清单同样包含那些尤其有利于产生双重影响的措施——即使脱离气候变化，实施这些措施也是有利的。例如，对于纯粹应对性措施来说就并非如此，如建设水坝等。

1. 排放贸易或二氧化碳排放税。实际上，对新兴国家和发展中国家来说，一个合理建构的全球排放贸易体系是一种财政福利，它不仅仅补偿它们的支出。例如，如果创立这种交易是为了使这些国家获得更高的排放配额，那么这种交易就在很大的程度上实现了责任 2 和责任 3。

也就是说，这样一种交易体系将意味着净支出被给予了贫困国家或者它们的公民，它们因此成为许可证出口者，这是一种功利主义规则，它依据的是不受气候变化及其不确定性影响的边际效用递减原则。最贫困的国家可以从商品中获得比足够富裕国家更多的收益。因此，事实上排放贸易将成为当下反贫困的一个重要手段，如果更加仔细地研究其组织性细节，我很怀疑能找到比这更有效的反贫困方式。基于这一点，通过提高矿物燃料的价格，排放贸易将会促进可再生能源的使用，并且这种使用必然不受气候变化的支配，因为矿物燃料是有限的（对比责任 3）。

征收二氧化碳排放税将会是实现这一目标的另一条途径。与排放贸易相比，这种途径有一个优势：各个公司将拥有关于二氧化碳未来价格的可靠信息，它们可以被计算出来，而在排放贸易中，价格是浮动的，因为它依然受制于市场交易过程。此外，各个国家可能会更有动力去对二氧化碳排放征收税费，因为它们可以成为一个直接的收入来源。然而征收排放税并不足以保证排放量的减少，因为这些减少可以被消费行为消解掉，如人们不愿放弃他们的汽车，即使它们非常昂贵，或者是有生产商降低了油价。如果需求是伸缩性的，也就是说，如果纳税商品能够以某种方式被替代，那么税收将减少

对商品的使用。这对于许多二氧化碳密集型商品来说并不容易，因为尽管存在高税率，依然会排放二氧化碳，这是我们无法承受的。排放税带来了收益，却没能降低二氧化碳排放量，值得怀疑的是，我们是否有时间去继续更正这些税收方面的失败尝试。

此外，排放贸易具有很大的优势，它可以在发达国家和发展中国家之间大规模地重新分配资源，因而满足责任 2 和责任 3。由于国家税收并不确定用于实现这一目标，所以这一点并不是确定的。排放贸易的优势在于，贫困国家及其公民是许可证的所有者，因此有权使用排放收益。这种意义上的权利可以基于正义和所有权角度从而获得道德上的支持，而且它能够建立在政治权力之上：如果贫困者无法获得排放收益，那么排放只有通过钻国际法律的漏洞才可能。引入税收将会产生一种国家规范，其中最贫困的公民将不必被包含在计算之中。当然，税收具有超越国界的作用，这种作用可以通过支付税金而得到推动。这种使用可以通过以下论证获得道德上的支持：我们通过排放温室气体对贫困者造成了伤害，因而应该创造一种平衡。然而，这种征税模式预示了富裕国家将成为贫困国家税金收入的所有者。

解决各国气候问题并不要求将税金收入转移给贫困国家。通过排放贸易，将税金收入给予贫困国家会成为每个国家解决本国气候问题的一个必要组成部分。在这样一种贸易体系中，贫困国家是排放许可证的所有者，因而在政治权力方面占有特殊的地位。通过排放贸易，一国为了不把税金交给贫困国家，不得不违反法律，违背国际公约，并受到其他协议伙伴的制裁；但是如果征收排放税，它只需要无视道德争论，正如它们以前众所周知的行径一样。富裕国家不愿意提供发展援助——远远没有达到之前同意的国内生产总值的 0.7%——就是这种道德漠视的一个例子。从这一点来看，排放贸易比征收排放税更符合功利主义的要求，这个例子表明我们可以从伦理角度去评价具体的政治措施。

2. 额外的气候政策。这是指除了排放贸易和二氧化碳排放税之外的政治动议措施，主要包括推进新能源开发，或者降低能源消耗。

这些措施不受气候变化的限制，势在必行，因为矿物燃料是有限的，将会在可预期的时间内消耗殆尽，或者由于其稀有而变得异常昂贵，而全球能源需求会持续增长。因而，与某些准贴现因素无关，在节能减排和能源开发方面的投资是情理之中的事情。在几十年内，它们将提供一种相对稳定且价格相对合理的能源供应。一个例子是最近德国航空航天中心进行的一项关于使用或不使用可再生能源对能源价格影响的研究，研究表明，齐心协力开发新能源将会明显地降低能源费用，在一些国家中，这将会在2020年实现。因此，这些措施也与责任2和责任3相互关联，特别是因为能源缺乏是导致贫困的主要原因之一。由于集中的电力供应几乎没有经济可行性，因而分散化的可再生能源使得发展中国家的广大农村地区可以获得能源。

3．人口政策。第三种策略将包含减缓人口增长速度。如果未来的高能耗人口减少，预期排放水平很可能将会下降，大气温室气体的浓度也将会降低。这也意味着工业国家的人口必须减少，因为这些人比发展中国家的人明显消耗了更多的能源。例如，国家应该提供激励措施，鼓励国民控制生育。

然而，那样做不会与关注总体效用最大化的功利主义者应该试图增加人口数量以提高总体效用的基本预设相冲突吗？首先，我支持这一问题背后的理论假设。它是合理的，尽管它在文本中被讨论，并经常作为一个“令人厌恶的结论”而被放弃。正如诺克罗斯（Alastair Norcross）所证明的，这个“令人厌恶的结论”基于功利主义的一个普遍处理原则，即许多小的效用实体可以抵消一个大的实体。在这里必然也是如此，因为如果更小的实体能够对效用规模产生影响，那么当足够多的更小实体聚集在一起时，必然能够不可避免地抵消大的实体。诺克罗斯指出，我们在日常生活的许多领域中能够接受这些后果。“如果国家限速50千米/小时，那么极有可能每年能够挽救许多生命。不去强制实施这样一种速度限制的成本之一是大量的死亡人数。提高限速能够为许多人提供便利。尽管如此，没有强制限速50千米/小时的做法远非明显的错误。事实上，绝大多数人都相信所谓的以便利为目的——我们并没有道德上的责任去强制全国限速50千米/小时（或更少）。”诺克罗斯指出，在日常生活（和许多领域）中，我们接受以一个很大的效用实体（一些生命）去换取许多非常小的效用实体（许多人的便利），并且我们并不认为这在道德上是不可接受的。对于这个“令人厌恶的结论”，我们采取了同样的解决办法，尽管是在历史性维度上，这与认为这个“结论”完全违反直觉和无可争辩的观念相冲突。

相应的，功利主义理论为我们提供了一种初步的责任：

功利主义责任4：显而易见，一个功利主义者应该去扩大人口规模。

然而，责任4应该帮助我们实现更大的效用，但它实际上没有做到这一点。这种责任脱离了现实，因为地球是一个封闭的系统，它仅有有限的能力来养活更多的人。如果我们不想毁灭世界，就不能增加人口。气候变化的事实告诫我们，二氧化碳排放每增加一些，我们遭受效用的巨大损失、甚至引起更严重后果（所有高级生命形式将会灭绝）的危险就会随之增加。在我看来，通过增加全球人口（受制于地球的最大承受能力）来平衡效用巨大损失的做法是值得怀疑的。

特别是，必须要保证这些新增人口在一个水资源短缺、食物缺乏、分配日益不平等以及因而更加可能因为资源分配而发生斗争的世界中能够过上值得过的生活。最糟的情况无法通过任何方式的人口增长来平衡，因为这些新增人口甚至会死于这种情况。然而，人口增长率的下降能够显著降低这种巨大效用损失发生的概率。特别是，我们可以合理地预计，在幸福的增长方面存在临界值。如果你跨越了完全贫穷阶段，并且获得了某些基本商品，开始拥有闲暇时间——例如你不需要花费所有的时间来确保获得食物，害怕明天无法生存下去，看到你的家人由于饥饿而开始虚弱——你就会突然开始积极地参与社会，追求你自己的计划，因为你不再只关注食物。由于这些以及类似的原因，我们可以假定，如果能够获得基本的商品，幸福就能够迅速地增加。同样，尽可能使更多的人越过幸福的这一临界值，将会切实增加世界的幸福总量，而不是创造更多极度贫困的人（受制于地球的有限承载力）。这些就解释了为什么在当前形势下我们要通过降低人口增长率来提高总体效用。这就导致了以下责任：

功利主义责任5：事实上，一个功利主义者至少应该限制人口增长率。

然而，由于贫困国家的人口增长是当下和未来消灭贫困的最大障碍之一，人们也可以根据责任 2 和责任 3 来为第三种策略辩护。

七、结论

我以结论的形式提出为一种有力的气候政策所做的双重效应论证（double-effect-argument）。这种政策应该能够有效避免来自反馈机制的多米诺效应，并且应该至少能够通过三种政治策略得以执行，即全球排放贸易、推广新能源以及限制人口增长率。这一论证不受气候怀疑者的主张的真实性的影响。一项有力的气候政策的全球净成本不会因为边际效应递减原则的有效性而受损，因为贫富国家间的分配创造了比它所减少的更多的效用。货币成本主要是工业化国家的一个难题，然而这些成本在幸福计算中的重要性必须继续运用关于幸福研究的新的视野来仔细审查。

1. 如果一种有力的气候政策的实现能够比其他可供选择的行动方针产生更多的效用，那么它是必需的。

2. 如果一种有力的气候政策能够通过前面所述的政治策略得到实施，将会获得非常好的结果，并且与其他可供选择的策略相比，它将最大限度地减少贫困。特别是，它将是目前确保受到气候变化威胁的巨大潜在效用的最可行的办法。

3. 能获得非常好且相对来说最好结果的减少贫困的最佳办法，是这样一种行动方针：与其他可选择的行动方针相比，它的实现能够创造更多的效用。保护未来濒危的效用潜能可以显著地强化利用额外的有力气候政策而取得的效用。

所以，一项有力的气候政策是必需的。

全球气候治理的横向与纵向强化*

［德］马丁·耶内克　著　　刘凌旗　译**

一、导论

随着现代社会发展的快速推进，温室气体与日俱增，人类对地球大气造成了一系列影响已成为科学共识。由于减缓气候变化的治理面临巨大的挑战，因此亟须开启同工业革命时期相对立的低碳经济技术革新，同时探索那些加快气候治理进程的战略选择。在过往十年中，的确存在着能够加快治理进程的诸多案例，其中，可再生能源技术的国际扩散就是一则典型例子。有鉴于此，本文将着眼于探索那些能够加快气候友好型（climate-friendly）技术扩散的机制。

基于此，先明确以下三种类型的互动过程：

（1）互强式循环（mutually reinforcing cycles）：政策诱致型国内市场增长、诱致型创新和政策反馈之间的相互强化。

---

* 原文标题：Horizontal and Vertical Reinforcement in Global Climate Governance，载 *Energies*，2015，Vol. 8，pp. 5782 – 5799。

** 作者简介：马丁·耶内克（Martin Jänicke）：德国柏林自由大学环境政策研究中心教授，可持续发展高级研究所教授。译者简介：刘凌旗：中国电子科技集团公司电子科学研究院工程师。

（2）源自先驱国家的国际创新扩散，这种创新扩散既可以是来自先导市场（lead-markets）的低碳技术扩散，也可是来自其他国家支持性政策的“经验学习”（lesson-drawing）。

（3）多层级治理（multi-level governance）的强化扩散：多层级治理能够激励全球系统各个层面的纵向与横向学习。当关乎更高层级影响下的次国家层级的横向动力时，这种多层级治理尤为切题。

这三种机制以创新和扩散过程的多因素交互强化为主要特征。气候友好型技术的加速扩散（accelerated diffusion），可以在全球治理多层级体系的不同层面进行观察和研讨。下文将选择最佳实践中的几则案例进行分析（本文侧重基于实效的方法决策，并排除了对其中失败经历的讨论）。

二、加速扩散的经济与政治机制

在经济学和政治科学中，自我强化（self-reinforcement）和加速机制并不鲜见。布莱恩·阿瑟（Brian Arthur）曾在自然科学与经济学领域提出了有关“自增强或自催化的动态系统”的理论探讨。他认为，经济学中的自增强机制与四个“普遍来源”（generic sources）相联系：

- 高昂的固定成本，为规模经济增长提供了优势
- 学习效应，改善产品质量或降低生产成本
- 合作效益，这使与其他经济主体的“和睦相处”（going along）占优势
- 适应性预期，市场上的普遍流行使人们相信它还会进一步流行[1]

① Arthur，B.，“Self-reinforcing Mechanisms in Economics”，in Anderson，P.，Arrow，K. J. and Pines，P.（eds.），*The Economy as an Evolving Complex System*，Addison-Wesley：Reading，MA，USA，1988.

阿瑟谈及“良性循环”（virtuous cycles）和“战略行动”（strategic action）的选择，以及政策可能向某些特定动力“‘倾斜’市场”（to“tilt”the market）的作用。[①] 他还提到了新平衡的一个重要条件：“自强化不会被抗衡的力量所抵消”，反而得到“局部正反馈”的支持。[②] 尽管尚未延伸讨论且缺乏经验性分析，但阿瑟就一个重要的现象提供了不同寻常的理论前瞻，尤其在环境和气候政策研究方面凸显出重大意义。我们将提出一些与“普遍来源”类型学兼容的经验性案例，但若将政策反馈机制纳入考量，这些案例的图景则略有不同。

现代创新研究，特别是关于生态创新的研究，在快速技术革新的现象中引入新的理论和经验洞察。[③] 政治科学已经为现代决策的互动解释增添了政策反馈的维度。[④] 政策产生出资源、激励和政治参与者的信息，这些都强化了政策本身。

本研究的贡献可谓在清洁能源技术的扩散分析模型中，将政策循环增添进市场增长和创新的强化循环中。[⑤] 政策循环（议程设置、政策制定、

---

① Arthur, B., “Self-reinforcing Mechanisms in Economics”, in Anderson, P., Arrow, K. J. and Pines, P. (eds.), *The Economy as an Evolving Complex System*, Addison-Wesley: Reading, MA, USA, 1988.

② Ibid.

③ Watanabe, C., Wakabayashi, K. and Miyazawa, T., “Industrial Dynamism and the Creation of a ‘Virtuous Cycle’ between R & D, Market Growth and Price Reduction. The Case of Photovoltaic Power Generation (PV) Development in Japan”, *Technovation*, 20, 2000, pp. 225 – 245; Hekkert, M. P., Suurs, R. A. A.; Negro, S. O., Kuhlmann, S. and Smits, R. E. H. M., “Functions of Innovation Systems: A New Approach for Analyzing Technological Change”, *Technol. Forecast. Soc. Change*, 74, 2007, pp. 413 – 432; Bergek, A., Jacobsson, S., Carlsson, B., Lindmark, S. and Rickne, A., “Analyzing the Functional Dynamics of Technical Innovation Systems, A Scheme of Analysis”, *Res. Policy*, 37, 2008, pp. 407 – 429; Intergovernmental Panel on Climate Change (IPCC), *Special Report on Renewable Energy Resources and Climate Change Mitigation (SRREN)*, IPCC: Geneva, Switzerland, 2011.

④ Pierson, P., “When Effect Becomes Cause-Policy Feedback and Political Change”, *World Polit.*, 45, 1993, pp. 595 – 628; Patashnik, E. M., *Reforms at Risk: What Happens after Major Changes are Enacted*, Princeton, NJ: Princeton University Press, 2008.

⑤ Jänicke, M., “Dynamic Governance of Clean-Energy Markets: How Technical Innovation Could Accelerate Climate Policies”, *J. Clean. Prod.*, 22, 2012, pp. 50 – 59.

决策、执行、政策结果、评估、新议程设置等）是一种政策学习和改良的机制。它对政策反馈较为开放，例如存在某些意外的政策协同效应（co-benefits）。

“经验学习”是政治强化的另一种潜在机制。它支持政策创新的扩散，比如国家之间存在某种“群体动力”（group dynamics）：集体学习导致广泛采用某种“流行方案”（trendy solution）。[①]

此外，还存在其他加速扩散的类型。经济竞争（亦为监管竞争）[②] 能够强化商品或政策的扩散。经济学家和政治科学家皆熟知“机会窗口”的目的性使用。[③] 我们在此处发现，“多源流”（multiple streams）的偶然趋同为决策者提供了一个情境性机会。然而，这却不必然产生稳定的结果。机会窗口（如切尔诺贝利灾难后的情境）往往在一段时间后关闭。因此，这种类型不在本文考虑范围之内。我们主要围绕加速的转型进行论述，即具有稳定的、长期效果的变革。[④]

创新的低碳技术和支持性政策的扩散通常是相通的。然而并不存在明确的因果关联，只是一个基于技术和政策之间的多重互动模式。[⑤] 政策能够向低碳技术的创新者给予支持，创新者也可以就气候政策提供新技术为基础的政策选择。政策是先动者，借助经验汲取的传播也许能成为技术扩散的支撑。通常而言，技术创新居于首位（正如风力发电的案例），政府的扶持强化了它在国内外市场的成功。在任何情况下，政策和技术之间的互动

① Chandler, J., “Trendy Solutions: Why Do States Adopt Sustainable Energy Portfolio Standards?”, *Energy Policy*, 37, 2009, pp. 3247 – 3281.

② Héritier, A., Mingers, S., Knill, C. and Becka, M., *Die Veränderung der Staatlichkeit in Europa*, Opladen: Leske + Budrich, 1994.

③ Kingdon, J. W., *Agendas, Alternatives and Public Policies*, 2nd ed., New York, NY: Harper & Collins, 1995.

④ Patashnik, E. M., *Reforms at Risk: What Happens after Major Changes are Enacted*, Princeton, NJ: Princeton University Press, 2008.

⑤ Jänicke, M. and Jacob, K. (eds.), *Environmental Governance in Global Perspective*, 2nd ed., Forschungszentrum für Umweltpolitik, Berlin: Freie Universität Berlin, 2007.

能够促进低碳技术和支持性政策的强化式扩散。这即是阿瑟所言的“合作效益”。[①]

最近一段时间，工业政策有回流复兴之势。[②] 绿色增长战略、环境与气候保护的设计构成了这种趋势的突出例证。[③] 在德国和诸如中国等其他国家中，环境与气候政策目标开始朝向以技术为基础的经济战略转化。许多政府自诩为全球清洁技术竞争市场中的参与者，创新被视作竞争力的核心。[④] 基于气候政策的视角，这意味着政策已然形成调动经济利益的能力。下文的分析将阐明，在全球多层级治理体系中的各个层级中，均能够观察到这一能力。

三、气候友好型创新的互动循环

众所周知，日益增长的市场激发了进一步创新的需求，从而降低生产成本，改善制成品的质量，并再度强化市场增长。这就是亚瑟所说的学习效应。[⑤] 然

① Arthur, B., “Self-reinforcing Mechanisms in Economics”, in Anderson, P., Arrow, K. J. and Pines, P. (eds.), *The Economy as an Evolving Complex System*, Addison-Wesley: Reading, MA, USA, 1988.

② Stiglitz, J. E. and Lin, J. Y. (eds.), *The Industrial Policy Revolution I: The Role of Government Beyond Ideology*, New York, NY: Palgrave Macmillan, 2013; Hallegatte, S., Fay, M. and Vogt-Schilb, A., *Green Industrial Policies — When and How*, The World Bank, Policy Research Working Paper, 6677: Washington, DC, 2013.

③ United Nations (UN), *Industrial Policy for the 21st Century: Sustainable Development Perspectives*, UN Department of Economic and Social Affairs, New York, NY, 2007; United Nations Environment Programme (UNEP), *Towards a Green Economy: Pathways to Sustainable Development and Poverty Eradication*, UNEP: Nairobi, Kenya, 2011; Organisation for Economic Co-operation and Development (OECD), *Towards Green Growth*, OECD, Paris, France, 2011; World Bank, *Inclusive Green Growth. The Pathway to Sustainable Development*, The World Bank, Washington, DC, 2012.

④ Jänicke, M., *Megatrend Umweltinnovation*, 2nd ed., München: Oekom, 2012; Stern, N., Bowen, A. and Whalley, J. (eds.), *The Global Development of Policy Regimes to Combat Climate Change*, The Tricontal Series of Global Economic Issues; World Scientific Publishing Co Pte Ltd., Singapore, 2014, Vol. 4.

⑤ Arthur, B., “Self-reinforcing Mechanisms in Economics”, in Anderson, P., Arrow, K. J. and Pines, P. (eds.), *The Economy as an Evolving Complex System*, Addison-Wesley: Reading, MA, USA, 1988.

而，气候友好型技术市场的特点却是典型的政策驱动。[1] 第三种动力机制因此被涉及：不仅仅存在市场和技术创新循环，还存在政策循环（也可参见迪尔克斯等的著作[2]）。就本质而言，它可谓一种从议程设置、政策制定到最终结果与评估的政治学习过程。

因而，有关低碳创新互动循环的强化机制可做如下概述：

- 基于清洁能源创新和有效政策实施的雄心勃勃的目标
- 支持清洁能源技术的市场增长
- 诱致型技术学习（二次创新）
- 更具雄心的目标：新经济利益下的政策反馈

低碳技术加速扩散的实例可以通过三种循环的互动来解释（见图1）。作者已经对包含这些动力交互的15个经验案例展开了研究。[3] 德国绿色能源的实例及其目标（2020年）的后续增长情况已经在图2呈现。正如其他案例一般，政策始于一个能诱导意外市场增长的雄心勃勃的目标，而增长再次导向了创新和最终积极的政策反馈。在2000年，德国制定的雄心勃勃的目标（最初受到质疑）是2020年的绿色能源比例达到20%。九年以后，这个目标增长了；仅一年以后，这个目标再次增长。当前的目标是在2025年实现40%—45%的绿色能源比例（相比于1990年）。

更引人注目的案例当属中国的风能与太阳能。由于意想不到的迅速扩散，风力发电到2020年的装机量目标增加了好几倍，从20GW变为200GW。图3展示了光伏发电装机量的例子，其目标从1.8GW增长到100GW。

---

① Ernstand Young, *Eco-Industry, Its Size, Employment, Perspectives and Barriers to Growth in an Enlarged European Union*; EU Commission, DG Enviroment, Brussels, Belgium, 2006.

② Dierkes, M., Antal, A. B., Child, J. and Nonaka, I. (eds.), *Handbook of Organisational Learning and Knowledge*, Oxford: Oxford University Press, 2001.

③ Jänicke, M., "Dynamic Governance of Clean-Energy Markets: How Technical Innovation Could Accelerate Climate Policies", *J. Clean. Prod.*, 22, 2012, pp. 50 – 59; Jänicke, M., *Megatrend Umweltinnovation*, 2nd ed., München: Oekom, 2012.

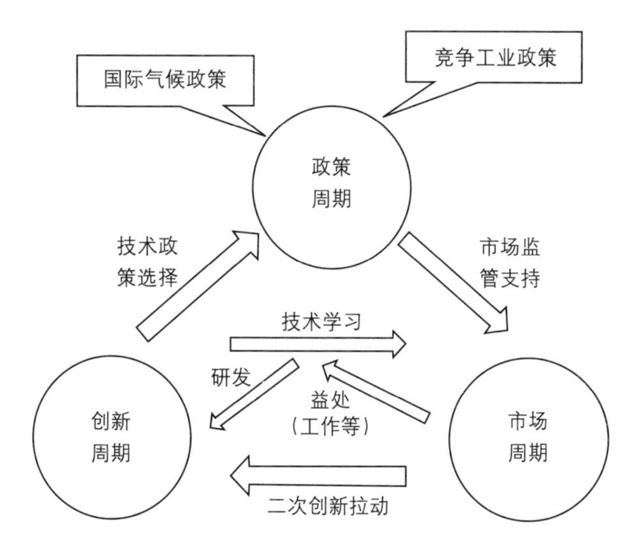

图 1　清洁能源创新的互强环

资料来源：Jänicke，M.，“Dynamic Governance of Clean-Energy Markets：How Technical Innovation Could Accelerate Climate Policies”，*J. Clean. Prod.*，22，2012，pp. 50 –59。

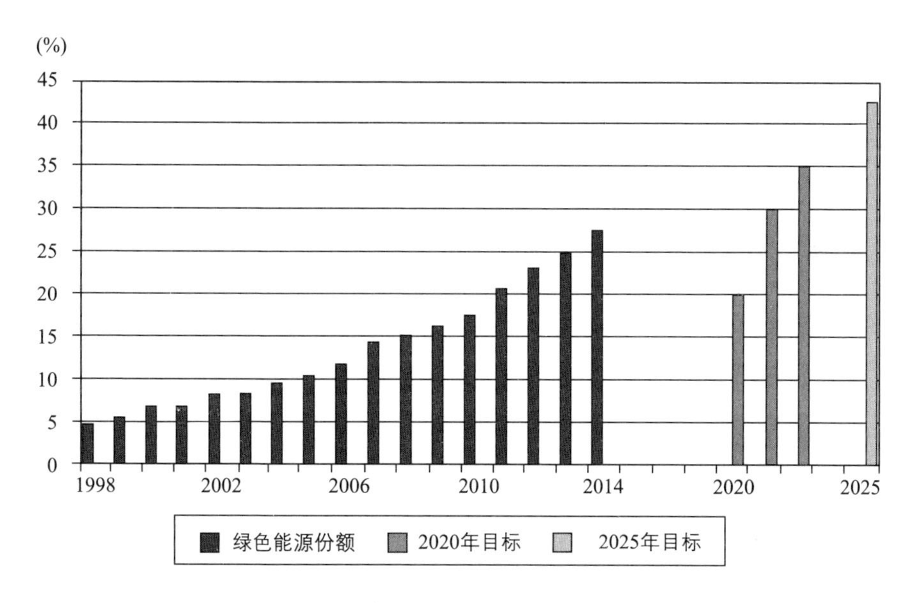

图 2　1998—2014 年德国绿色能源份额及其 2020/2025 年目标

资料来源：德国联邦环境、自然保护、建设和核安全部（BMUB），2015。

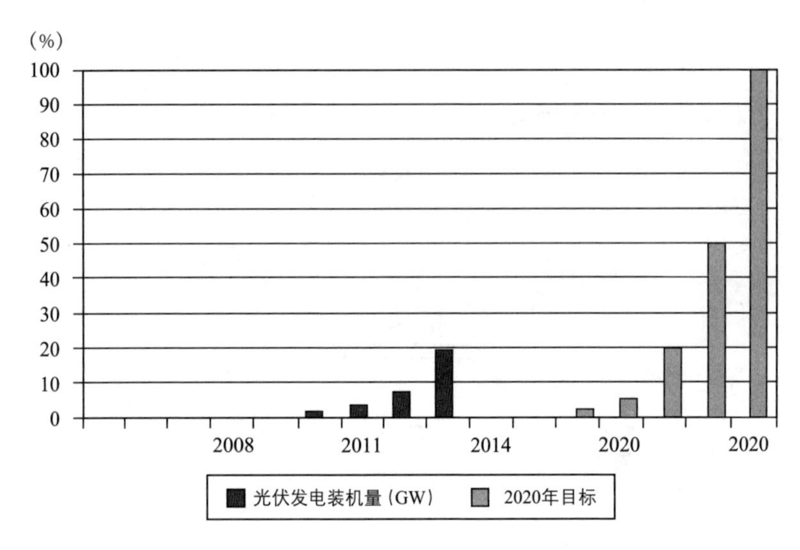

图 3　中国光伏发电装机量及其 2020 年目标

资料来源：21 世纪再生能源政策组织（REN21），2014。

针对清洁能源创新的“良性循环”（virtuous cycles），政府间气候变化专门委员会（Intergovernmental Panel on Climate Change，IPCC）在关于可再生能源与减缓气候变化的专题报告中提出了相关政策结论：“可再生能源的长期目标和经验学习的灵活性，对实现能源的成本效益和较高渗透是非常关键的。”[①]

四、来自先驱国家的强制扩散：先导市场和政治经验学习

强制扩散（enforced diffusion）的第二种机制是由先驱国家和领潮者（trend setters）来提供的。[②] 在先驱国家中对低碳技术先导市场的创造和对别国的政治经验学习[③]，已经成为类似技术进行国际扩散的突出机制。这两个机

① Intergovernmental Panel on Climate Change（IPCC），*Special Report on Renewable Energy Resources and Climate Change Mitigation*（*SRREN*），IPCC：Geneva，Switzerland，2011.

② Jänicke，M.，“Trend Setters in Environmental Policy：The Character and Role of Pioneer Countries”，*Eur. Environ.*，5，2005，pp. 129 – 142.

③ Rose，R.，*Lesson-Drawing in Public Policy. A Guide to Learning across Time and Space*，Chatham，NJ：CQ Press，1993.

制是独立的，但可以彼此强化。

通过先导市场实现清洁能源创新的强制扩散，可做如下概述：

- 先导市场是进入全球市场的国家“跑道”（runway），创新技术能在全球市场中获得诸如价格、需求或市场结构等支持性要素。
- 清洁能源创新的国家级先导市场是特定的，因为这些市场受“政策驱动”，同时通过政治支持提供了一种监管优势。
- 支持性政策（“经验学习”）的国际扩散能够创造附加的转移优势。

经济机制在于气候友好型技术通过先导市场的强制扩散。根据玛丽安·拜斯（Marian Beise）等人的观点，一个国家级先导市场是“世界市场的核心，本地用户是国际规模创新的早期接受者”①。众所周知，（斯堪的纳维亚的）移动电话、（日本的）传真或（美国的）互联网都是先导市场的典型案例。它们发源于具有特殊优势的市场，这些优势包括价格、市场结构、需求或出口优势等。

先驱国家的先导市场已在低碳技术扩散当中扮演了特定的角色。它们为技术性学习所需的成本进行再筹资，直到产品足够廉价和有效，从而能够扩散到国际市场。此外，它们塑造出如何解决特定的气候相关问题的示范效应，通常包含了经济的优势。这个机制已成为将气候政策目标转化为全球市场的一个重要路径。丹麦和德国的风能、日本和德国的光伏装置、瑞典的热泵、日本的混合动力汽车以及德国的节能型柴油汽车都是这方面的例子。② 新兴经济体的先导市场案例包括中国的太阳能热水供暖和巴西的生物燃料技术。

---

① Beise, M., Blazejczak, J., Edler, D., Jacob, K., Jänicke, M., Loew, T., Petschow, U. and Rennings, K., “The Emergence of Lead Markets for Environmental Innovations”, in Horbach, J., Huber, J., Schulz, T. (eds.), *Nachhaltige Innovation. Rahmenbedingungen für Umweltinnovationen*, München: Oekom, 2003, pp. 13－49.

② Ibid.

环境友好型技术的先导市场出现在具备“监管优势”（regulatory advantage）和“转移优势”（transfer advantage）的国家。[1] 这意味着技术及其国际扩散受到了政策的支持。[2] 别国的“经验学习”对政策扩散提供了支持。这种政治上的“经验学习”可谓是强化国际扩散的第二种机制。在先导市场的情境下，这指的是如何支持特定的环境友好型技术市场的过程，并且导致了特定支持工具或政策组合的扩散。经验学习类似于阿瑟的“适应性预期”机制——尽管这里是政策的学习。与强制的技术扩散相似，强化的政策扩散依赖于高度的预期，持续流行高预期会在全球政策舞台上“加强未来进一步流行趋势的信念”[3]。

因此，通过经验学习的强化式国际扩散可以被这样描述：

- 先驱国家的“流行方案”（trendy solutions）被其他国家所采纳，例如作为一种避免国内试错的策略。
- “适应性预期”（adaptive expectations）：持续扩散加强了未来进一步扩散的信念。
- “临界规模”（critical mass）效应，即自我延续的扩散过程的某个阶段。

特定监管变为国际标准（也受国际协调所支持）的预期可能性，已经成为政策扩散的强大驱动力。[4] 国家接受某种流行方案的临界规模强化了扩散

---

① Rennings, K. and Schmidt, W., “A Lead Market Approach towards the Emergence and Diffusion of Coal-fired Power Plant Technology”, *Polit. Econ.*, 27, 2010, pp. 301 – 327.

② Lacerda, J. S. and van den Bergh, J. C. J. M., “International Diffusion of Renewable Energy Innovations: Lessons from the Lead Markets for Wind Power in China, Germany and USA”, *Energies*, 7, 2014, pp. 8236 – 8263.

③ Arthur, B., “Self-reinforcing Mechanisms in Economics”, in Anderson, P., Arrow, K. J. and Pines, P. (eds.), *The Economy as an Evolving Complex System*, Addison-Wesley: Reading, MA, USA, 1988.

④ Jänicke, M., Joergens, H. and Tews, K., “Zur Untersuchung der Diffusion umweltpolitischer Innovationen”, in Tews, K. and Jänicke, M. (eds.), *Die Diffusion Umweltpolitischer Innovationen im Internationalen System*, Wiesbaden: Westdeutscher Verlag, 2005.

（也可参见威持的文章[①]）。在这个阶段，扩散过程获取了充足的动力而变得能够自我延续。

在技术性气候政策中，扩散和经验学习的速度在许多案例中都是显著的。电网回购（feed-in tariffs）工具的扩散也许可以作为一个例子（见图4）。绿色电力目标的扩散甚至发生得更快。截至2014年初，144个国家已经引入了绿色能源目标，这个数据较2007年翻了一番。[②] 甚至通常被视为气候政策中更加困难部分的支持能源效率的政策，也呈现出高速的国际扩散：法国环境能源署（ADEME）在对85个国家进行分析之后认为，确立能源效率目标的国家比例在五年内已变成原先的两倍，达到80%。[③] 这一扩散速度同气候谈判的缓慢进展形成了鲜明对比。经验学习已带有“扩散治理”的特点。[④] 它完全是一个自愿的过程，明显不同于全球气候治理，后者是基于带有法律约束力的国际义务。

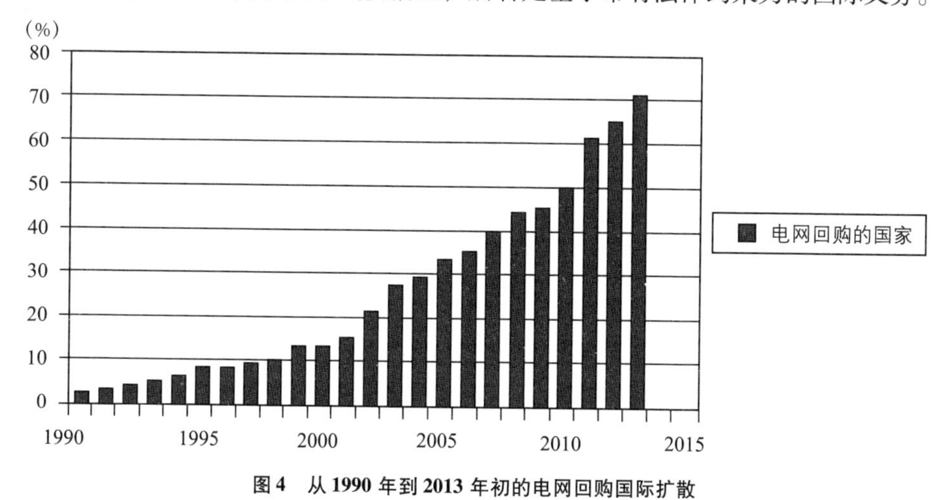

图4　从1990年到2013年初的电网回购国际扩散

资料来源：REN21，*Renewables 2013. Global Status Report*，REN21，Paris，France，2013。

---

① Witt，U.，“‘Lock-in’ *vs.* ‘critical masses’—Industrial Change under Network Externalities”，*Int. J. Ind. Organ.*，15，1997，pp. 753－773.

② REN21，*Renewables 2014. Global Status Report*，REN21，Paris，France，2014.

③ Agence de l'Environnement et de la Maîtrise de l'Énergie（ADEME），*Energy Efficiency in the World Report*（*Study Produced for the World Energy Council*）；Paris，France，2013.

④ Busch，P. O.，Joergens，H. and Tews，K.，“The Global Diffusion of Regulatory Instruments. The Making of a New International Environmental Regime”，*Ann. Am. Acad. Polit. Soc. Sci.*，598，2006，pp. 146－167.

后发国家依靠更低价位的相同产品成功打入了原始先导市场，在这一驱动下，当国际市场给予反馈时，先导市场程序的特有强化机制便会发生作用。中国太阳能产业及其对欧洲市场的繁荣出口，也许可以被视为一个例子。[①] 该案例标志着从前的先导市场不得不在创新竞争中寻找新的角色，先驱国家在期间并非一帆风顺。但就气候保护而言，扩散的强化机制以较低的价格为基础，可谓是一个明显的优势。

截至目前，对于清洁技术从工业化和新型经济体向全球市场的扩散，发达国家的先导市场已为此提供了基础。发展中国家的市场往往发育滞后，然而近来，先导市场在如印度等新兴国家中的角色有所发展。对可持续能源的未来而言，最为有趣的是先导市场的节俭式创新（frugal innovations）。[②] 节俭式创新是较为廉价、简单和强健的，此外，这种创新也试图在供应链的所有阶段节省资源。[③] 节俭式创新的意义在于：鉴于其普遍较低的利润份额，这种创新依赖于大型市场，而新兴经济体所具有的这种大型市场，可以带来一种优势，那便是降低单位成本且提升产量的强化机制。[④]

五、多层级治理：横向扩散的纵向强化

（一）全球气候治理的多层级体系

多层级治理（multi-level governance）“在不同层级政府的公共行动者之间

---

① Quitzow, R., *The Co-evolution of Policy, Market and Industry in the Solar Energy Sector*, FFU-Report 06-2013, Forschungszentrum für Umweltpolitik/Freie Universität Berlin, Berlin, 2013.

② Tiwari, R. and Herstatt, C., *India — A Lead Market for Frugal Innovations?*, Working Paper Technology Innovation Management No. 67, Hamburg University of Technology, Hamburg, 2012.

③ Jänicke, M., “Frugale Technik”, *Ökol. Wirtsch.*, 29, 2014, pp. 30 – 36.

④ Arthur, B., “Self-reinforcing Mechanisms in Economics”, in Anderson, P., Arrow, K. J. and Pines, P. (eds.), *The Economy as an Evolving Complex System*, Addison-Wesley: Reading, MA, USA, 1988.

塑造出相互独立的关系特征——横向的、纵向的或网状的”[1]（也可参见贝奇等的论著[2]）。多层视角（multi-level perspective，MLP）是“社会技术转型情境下将整体动态模式概念化的中层理论”[3]。多层级强化机制是其中特别有趣的一个方面（见图5）。米兰达·西罗斯（Miranda Schreurs）和肖逸夫（Yves Tiberghien）已经使用这个术语来解释欧盟及其成员国的气候政策的动力。[4]（也可参见乔丹等的文章[5]）然而，它也同全球情境有关。本文遂用它解释国家层面和次国家层面的动力交互作用。

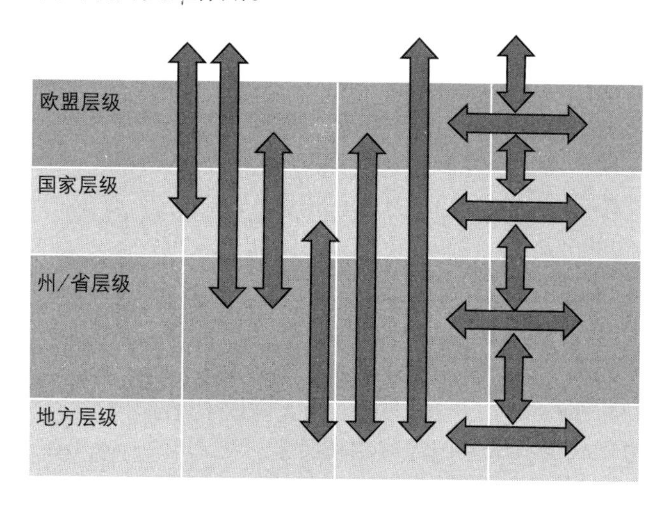

图5　多层级治理：可能的横向与纵向互动

---

① Organisation for Economic Co-operationand Development（OECD），*Green Growth in Cities*，OECD，Paris，France，2013.

② Bache，I. and Flinders，M.，*Multi-Level Governance*，Oxford：Oxford University Press，2004；Stephenson，P.，“Twenty Years of Multi-level Governance：Where Does It Come from? What Is It? Where Is It Going?”，*J. Eur. Public Policy*，20，2013，pp. 817－837.

③ Geels，F. W.，“The Multi-level Perspective on Sustainability Transitions：Responses to Seven Criticisms”，*Environ. Innov. Soc. Transit.*，1，2013，pp. 24－40.

④ Schreurs，M. and Tiberghien，Y.，“Multi-Level Reinforcement：Explaining European Union Leadership in Climate Change Mitigation”，*Glob. Environ. Polit.*，7，2007，pp. 19－46.

⑤ Jordan，A.，van Asselt，H.，Berkhout，F.，Huitema，D. and Rayner，T.，“Understanding the Paradoxes of Multi-Level Governing：Climate Change Policy in the European Union”，*Glob. Environ. Polit.*，12，2012，pp. 43－66.

从全球到地方的多层级治理可以被视作强化的一般机制。各种类型的纵向与横向互动，使治理系统不同部分的创新成为可能（见图5）。而且，系统其他部分也可以接受这些互动。对先驱者的经验学习（对等学习，peer-to-peer learning）在所有层级都是可能的。横向大规模的分散创新和最佳实践是另一种机制。由此产生的较高层级（民族国家、欧盟等）的政策能够激励较低层级的横向动力。下文所述欧盟正是多层级强化机制在这个方面的典范。

由于具有气候相关知识、动机与合法性的全球性基础，气候治理的多层级体系可谓是一个全球性的系统。而且，气候友好型技术的全球市场已经同气候政策的全球性舞台一齐建立起来。其创新动力的重要条件在于较高层级的领导角色。

全球气候治理多层级体系的每个层级，可以发掘各种各样的动机和机遇。在省/地区或联邦州层级，均存在着支持或采纳气候友好型技术的动机：富裕地区可以将成功的经济政策转移至新的气候政策领域；另一方面，贫困地区则试图在房地产行业中支持可再生能源或节能型投资，以此摆脱失业困境。还有一个驱动力也许是与全国政府相对抗的地区性反对派（例如苏格兰、魁北克或加利福尼亚的情况）。地理优势可以提供支持革新的另一个条件（如沿海地区的风能）。政治科学家们经常提及特定区域/州政府内萃聚的组织。[①] 在欧盟区域一级中，除了排放权交易之外还存在若干个对气候和能源负责的主体。[②] 欧盟有相应的区域理事会和区域委员会，最近发布了多层级治理公约（2014）。已有的国际水平网络包括“R20 气候行动区”（R20 Regions of Climate Action，R20）或可持续发展区域政府网络，后者成立于2002 年在约翰内斯堡召开的“地球峰会”上。

城市和地方社区在有关气候政策的领域承担着重要责任。家庭住房和能源消耗、交通法规和基础设施、土地使用和城市规划或废旧物政策，都属于

① Delmas，E. and Montes-Sancho，M. J. U. S. “State Policies for Renewable Energy：Context and Effectiveness”，*Energy Policy*，39，2011，pp. 2273 – 2288.

② Wolfinger，B.，Steininger，K. W.，Damm，A.，Schleicher，S.，Tuerk，A.，Grossman，W.，Tatzber，F. and Steiner，D.，“Implementing Europe’s Climate Targets at the Regional Level”，*Clim. Policy*，12，2012，pp. 667 – 689.

这方面的重要领域。最为关键的则是地方能源供应，其中，欧洲或美国的城市具有很大影响。[①] 欧盟 80% 的温室气体排放都与城市活动相关，这一事实反映了地方层级的重要性。因此，城市也是气候政策试验和创新方面的关键场域。[②] 诸如地方环境行动国际委员会（ICLEI）或市长盟约（Covenants of Mayors）等在横向层级上活跃的国际网络，扮演了不可忽视的角色。[③] 此外，美国城市能源项目（City Energy Project）或中国低碳生态城市协会（Chinese Low Carbon Eco-Cities Association）等国际网络也可以发挥作用。在较高层级气候政策活动支持最低层级横向动力的例子中，德国“百分百可再生能源”（100%-Renewable Energy）网络可谓是一个典范。在 2010 年，德国有 7 个可再生能源区域，覆盖约 700 多万居民；到 2014 年，可再生能源区域的数量增加到 146 个，覆盖 2500 万居民。

地方气候变化减缓和城市间横向的经验学习，正在受到欧盟委员会以及印度和中国政府的普遍支持。

（二）高层引导的横向动力

多层级治理下的低层强化机制可描述如下：

- 不同层级上的试验、创新和最佳实践
- 受到较高层级扩展和支持的地方性、区域性最佳实践
- 来自较高层级的支持诱发较低层级的横向动力：先驱者成为与之相关的标杆、合作方或竞争者

① Organisation for Economic Co-operationand Development（OECD），*Green Growth in Cities*，OECD，Paris，France，2013.

② Bulkeley，H. and Castán Broto，V.，“Government by Experiment? Global Cities and the Governing of Climate Change”，*Trans. Inst. Br. Geogr.*，38，2012，pp. 361－375.

③ Kern，K. and Bulkeley，H. “Cities，Europeanization and Multi-Level Governance：Governing Climate Change through Transnational Municipal Networks”，*J. Common Mark. Stud.*，47，2009，pp. 309－332.

较高层级的政治领导可以对试验、创新和最佳实践进行扩展和普遍推广。如果较高层级起到对低层提供调整金融或信息支持的带头作用，它们将加强在低层中的先驱作用，并诱发同一层级中的横向经验学习、合作或竞争（见图6）。较低层级的先驱城市或省份/州，遂变成其他区域的标杆。因而，来自上层的支持为气候友好型创新提供了新的路径和机遇。从经济学视角来看，潜在市场拓宽至超区域规模的情况也包括在内。经济利益的驱动以及气候政策目标向市场动力语言的转化，成为所有层级中的综合性的共同因素。

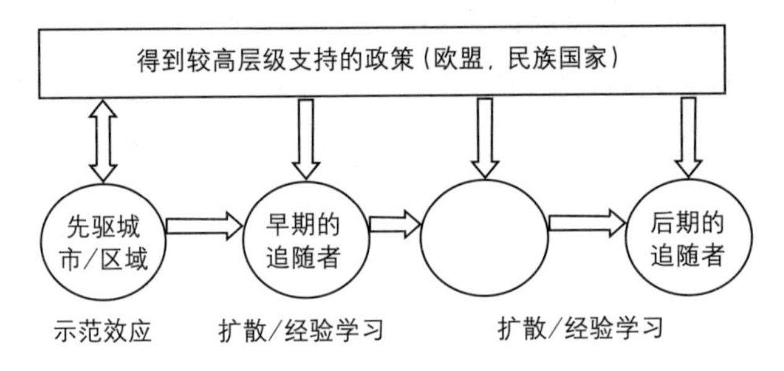

图6 较高政策层级诱导下的横向动力

六、欧盟的案例

欧盟在减缓气候变化和多层级气候治理方面提供了最佳实践案例。作为气候治理的区域体系，它与世界其他区域合作组织（北美自由贸易协定、非洲联盟、东南亚国家联盟等）相比而言较为独特。就全球控温在2℃以下这一目标而言，尽管欧盟所取得的成就尚不足够，然而它仍是较为卓越的，因为此前不曾预想到能取得这些发展。1990年至2012年，温室气体已经减少了将近20%。而且，之前设置的2020年目标也即将实现（见图7）。经济增长的衰退可视为温室气体加速减少的部分原因。但是，可再生能源的扩散具有类似的加速趋势。截至2013年，可再生能源占据了新用电容量的70%（见图8）。一年之后，份额变为79%，相较于五年前的57%是一个显著的增长。[①]

① REN21, *Renewables 2013. Global Status Report*, REN21, Paris, France, 2013; REN21, *Renewables 2014. Global Status Report*, REN21, Paris, France, 2014.

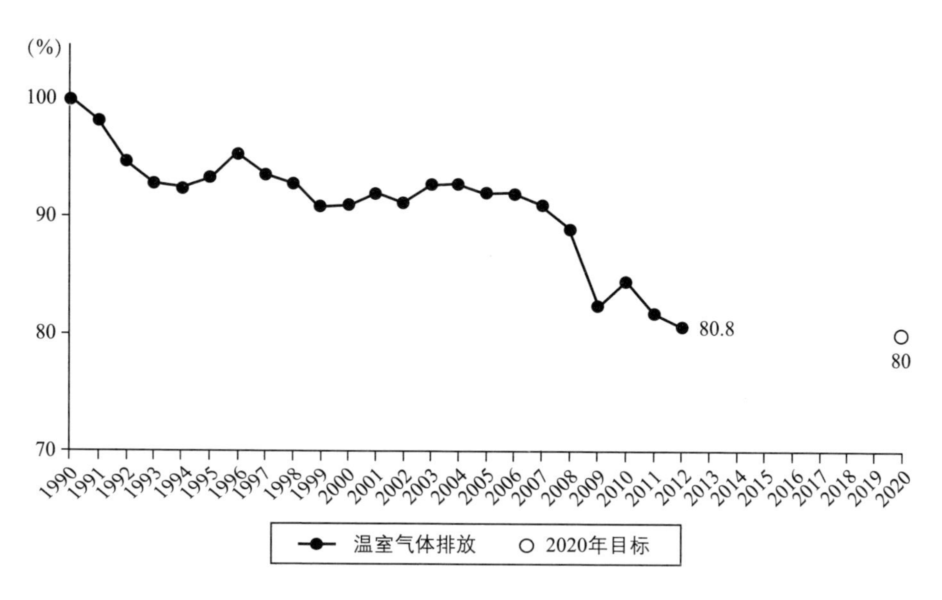

图7　1990年至2012年欧盟28个成员国的温室气体排放

资料来源：欧洲环境署（EEA），2014。

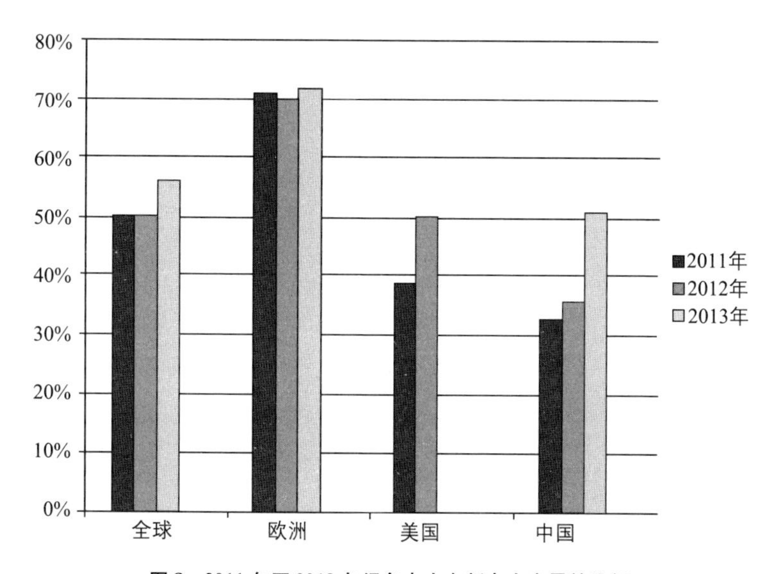

图8　2011年至2013年绿色电力占新电力容量的比例

资料来源：REN21，*Renewables 2013. Global Status Report*，REN21，Paris，France，2013。

欧盟气候与能源一揽子行动计划（2008）的效果无须争议。该方案部分受到了低碳技术方面政策驱动型动力市场的激励。2007 年，欧盟委员会提出了关于先导市场和创新的一项综合战略，“在不断增长的需求、通过规模经济降低成本、产品与生产的快速改进，以及将带来进一步需求乃至进入全球市场的创新的新循环之间，创造良性的循环”①。2007 年之后，欧洲市场确实成为风力和太阳能发电领域的先导市场。发生在高层级的创新和经验学习遍及欧洲。在某种意义上，我们能够在当时观察到强化机制的互动——强化的“综合征”（syndrome of reinforcement）。尽管欧盟最高层在近期失去了部分动力，但整个欧洲的多层级气候治理体系仍对气候友好型现代化提供强大的驱动力。② 有关这一点需加以更为广泛的解释。

多层级气候治理是欧盟机构（European Institutions）一项志在必得的战略，也是区域/省份的特殊制度框架以及城市的气候治理战略。欧盟成员国的其他特质，提供了包括绿色政党和公共媒体在内的绿色机会结构。欧盟已经将“自由市场”（free market）转变为具有较强环境框架约束的市场。世界银行最近证实，欧盟具有一种特定的“环境可持续增长模式”③。

此外，作为特定的多层级强化机制，欧洲国家环境政策创新与欧洲一体化机制在经济共同体的情境下进行着互动。基于一定的条件，欧盟委员会能授权成员国维持或引入更为严格的环境政策措施。当某个成员国被授权时，“委员会应立即审查该措施是否具备相关适应性”［《欧盟运作协议》（Treaty on the Functioning of the European Union），条款 114.7 和 193］。成员国的环境政策创新很有可能演变为以“高水平环境保护”为原则的欧洲规章（European

① EU Commission, “A Lead Market Initiative for Europe-explanatory Paper on the European Lead Market Approach: Methodology and Rationale”, in *Commission Staff Working Document*; (COM (2007)) 860 Final, SEC (2007), Commission of the European Communities, Brussels, Belgium, 2007.

② Jordan, A., van Asselt, H., Berkhout, F., Huitema, D. and Rayner, T., “Understanding the Paradoxes of Multi-Level Governing: Climate Change Policy in the European Union”, *Glob. Environ. Polit.*, 12, 2012, pp. 43 - 66.

③ World Bank, *Golden Growth — Restoring the Lustre of the European Economic Model*, The World Bank, Washington, DC, 2011.

regulation）。气候政策是欧盟环境政策的一部分（条款191）。相应机制能激励成员国之间展开监管竞争，促使其成为欧洲规章的领跑者。[①] 它可以被视为欧盟委员的经验学习：向最佳实践案例学习，避免耗时的试验，同时受到某些国家性政府的支持，这些政府亦可给予合理建议。2002年出台的《英国排放权交易体系》（UK Emissions Trading Scheme）即是一例，该计划希望在《欧盟碳排放权交易制度》（EU Emission Trading Scheme）于2005年出台之前，便赋予英国企业以“先发优势”（first mover advantages）。[②] 其他例子如《英国能源效率承诺》（UK Energy Efficiency Commitment）（2002）和《德国可再生能源法》（German Renewable Energy Law）（2000），此二者皆被《欧盟规章》（2001和2012）所效仿。

气候政策的进程始于欧盟的国家层面和次国家层面。诸如德国、丹麦和英国等先驱国家，已经在较低层级中推广并整合了许多政治与经济方面的试验和最佳实践，这为较高层级的采纳铺平了道路。因此，气候政策的形成过程是自下而上的，最终上升到欧洲和全球层面。政策创新从国家扩展至整个欧盟的进程，通常是成员国希望维持先驱角色的一项政府战略，同时也为国内的气候友好型技术创新开拓了广袤的欧洲市场。

气候政策的欧洲化伴随着游说组织的建立，游说组织为欧盟层面清洁能源的经济利益而发声，例如欧洲可再生能源委员会（European Renewable Energy Council）、欧洲节能联盟（European Alliance to Save Energy）、欧洲绝缘制造商协会（European Insulation Manufacturers Association）、欧洲照明与热泵协会（Lighting Europe and the European Heat Pump Association）等。

同时，在地方层级可以观察到反馈，这种反馈能够强化早先的创举：以

---

① Héritier, A., Mingers, S., Knill, C. and Becka, M., *Die Veränderung der Staatlichkeit in Europa*, Opladen: Leske + Budrich, 1994; Schreurs, M. and Tiberghien, Y., “Multi-Level Reinforcement: Explaining European Union Leadership in Climate Change Mitigation”, *Glob. Environ. Polit.*, 7, 2007, pp. 19 – 46.

② Rayner, T. and Jordan, A., “The United Kingdom: A Paradoxical Leader?”, in Wurzel, K. W. and Conelly, J. (eds.), *The European Union as a Leader in International Climate Change Politics*, London, UK, New York, NY: Routledge, 2011, pp. 95 – 111.

网络方式组织起来的城市和地方社区①，采用国家和欧洲的法规、补贴或公共采购等政策与激励，调动起气候友好型技术的经济利益，这些技术能够以可再生能源或低能耗建筑的形式获得投资。

约6400个（2015年）地方性社区参与的《市长盟约》最为举世瞩目，该计划由欧洲委员会和欧盟气候与能源一揽子行动计划在2008年联合发起。在这个网络框架内，地方政府需要提出行动方案和至少20%的温室气体（GHG）减排目标。落实措施的资金来源包括欧洲投资银行，由此可见对经济维度的强调。而欧盟委员会的智慧城市合作倡议（Smart Cities Partnership Initiative），也是类似的经济机制。横向动力——尤其是城市之间的竞争——的来源是官方的卓越基准（Benchmark of Excellence），这也是最佳实践的数据库。②

在一些国家，绿色电力的私有化似乎是地方层级实施变革的强大驱动力。德国超过一半的绿色电力设施都归私人所有。与世界其他区域相比，欧洲不仅有超国家层面气候治理的较强优势，而且较早推行了绿色电力设施的高度分权化和地方化［《布隆伯格新能源金融》（Bloomberg New Energy Finance），2014年4月］。

就低碳能源系统的技术革新而言，地方层面目前似乎已经成为最具活力的驱动者。根据《市长盟约》评价显示，正在接受欧盟评估的63%的地方社区，都正在计划减少大于20%的温室气体排放量。到2020年，有望减少3.7亿吨（欧洲环境新闻与信息服务，ENDS Europe，2013年6月24日）。近几年来，气候政策过程主要在建筑行业（占比44%）和能源生产等地方层面带来了巨大的经济利益，盟约数据库提供了相关的经验性证据。

高层已有的政策倡议为次国家层面的蓬勃发展创造了必要条件。例如，欧盟建筑能源性能指令（EU Directive on Energy Performance of Buildings）激发

① Kern, K. and Bulkeley, H. "Cities, Europeanization and Multi-Level Governance: Governing Climate Change through Transnational Municipal Networks", *J. Common Mark. Stud.*, 47, 2009, pp. 309-332.

② Covenant of Mayors, available at: http://www.covenantofmayors.eu/index_en.html, accessed on 12 June 2015.

了地方社区的强大活力，同时，诸如弗赖堡、曼彻斯特、哥本哈根和马尔默等先驱城市发挥着重要作用。

在考虑地方动力的同时，德国、丹麦、英国等先驱国家似乎也是引领力量。三国达成了最高标准的温室气体减排率，并制定了最雄心勃勃的1990—2025年减排目标（德国为40%—45%，英国为50%，丹麦在2020年之前将减排40%）。这个成就是创新、市场增长和政策反馈之间的政策诱致型强化循环所带来的结果。同时在次国家层面，它们也是通过经济利益推进气候治理的最佳实践案例。

七、多中心路径的优势

正如所见，在参与者、维度和层级的多样化情境下实施气候政策，并非有弊无利。恰恰相反，一种“多中心路径”（polycentric approach）[①] 可以成为真正的机遇。[②] 该路径不只包括政府和企业，还涉及社会多方参与者。尽管其高度复杂的因果关系在经验研究中很难进行评估，但市民社会作为容纳各个类型和层级的博弈性网络，仍然是能源转型所不可或缺的情境。

多层级气候治理的极端复杂性也许会引发最终责任（final responsibility）的问题：若每个人都有责任，最后可能出现的结果反而是没有人实际负责。截至目前，达成一项解决方案依然是国家在广泛网络下行动的首要“最终责任”，国家通常是集体行动者（如二十国集团）。同诸如《联合国气候变化框架公约》这样全球规制中的“小行政”（small administration）相比，民族国家的政府拥有更充足的人力和财力资源，它们可以实施制裁和惩罚，抵御相较而言更高的压力而为自身行动提供合法性。在发生极端天气事件和其他危机时，民族国家首当其冲，并且，和全球多层级治理体系中其他层级的政府

---

① Ostrom, E., “Beyond Markets and States: Polycentric Governance of Complex Economic Systems”, *Am. Econ. Rev.*, 100, 2010, pp. 641 - 672.

② Sovacool, B. K., “An International Comparison of Four Polycentric Approaches to Climate and Energy Governance”, *Energy Policy*, 39, 2011, pp. 3832 - 3844.

相比，民族国家受到公众更为深入集中的观察。①

八、结论

本文认为，清洁能源技术的加速扩散是气候政策的潜在的有力选择。② 正如阿瑟很久前所言，自然系统和经济系统中都存在着强化机制。尽管他的类型学是抽象且理论性的，但仍展示了与本文所述气候治理经验动力的诸多相似之处。然而，有必要将政府的角色纳入分析视角，以解释气候相关治理问题的特定动力。

本文提出三种强化机制：（1）政策诱致型国内市场和创新过程的动力，由于未预测的成功和新利益基础的创造而引发政策反馈；（2）全球气候政策舞台和清洁能源技术全球市场的动力：由国家之间经验学习所支持的先导市场；（3）多层级强化的动力，这种动力的基础在于纵向和横向的互动与学习。它包括分权化创新自下而上的扩展，以及气候政策举措在较低层级自上而下的实施。在本文中，我们关注了次国家层级的横向动力（例如网络、标杆或城市间竞争），它受到自上而下的气候政策支撑的引导。三种机制极有可能相互支持。在欧盟的案例中，三种机制有时（特别是 2007 年之后）带来了强化的“综合征”。加速机制的清单也许比所呈现的还要长，一个额外的机制可能就是化石能源价格上升的同时可再生能源价格下降这一平衡点。

我们所讨论的加速机制在全球多层级气候治理体制下能够得到最佳理解。欧盟的治理体制被视作最先进的子系统。同时，全球气候治理的多层级体系似乎已实现其内在逻辑。在制度变迁、新经济利益和政策反馈的基础上，它以典型的横向、纵向动力和长期稳定机制作为基本特征。这个治理体制为创新及其扩散创造了诸多机遇。多样化的代理人和可能的互动（见图 5）被视为其主要特征之一。不同层级之间的互动则是另一个特征；

---

① Jänicke，M.，*Megatrend Umweltinnovation*，2nd ed.，München：Oekom，2012.

② Ibid。

这些纵向互动通常与不同层级的横向动力相连接：先驱活动与经验学习、网络化、合作与竞争。它们变得愈来愈重要，尤其是在次国家层面（见图6和图7）。

一些政策措施能够用于支持这个过程并激励加速机制，尽管全面综合的战略尚有待开发。到目前为止，这些过程主要是互动式学习的结果，诸案例中的动力已被竞争力强的实践者所引入。这也意味着它们并非科学设计的结果，反而往往是预料之外的。

IPCC在第五次评估报告中认为“制度变革和治理变革能够加速向低碳路径的转型”①。然而，将多层级治理的复杂任务转化为综合战略的困难是毋庸置疑的。未来还须深入研究最佳实践，在政府战略问题上得出更加优良而全面的结论。本文探索性分析的主要研究结论可概述如下：

（1）将气候政策目标转化成工业政策和生态现代化的语言，是气候政策的一个必要选项。（但由于存在技术路径的限制，这并非唯一的解决方案。）

（2）雄心勃勃的目标导向型气候政策能促进市场增长和互动式技术学习（二次创新）。成功的“干中学”、与日俱增的能力和新利益的创造，能够带来更具雄心的政策反馈。

（3）对清洁能源和相关支持性政策的创新与扩散而言，多层级治理是一个非常重要的制度机会结构。最佳实践和经验学习可以产生在多层级气候治理体系内的不同节点上。

（4）因而，把政策建立在不同层级最佳实践的基础之上，并且为经验学习和互动式学习提供渠道；将那些雄心勃勃却符合实际的目标及其可靠的实施方案付诸应用；适当提高雄心和目标以便应对意料之外的成功。

（5）为可持续的研发创举提供针对性的支持；在可能的情况下采用先导市场的机制。

---

① Intergovernmental Panel on Climate Change（IPCC），*Fifth Assessment Report III：Climate Change 2014：Mitigation of Climate Change*，New York，NY：Cambridge University Press，2014.

（6）通过排序、竞争、经验学习、合作和网络化等方式，支持较低层级的政府并激励横向动力。

（7）迄今为止，兼具单一行动者和集体行动者角色的国家政府展示出了最强的能力，因而国家应以雄心勃勃的气候政策发挥其引导作用。

推进比较气候变化政治学研究：理论和方法*

［加拿大］马克·珀登 著 张春满 编译**

比较政治学的概念工具和方法有助于提高我们对气候变化政治的理解。正如一位顶尖的气候政策观察者所言："甚是奇怪，大多数关于全球气候变暖的国际合作研究忽视了国家政策，并且他们把国家当作了'黑箱'。很少有国际政策研究的同行深入到国家层面来发现其内在的工作机理。"① 比较政治学能够帮助我们打开这些"黑箱"。事实上，凯瑟琳·哈里森（Kathryn Harrison）和丽莎·森德斯特伦（Lisa Sundstrom）曾出过特刊提出过一个相似的观点。②

---

* 原文标题：Advancing Comparative Climate Change Politics：Theory and Method Mark Purdon Global Environmental Politics，载 *Global Environmental Politics*，2015，Vol. 3。译文首次发表于《国外理论动态》2016 年第 2 期。译文和参考文献有删节。

** 作者简介：马克·珀登（Mark Purdon），加拿大蒙特利尔大学兼职教授。译者简介：张春满，美国约翰霍普金斯大学政治学系博士研究生。

① D. Victor，*Global Warming Gridlock*，Cambridge：Cambridge University Press，2011，p. 8.

② K. Harrison and L. M. Sundstrom，"The Comparative Politics of Climate Change"，*Global Environmental Politics*，7，2007，pp. 1 – 18；K. Harrison and L. M. Sundstrom（eds.），*Global Commons*，*Domestic Decisions*，Cambridge：MIT Press，2010.

比较研究路径在《全球环境政治》期刊上出现得越来越多。[①] 我们将把比较研究扩展到对发达国家、新兴经济体和欠发达国家的气候变化政治领域，这些领域到目前为止还没有得到足够的关注。

比较气候变化政治应该属于比较环境政治的一个研究方向。为了在这一新兴研究领域巩固既有的知识脉络，保罗·斯坦伯格（Paul Steinberg）和斯泰茜·范迪维尔（Stacy VanDeveer）主张比较环境政治应该更好地融合比较政治学和环境政策。他们认为应该把这两个领域从目前的相互分离状态转变成相互接纳的研究项目。[②] 原因在于，比较政治学的一些议题目前还没有充分地与气候变化和更广泛的环境议题连接起来。这些议题包括国家和社会冲突在经济现代化过程中的角色[③]、经济发展中制度的作用[④]，以及国家、市场和

---

① J. Hayes and J. Knox-Hayes, "Security in Climate Change Discourse: Analyzing the Divergence between US and EU Approaches to Policy", *Global Environmental Politics*, 14, 2014, pp. 82 – 101; S. Y. Kim and Y. Wolinsky-Nahmias, "Cross-National Public Opinion on Climate Change: The Effects of Affluence and Vulnerability", *Global Environmental Politics*, 14, 2014, pp. 79 – 106; J. B. Skjærseth, G. Bang and M. A. Schreurs, "Explaining Growing Climate Policy Differences between the European Union and the United States", *Global Environmental Politics*, 13, 2013, pp. 61 – 80; J. Szarka, "Climate Challenges, Ecological Modernization and Technological Forcing; Policy Lessons from a Comparative USEU Analysis", *Global Environmental Politics*, 12, 2012, pp. 87 – 109; N. Young and A. Coutinho, "Government, Anti-reflexivity, and the Construction of Public Ignorance about Climate Change: Australia and Canada Compared", *Global Environmental Politics*, 13, 2013, pp. 89 – 108.

② P. F. Steinberg and S. D. VanDeveer, *Comparative Environmental Politics: Theory, Practice, and Prospects*, Cambridge, MA: MIT Press, 2012, pp. 371 – 403.

③ F. Cardoso and E. Faletto, *Dependency and Development in Latin America*, Berkeley: University of California Press, 1979; S. P. Huntington, *Political Order in Changing Societies*, New Haven: Yale University Press, 1968; B. Moore, *Social Origins of Dictatorship and Democracy*, Boston: Beacon Press, 1993.

④ J. G. March and J. P. Olsen, *Rediscovering Institutions: The Organizational Basis of Politics*, New York: Free Press, 1989; D. C. North, "The New Institutional Economics and Third World Development", in *The New Institutional Economics and Third World Development*, edited by J. Harris, J. Hunter and C. M. Lewis, London and New York: Routledge, 1995, pp. 17 – 25; D. Rodrik, *One Economics, Many Recipes*, Princeton: Princeton University Press, 2007; S. N. Sangm Pam, "Politics Rules: The False Primacy of Institutions in Developing Countries", *Political Studies*, 55, 2007, pp. 201 – 224.

社会三者关系的不同变化。[①] 比较政治文献中的三组政治因素——制度、利益和观念——在解释国内气候变化政治方面有着广阔的前景。然而，比较政治学者也应该接触更多的环境政策文献。因为气候变化的紧迫性，我们研究大部分气候问题不仅是为了理解发生了什么，更是要发现有哪些机会可以进行干预和矫正。

尽管把比较政治学和公共政策结合在一起是非常重要的，但是比较气候变化政治学还需要向前更进一步，即发展为一个三位一体的社会科学。本期特刊的主题就是要把比较政治学、公共政策和国际关系的研究传统整合在一起。与其他全球环境问题不同[②]，气候变化如果不是在安全上非常重要，也是在政治上非常重要的一个议题，所以我们的研究必须关注到国际层面。这个观点在《全球环境政治》的读者群中也获得支持。在本文中，我希望在涉及气候变化的国际关系研究中为国内政治寻得一个位置。

这个三位一体任务的重点是，要克服在考虑到全球背景的过程中进行研究层次的下调时所出现的独特的认识论和方法论挑战。众所周知，比较政治学是一个扎根理论的、依赖情境的却又不完善的实证主义研究路径。按照埃文斯（P. Evans）的描述，比较政治学是由一个“折中的混乱中心”（eclectic messy center）组成的。它“把特殊案例看成是构建一般性理论的基石，把理

① R. H. Bates, *Markets and States in Tropical Africa: The Political Basis of Agricultural Policies*, Berkeley: University of California Press, 2005; C. Boone, *Political Topographies of the African State: Territorial Authority and Institutional Choice*, Cambridge: Cambridge University Press, 2003; C. Boone, “Land Regimes and the Structure of Politics: Patterns of Land-Related Conflict”, *Africa*, 83, 2013, pp. 188 - 203; C. Boone, *Property and Political Order in Africa: Land Rights and the Structure of Politics*, Cambridge; Cambridge University Press, 2014; A. Kohli, *State-directed Development: Political Power in the Global Periphery*, Cambridge: Cambridge University Press, 2004; S. L. Popkin, *The Rational Peasant*, Berkeley: University of California Press, 1979; J. C. Scott, *The Moral Economy of the Peasant: Rebellion and Subsistence in Southeast Asia*, New Haven: Yale University Press, 1976.

② M. Purdon, “Neoclassical Realism and International Climate Change Politics: Moral Imperative and Political Constraint in Climate Finance”, *Journal of International Relations and Development*, 17, 2014, pp. 314 - 316; D. Victor, *Global Warming Gridlock*, Cambridge: Cambridge University Press, 2011, pp. 49 - 52.

论看成是用来识别特殊案例的意义和旨趣的棱镜”①。斯坦伯格和范迪维尔把比较政治学置于“理论广义化和依赖情境的重要性之间”②。在传统上，很多比较学者是因为研究特长的地理区位而被称为比较学者。比如，他们是研究拉丁美洲、非洲或者东欧的专家。比较学者往往不会像国际关系学者那样做出全球层面的因果判断。他们之所以不这样做，是因为他们认识到这个世界非常复杂。与此同时，我们期待着气候政策群体能够急切地想知道，在一个地区有效的解释如何也能在其他地区有效。刚刚进入气候变化领域的政治学家可能会很吃惊地发现这些议题会是多么的富有争议性，因为在一部分地理和环境研究中存在着一个长期建立起来的批判的、非实证的传统。

本文认为，对气候变化政治的研究应该超越制度层面，从而在国际、国家、国内三个方面更好地回应利益和观念问题。虽然这三个因素对国内气候变化政治都很重要，但是因为很多制度比利益和观念更容易被观察到，所以制度分析在国内气候变化文献中出现得过多了。③ 在考虑制度的同时也考虑利益和观点，这种开阔的政治分析能够提高气候变化政治的解释力。同理，在国际层面思考气候变化政治也应如此。现在愈发清晰的是，我们需要远离对国际气候变化机制的长期顾恋，进而发展出一些替代的给予国内政治足够空间的国际关系路径。对于理解国际气候变化谈判，新自由制度主义可能是一条适宜的策略。但是现在的气候变化机制体系足够成熟和复杂，所以我们应该从国际关系理论中寻求更多东西。

---

① A. Kohli, P. Evans, P. J. Katzenstein, A. Przeworski, S. H. Rudolph, J. C. Scott and T. Skocpol, “The Role of Theory in Comparative Politics: A Symposium”, *World Politics*, 48, 1995, pp. 1 – 49.

② P. F. Steinberg and S. D. VanDeveer, *Comparative Environmental Politics: Theory, Practice, and Prospects*, Cambridge, MA: MIT Press, 2012, p. 9.

③ G. R. Biesbroek, C. J. Termeer, J. E. Klostermann and P. Kabat, “Analytical Lenses on Barriers in the Governance of Climate Change Adaptation”, *Mitigation and Adaptation Strategies for Global Change*, 2013, pp. 1 – 22; J. L. Candel, “Food Security Governance: A Systematic Literature Review”, *Food Security*, 6 (4), 2014, pp. 1 – 17; M. Purdon, “The Comparative Tum in Climate Change Adaptation and Food Security Governance”, *CGIAR Research Program on Climate Change*, Agriculture and Food Security (CCAFS), Copenhagen.

在下面的章节，我会说明气候变化研究出现比较政治学转向的正当性，然后简单地介入到认识论和方法论的讨论之中。文章的最后一部分会概述一种三位一体的气候变化政治研究会是什么样子。

一、为什么气候变化政治需要转向比较？

什么能够证明气候变化研究出现比较政治学转向的正当性？我提出四点理由。

首先是针对新自由制度主义作为一个理论是否能够解释和理解全球气候变化政治产生了越来越多的顾虑，尤其是考虑到新自由主义针对国内制度、利益和观念是否重要的假设。与国际政治的其他议题不同的是，环境机制正在变得“更加关注影响国内的实践、政策和决策制定过程，而不是仅仅关注限制或者调整国家的外部行为”[①]。换句话说，国内政治对气候变化政治的重要性要远远大于前者对安全和国际贸易的重要性。

然而，新自由制度主义对国际制度而不是国内政治更感兴趣。因为所有国家都能从阻止危险的气候变化发生而受益，所以新自由制度主义倾向于认为，这些国家最终会认识到合作减少排放符合它们的利益。国际制度会体现出这个全球的共同利益。新自由制度主义因此在分析一国判断自己的利益所在时，赋予了国际政治过程而不是国内政治更多的因果解释力。虽然新自由制度主义者在过去，就像国际政治经济学研究所做的那样，有效地把国际和国内因素结合在一起[②]，但是国际关系学者和气候政策参与者，倾向于看到全

---

① S. Bernstein and B. Cashore, “Complex Global Governance and Domestic Policies: Four Pathways of Influence”, *International Affairs*, 88, 2012, p. 585.

② H. V. Milner, *Resisting Protectionism: Global Industries and the Politics of International Trade*, Princeton: Princeton University Press, 1988; H. V. Milner, *Interests, Institutions and Information*, Princeton: Princeton University Press, 1997; B. Simmons, *Who Adjusts? Domestic Sources of Foreign Economic Policy during the Interwar Years 1923–1939*, Princeton: Princeton University Press, 1994; B. Simmons, F. Dobbin and G. Garret, “Introduction: The International Diffusion of Liberalism”, *International Organization*, 50, 2006, pp. 781–810.

球气候协议和国际制度能够在国内层面产生一致的和标准的效果。而事实上，国家和次国家行为体在气候变化方面的利益是非常多元的。

新自由制度主义的内在假设会对气候变化政治如何展开产生有问题的期望。举例来说，它的理论之一是，随着国家在经济上更加发达和有能力采取行动来减缓气候变化，这些国家会出现相应的利益诉求。然而近期由休·瓦德（Hugh Ward）、曹峋（Xun Cao）和本巴·慕克吉（Bumba Mukhejee）开展的一项比较研究发现，一些威权政体的国家能力提高之后反而导致了更差的环境结果。同样的，作为《京都议定书》制定的国际碳抵消机制，清洁发展机制（Clean Development Mechanism，CDM）项目在乌干达比在坦桑尼亚更有效地降低了碳排放，而这两个国家的国家能力水平很相近。这说明政治经济偏好貌似能比国家能力更好地解释 CDM 的有效性。随着国际气候变化机制变得愈加分散化，国家和次国家行为体会扮演更为重要的角色，这就需要加强理解气候变化政治是如何在萨托利（G. Sartori）所说的政治分析阶梯的底部运作的。国内层面的什么政治因素可能推动更多的气候保护合作？这一由下而上的比较政治学视角能够提供国内政治和经济因素的重要知识，这对于气候变化政治研究非常重要，但是他们还没有被该领域之外的人意识到。

第二点，比较政治学应该被看作对近期那些针对跨国、非国家行为体和多层次气候治理的研究的补充。然而，虽然在国际气候变化机制之外识别新的行为体很有启发，但是在多层研究中的多数行为体需要用一些方法在他们之间进行判别。例如，城市可能是重要的气候行为体，但是哪些城市更为重要，原因又是什么？尽管很多跨国组织和网络在气候变化上可能是能有所作为的，但是并不是它们都在影响气候变化政治和与之相关的气候政策结果上举足轻重。跨国研究的一个风险就是它可能与新自由制度主义区别不大，前者没有顾恋在制度上寻求国家间合作，但是寄希望于跨城市间或者非政府组织间的合作。可以推断的是，在被忽视的政治领域存在一些试图解释为何合作无法达成的努力。因为这个原因，大卫·霍尔（David Houle）、埃里克·拉沙佩勒（Erick Lachapelle）和我合作撰写的文章，非常独特地比较了加利福尼亚州和魁北克省。二者通过努力建立了北美最全面的限额交易（cap and trade）体系。我们也分析了为何其他两个地方中途退出了。就像大卫·戈登（David Gordon）在本期刊近期的一篇文章中所谈到的，气候政策协调在联邦制国家尤其复杂。

第三点，比较政治学在对国家的关注上与新自由制度主义和跨国研究截然不同。虽然比较政治学并不内在地偏好某一分析层次，但是比较学者持续看重“国内政治尤其是民族国家的长期重要性。”在“全球化思考，地方化行动”的全球环境主义的颂歌中，国家俨然变得无足轻重。然而，国家在从事政策相关的研究方面还是非常重要，因为国家在政策的制定和执行方面具有举足轻重的作用。正如随处可见的是，“尽管全球化带来了各种变化，民主国家还是比其他非国家行为体拥有更强的能力和合法性，来按照系统的方式沿着生态可持续的路线管制企业和其他社会组织的活动”。现在是到了把国家找回来的时候了。

我们的论文能够证明国家对于执行气候变化政策还是具有持久的相关性。举例来讲，凯瑟琳·霍柴斯特特勒（Kathryn Hochstetler）和吉尼亚·科斯特卡（Genia Kostka）对巴西和中国的可再生能源政策的研究发现，国家与商业组织之间根本关系的差异会导致非常不同的可再生能源政策结果。普拉卡什·卡什万（Prakash Kashwan）识别出印度、坦桑尼亚和墨西哥的司法和行政差异，并用它们作为重要的因素来解释为减少砍伐森林和抵御森林退化（REDD+）而执行的利益分享计划。同样，塞姆·巴雷特（Sam Barrett）证明，因为在肯尼亚2010年施行新宪法之后，地方政治制度从分散化向权力下放转变，这种变化导致适应性资金的分配出现了不同的模式。最后，哈里森虽然是对一个国家和一个次国家的分析主体进行了比较，但是她的文章表明，从表面上看在气候治理领域处于不同位置的主体，在气候政策权威方面会存在相似性。

比较政治学吸引更多关注的最后一个原因是，学术界的兴趣正在从国际气候政策谈判向政策执行转变。气候变化谈判可能永远不会终止，但是自从《京都议定书》生效至今，十多年来，我们有很多需要学习的。现在大部分关于气候变化政治的文献是在关注政策产出、国际协议和国家政策出台，而不是气候政策的结果，比如排放减少的趋势。比如，尽管清洁发展机制得到了很多关注，但是只有一小部分研究是想要实证地评估清洁发展机制所声称的减少了排放。而且这些研究大部分要依靠清洁发展机制项目文件中的信息。因为这些信息是由项目开发者提供的，所以这些文件其实是让清洁发展机制面临监管难题的信息不对称的主要内容。REDD + 的实践经验和其他新的国际气候金融机制只限定在了制度成果上，正如卡什万的文章所指出的，这是非常浅显的制度分析。虽然经过了长达 10 年的谈判，除了巴西采取了有力的单边行动，REDD + 并没有在国家层面完全执行。然而，关注政策产生并不仅仅是在研究发展中国家时会出现的挑战，更是一个比较广泛的研究趋势。通过对发达世界的气候政策进行检索，我们会发现很少的关于政策有效性的研究，跨国比较研究也非常少。现在需要在政策结果和解释气候变化政治的制度之外看得更加长远。在我们已经执行气候政策将近 10 年的时候，我们可以尝试提出以下问题：不同国家精英的政治和经济偏好是如何影响气候政策和制度的执行的？国家与商业的不同关系能否解释气候政策有效性的差异？什么是有效的，什么不是？如果有效，在哪里有效，为何有效，如何做到有效？要想解答好这些问题需要了解解答它们的方法，下文将对此进行讨论。

二、比较方法的重要性

比较政治方法论和科学哲学的最新进展为我们把比较方法应用到气候变化议题中创造了机会。其中，最重要的进展是重新思考了中小案例样本的研究。这些研究路径对气候变化等新的政策领域非常有益，这是因为这些领域数据有限因而不能定量分析政策绩效。更好的理论能够帮助研究者来提前预期政治行为和制定更加有效和政治上可行的政策建议。就像埃文斯所说的那样，“能够进行预测是社会科学的题中之意，这并不是因为我们是实证主义者，而是因为社会科学家跟大家一样，都想知道什么事情会发生在我们身上，我们又应该如何提升可能的结果”。正因此，政治学家倾向于严肃对待实证主义的认识论和方法论挑战。

用中小案例样本进行理论检验的研究与加里·金（Gary King）、罗伯特·基欧汉（Robert Keohane）和西德尼·维巴（Sidney Verba）所推崇的路径截然不同。后者是偏好定量方法尤其是回归分析，他们认为这是理解和评估定性方法的最优模型。在之前，政治学的一整代人是从可能性和概率性的角度来理解因果性，并且把定量路径作为优先方案。与之相对比，新的比较方法是从充分条件/必要条件的角度来理解因果性，这就为中小案例样本研究创造了机会。本文无意深入讨论这些方法论问题。但是在保罗·斯坦伯格的文章中，他对现在比较方法中的各种辩论进行了一个很好的梳理。

被广泛承认的一点是，现在国内气候变化政治的研究往往是单一案例研究和描述性分析。虽然单一案例研究在提出重要的描述性知识和产生假设方面多有益处，但是他们因为缺乏必要的比较，而无法处理关于因果性和理论广义化等大的问题。虽然大样本研究能帮助我们更好地理解国内气候变化政治，但是目前缺乏足够的数据来从事气候政策结果方面的分析。现在我们能做的就是依靠手头掌握的信息进行分析。“政策制定者和其他公共利益参与者，想了解把事情由不可能变成可能的方式方法，以及难以置信的事件的风险。”这就是我们选择中小案例样本进行比较分析或者选择单一案例进行在不同时间段的比较分析的理由。

尽管还存在争议，但是小样本分析路径比如过程追踪法和包括质性比较方法在内的中等样本分析路径，正在逐渐被接受为进行理论广义化的方法。这类比较可以是跨案例间的，也可以是围绕单一案例开展的，像巴雷特研究肯尼亚在2010年宪法改革前后的适应化政策就是围绕单一案例展开的。国家不应该作为唯一一个值得比较的政治分析单元。约翰·阿尔奎斯特（John Ahlquist）和克里斯蒂安·布罗伊尼希（Christian Breunig）比较了非政府组织对联合国应对荒漠化和气候变化机制的影响。本文并不是对定量方法和大样本研究进行批评。这些研究方法长久以来提供了很强的预测力。但是当我们拥有更多的工具的时候，我们的研究策略会更加灵活，这一点在深入研究国内气候变化政治方面非常明显，因为可以用于定量分析的数据非常缺乏。系统的比较能够帮助学者回答这些问题：哪个变量更加重要？什么时候？在什么条件下?

在进一步讨论之前，我们有必要退回一点来思考上文我所列出的认识论和方法论路径。福赛思和列维多夫在他们的论文中说明，实证的研究也并不是毫无争议的。他们做出的一个贡献就是为比较政治学和其他社会科学学科搭建了一座桥梁。尤其是，他们把地理学和科技研究的一部分与比较政治学连接起来，而前者长期与气候变化政治结合在一起，却对实证主义持比较慎重的态度。深度介入实证主义和非实证主义的辩论超出了本文的范围。尽管我相信我们应该警惕地避免把政治世界看成是由台球组成的复杂组合（此比喻来自于物理学界的达尔顿台球模型——译者注），细读福赛思和列维多夫的文章会发现，实证主义所声称的预测力比没有对比较进行清晰的分析界定要少很多问题。福赛思和列维多夫对绿色发最佳实践倡议的异议与很多比较学者所做的很相似：绿色经济倡议好像并不是一个可行的比较类别，不能有意义地进行跨国比较。清晰地定义分析类别的重要性怎么强调也不为过。但是，我让读者自己去决定，是否非实证的、阐释分析的强论断是正确的：政治概念和社会过程是要依靠地区情境的——“能被学习到的都是独特的地方层面的意义”——这些是不能超越手头的案例而被广义化的。然而最终，这些超地方主义的、非实证的研究会妨碍理论构建和与政策相关的研究。

可论证的是，比较政治学最重要的贡献是提出了更严谨的分析界限，从而帮助我们理解这些差异何时是真实的。比如，哈里森描述了在低碳矿物燃料出口国中独特的气候政治是怎样开展的，这就是一个关注不多的分析类别。霍尔、拉沙佩勒和我把人为的全球气候变暖和限额交易政策中的观念，从非常规的压裂天然气的利益区别出来，我们分析了这些观念和利益是如何扩展和影响了美国各州以及加拿大各省的限额交易的实施的。霍柴斯特特勒和科斯特卡描述了国家与商业的不同关系——国家法团主义和公私合作模式——能够帮助解释中国和巴西的可再生能源结果。卡什万在对 REDD + 的研究中把制度分析和以权力为中心的分析做了区分。最后，巴雷特把肯尼亚适应性金融的执行区分为，在权力分散的地方情况下和之后在权力下放的地方情况下。这个分析工作的全部是以地方状况来展开的，我认为这一点涉及了阐释性分析的关切之处。理论上来讲，我们不能完全避免做出这种分析判断，约翰·迪普伊（Johan Dupuis）和罗伯特·比斯布鲁克（Robbert Biesbroek）对与气候变化适应性政策相连的研究的“因变量问题”提出了警告。然而，诚如福赛思和列维多夫的文章所表明的，比较学者还有很多工作要做，从而发现被气候政策实践者所采纳的种种分析界别。在下面部分，我会列出三组重要的政治因素来帮助我们发现这些分析界别。

三、国内政治因素：制度、利益和观念

把比较政治学分成三组政治因素——制度、利益和观念——进行组织，虽然是政治学的默认方式，但是常常归结于彼得·豪尔（Peter Hall）。举例来说，马克·利希巴赫（Mark Lichbach）和阿兰·朱克曼（Allan Zuckerman）在他们那本著名的比较政治学教科书中区分出理性、文化和结构，而国际关系往往是分为现实主义、新自由制度主义、自由主义和建构主义。当然，比较政治学还有其他方式来进行划分。然而与国际关系理论不同的是，在比较政治学领域内范式之争并没有很激烈。我们也很少看到一组政治因素要比其他政治因素高出一等。事实上，因为凸显出被研究的政治现象的多样性，比较研究往往试图识别出一个包括了制度、利益和观念的组合来解释结果。

问题在于，制度尤其是正式制度比利益和观念更容易被观察到。当气候政策专家在新兴经济体和欠发达国家开展研究时，这就成了一个大问题，因为他们缺乏当地的知识，缺乏语言技能，也缺乏历史意识。更容易出现的一个问题是，他们根据其在发达国家的经验会在脑海里形成对正式制度重要性的先入为主的观念。因此，制度分析占据了国家层面和次国家层面的大量气候变化政治研究，就像新自由制度主义在国际层面的状况一样。我们需要在考虑制度的同时也在国际、国家和次国家层面考虑利益和观念。

（一）制度

制度往往是研究国内气候变化的出发点。比较政治学的制度导向路径“一般会在政治经济的组织结构中把首要的因果要素置于经济政策或者绩效之后”。制度会产生一套独特的惩罚和激励组合，它会塑造政治影响和组织的模式，从而促使政治和经济行为体采取一些特定的行为并且远离其他行为。道格拉斯·诺斯（Douglas North）对制度的著名定义是，制度是人类发明的塑造人类行为的限制。而詹姆斯·马奇（James March）和约翰·奥尔森（Johan Olsen）强调制度在政治行为体建构他们认为的适宜的行为过程中发挥的作用。

在工业化国家，这里的官僚与韦伯的理想类型有几分类似，研究者常常会发现正式制度能够发挥作用。但是在发展中国家，正式制度可能会与这些期望产生显著的和系统的偏差。这并不意味着国家是缺位的，或者非正式制度和无政府秩序大行其道。比如，非洲的农村地区往往被认为是超出了国家的管制之外，而比较研究证明了国家在这些地区还是有一定的制度存在，并且以比较可预测的方式塑造了地方政治和地方政策的执行。埃莉诺·奥斯特罗姆（Elinor Ostrom）令人信服地证明，采用有效的制度方案来对公共资源进行管理在工业国家和发展型国家同时存在。奥斯特罗姆的工作对比较政治学领域影响深远。

就此而言，制度形式的变化和政策结果联系在一起就很有启发。霍柴斯特特勒和科斯特卡证明了国家与商业的不同关系如何在巴西和中国制度化，进而在可再生能源发展方面产生了不同的政策结果。巴雷特证明了肯尼亚权力下放地方的政治制度能更好地确保地方需要处于适应性消费的优先位置。巴雷特尤为重要的一个贡献在于：证明了撒哈拉以南非洲广泛存在的地方强人利益和恩施—庇护关系能被制度变迁所缓和。

然而直到最近，很少有研究超出了气候变化机制本身的正式制度结构。比如，关于 REDD + 的文献充满了制度设计分析。这里的风险是，把气候政策降低为被国际谈判人员所识别的正式制度变迁，要建立在国家和次国家官僚遵从韦伯的理想类型的基础之上。卡什万发现墨西哥、坦桑尼亚和印度 REDD + 的收益共享机制的差异并不能被制度分析所解释。反而，政府不同部门间的制衡关系和国家历史更有解释力。从比较政治学和从分权化的自然资源管理、森林管理和生态维护的比较制度分析传统得出的教训就是，关于正式制度分析的假设会使我们误入歧途。

在发达国家中，制度也不总是最重要的因素。比如，霍尔、拉沙佩勒和我发现，制度差异——尤其是国家政治制度差异（总统制对比议会制）——在解释北美的限额交易执行方面所发挥的作用，只能排在物质利益和观念情境之后的第三位。总之，只考虑制度的研究是只停留在了边缘，我们需要通过考虑利益和观念，从而深入到政治分析的核心地带。

（二）利益

利益会比制度更难被观察到。在比较政治学文献中，利益的定义参考豪尔给出的定义："是主要行为体——可以是个人或者团体——的真实的物质利益。"这里的一个关键信息就是在国际和次国家层面利益会有很大的不同，这种利益差异性要比在主流的国际关系中想象的还要多。对于气候政策而言，有实质作用的物质利益往往与不同行为体介入各种政策行动的成本收益差异有关，或与政治和经济目标的张力有关，或与短期效应和长期效应的权衡有关，或与谁获益谁损失的地理差异有关。

工业化国家和发展中国家存在的一个重大区别是，那些在政治过程中拥有最显著利益的首要参与者是不同的。工业化国家的政治经济形态是由国家、市场主体、组织化利益集团和政治组织（比如政党）构成的。物质利益会影响经济和社会主体的组合类型，本文的一部分通过关注这些物质利益的变化来解释政治和经济变迁；另一部分是坚持政治家的首要利益是维持权力的假设，进而关注选举和投票行为。其中，基于理性选择和成本收益方法的研究非常流行，这也包括了国际气候变化政策的经典研究。霍尔、拉沙佩勒和我的文章对西方气候倡议的参与进行了分析，我们证明对页岩气的开采，虽然不可避免地会增加温室气体排放，还是能够阻止那些想要推进限额交易体系的国家和省份反对实施。哈里森却说明了并不是所有的矿物燃料开采国都不支持革新的气候行动。当这些矿物燃料开采国本身并不是排放大户并且它们的开采主要是用于出口的时候，这些资源充足的国家的经济利益也是能够与革新的气候行动相容的。

在发展中国家，国家制度化是非常不均等的，而且国家的渗透力并不以明显和可预测的方式存在。因此有必要在国家、国家机构、市场和社会中讨论利益。因为常常涉及不为外人所知的根植于社会利益的竞争性政治派别，所以不同行为团体之间的关系非常复杂。对于这种情况，阿图尔·科利（Atul Kohli）用维护发展的国家权力（state power for development）来描述国家制度的技术特性方面的差异和国家在塑造与社会阶级之间关系的差异。穆什塔克·可汗（Mushtaq Khan）利用政治协定（political settlements）概念描述了这一动态过程。政治协定是指一种权力和制度的组合模式，二者相互兼容并且在经济和政治可行性方面表现出很强的持续性。这两位作者共同说明，在不同国家，政治经济关系的差别会很大。比如在印度，多种多样的恩施—庇护关系大量存在；而在韩国，国家的主导性则非常明显。

在欠发达国家，那里的制度是薄弱的，政治秩序是脆弱的，分析任务就更复杂了。虽然理论上来讲，全球气候变化政治对欠发达国家影响最大，主要是因为后者相对而言更易遭受其害和抵抗能力更差，但是我们不应该假设他们国内的行动者会自动地把气候行动作为优先任务，也不应该假设他们认为加入国际机制最符合他们的切实利益。例如，丹妮尔·雷斯尼克（Danielle Resnick）等人就批评了发展中国家内的“绿色增长”倡议，因为他们观察到，“当把绿色增长提升到国家发展战略的层面，绿色增长带来了一些前所未有的后果”。其他人关注了执行气候变化缓和方案时收益和损失在一国的分布情况，他们主张要更加系统地记录那些潜在受损者的权利、需求和政治影响。卡什万证明了 REDD + 收益共享机制，更多的是被官僚利益和殖民政权的行政遗产所决定的，而不是由《联合国气候变化框架公约》所推行的弱势制度安排决定，而《联合国气候变化框架公约》在气候政策圈一直被称为“守护者”。巴雷特的论文精妙地展示出，撒哈拉以南非洲存在的模糊的适应性政策不是由于模糊的利益造成的。在权力下放的政治体制中，脆弱的社区更可能接受更多的适应性金融投放。

然而，气候变化政治中的利益纠葛可能会比国际气候政策文献所暗示的要复杂得多。很重要的一点就是要接受而不是排斥这种复杂性。通过直接对国际组织提供的在全球层面把绿色增长作为一种发展战略的证据进行质疑，福赛思和列维多夫要求我们保持警惕之心，要认真寻找符合气候变化要求的出现经济投资和行为转型的证据。这是因为气候变化和气候政策只是影响国家、社会和市场主体利益中各种因素中的两种而已。然而，很多政治研究者倾向于从新自由制度主义的视角来思考国际气候政治，这让他们不是假设这些国内利益是一致的，就是导致他们忽视了这些利益的差异。在进一步讨论国际政治之前，我们仍然需要讨论最后一个国内政治因素：观念。

（三）观念

政治学最前沿的一个领域就是分析观念在政治中的因果作用或者构成性作用（更适宜的说法）。观念这个概念常常包括科学、发展和合法性的概念和知识，也包括一些传承下来的不需思考就能展现出来的实践（比如文化）。

比起国际政治的其他领域，科学观念往往被认为在气候变化政治和其他环境问题上起到了更大的作用。特别是在工业化国家，民意调查能够显示出气候变化如何已经被很多选民所体察。然而，政治学的研究得出的结论是气候科学并没有有效地推动一些变化发生。原因是科学观念被政治化的方式是多种多样的，而且物质利益也在从中作梗。

对于未来，真正的挑战是要理解气候科学的观念和其他能影响到国际气候政治的国内层面的观念的互动。尼尔·布拉德福（Neil Bradford）对此解释道：“新观念是开启政策创新的必要条件，却不是巩固变化的充分条件。要想新观念不断向前发展就必须使他们能够对利益发生作用，从而产生一个集体行动者的政策目标。同时，这些新观念必须借助组织的力量来改变政策制定的惯例和国家能力。”气候科学在工业化国家中是一个显著的政治因素，当这些观念与国家的经济利益兼容的时候就会推动气候行动的发生。

最能够与气候科学的观念相对抗的是关于经济如何运行的观念，是如何管理经济来实现增长和降低不平等的传统经济目标的观念。基思·达登（Keith Darden）曾经解释过，当政治行为体决定经济政策时，它们会部分利用自己的观念库来分析经济现象间的因果关系。经济观念的差异、经济和政治信条的张力，或者对未来的长期愿景与短期愿景的冲突都可能影响国家组织和官僚的积极性。这些差异意味着，在一个市场导向政策比较强的国家可行的一种气候政策，在社会主义或者计划经济传统比较强的国家就可能不可行。

国家和政治合法性在制定和执行气候政策时会变得很重要，这一点与经济政策方面是一致的。尽管合法性早已在全球环境政治中成为了一个研究逻辑，它却直到最近才出现在国家和次国家层面。气候正义的观念在政策执行方面和为国际气候行动提供资金方面，会对国内的气候变化政治产生影响。关键是要理解那些可能会与号召采取气候行动和制定特别政策形式的观念相结合或者竞争的观念的差异。

四、迈向一种三位一体的气候变化政治

尽管气候变化政治研究不断与比较政治学和公共政策的文献进行融合，我们还需要（重新）思考国际和国内政治如何互动。国际政治因素对国内的影响和国内因素对国际关系的影响是国际关系中的重要研究传统。比较政治学和国际关系的界限可以说是越来越模糊。《比较政治研究》2014 年出版的一期特刊关注了比较和国际环境政治的前沿研究问题。通过认真对待国内政治，并且把国内政治和新自由制度主义和国际政治整合起来，现在就是一个好机会来提高我们对气候变化政治的理解。一个三位一体的气候变化政治研究纲领会在关心气候变化政治在地方层面是如何开展的同时，意识到整个国际层面的艰难政治状况。如果不关注国际层面的状况会很难对其他层面的气

候变化议题进行理解。

哈里森认可国际政治的重要性，并发现了矿物燃料出口国和气候行动的利益很难和谐。二者的利益一致，只能是因为《联合国气候变化框架公约》把矿物燃料排放的责任推给使用这种能源的国家而不是生产这种能源的国家。霍尔、拉沙佩勒和我的文章中提出，美国的一些州和加拿大的一些省份之所以成为北美气候政策的引擎，很大程度上要归功于美国和加拿大联邦政府领导力的缺乏。在霍柴斯特特勒和科斯特卡对巴西和中国可再生能源政策的研究中，国际政治经济学因素——最主要的是一个国家或者地区能够在多大程度上垄断一个行业——导致中国支配了太阳能产业，却使风能产业发展得较弱。虽然国际气候变化机制不是卡什万对 REDD + 研究的重点，但是因为 REDD + 的设计是通过联合国气候变化谈判实现的，而这个过程缺乏对实际政治现实的考虑，导致人们明显对国内的制度安排很沮丧。有一位学者的研究项目是本文所推崇的三位一体研究纲领的写照。巴雷特对适应性政策在肯尼亚的执行，就是一项包含了气候变化适应性的国际政治学的大的研究项目的一部分。

然而，承认国际层面对解释和理解气候变化政治的重要性不能支配或者决定其他层面的政治分析。一个三位一体的气候变化政治，可能会在新自由制度主义和当前的国际理论之外寻找其他的替代理论。很重要的一点是，要认识到还有其他一些国际气候变化政治的构想方式能够为国内政治留出空间，这就包括古典自由主义和新古典现实主义。这些替代理论的吸引力在于，他们预期国家和次国家在气候变化方面的政治行为可能是被一系列因素左右的——制度的、利益的和观念的——没有任何一个因素可以轻易地被否定掉。比较政治学能为国际气候变化研究带来的希望就是，它能促使学者细致地发展和检验政治行为的理论。这将会帮助我们解释和理解次国家、国家和国际层面的政治行为。

五、结论

在巴黎气候变化峰会之后，我们需要建立一个关于气候变化政治的不同视角。近期的联合国气候变化谈判暴露了国际制度的弱点，也表明了对一种自下而上路径的需求。一位观察人士这样简洁地描绘了 2014 年联合国气候变化会议的结果：

《利马协议》把制定一个减少碳排放的计划的任务发回了各国首都。这个协议成功与否，取决于各国的议会、能源部门、环境部门和经济部门如何严肃地、充满雄心地执行这个协议来制定新的政策。

我们需要更快地提高能力，来分析和理解那些位于萨托利抽象的阶梯底部的政治行为体如何严肃地雄心勃勃地看待气候变化。威廉·叶芝（William Butler Yeats）在他的诗中得出了相同的结论："软梯已逝，吾愿倾躺，在软梯开始的地方，留下我内心的浊荒。"

一种把比较政治学的理论与方法，带进既有的环境政策和国际关系研究而形成的三位一体气候政治研究纲领，将会促使研究者构建和检验能够把国内和国际气候变化政治连接起来的理论。这样才能提供切实可行的政策建议。最好的状况是，这些研究能够让实证的研究和非实证的研究进行对话。我们证明了尽管国际和国内的制度依然在气候变化政治中很重要，但是超越制度分析并引入利益和观念也是非常有价值的。

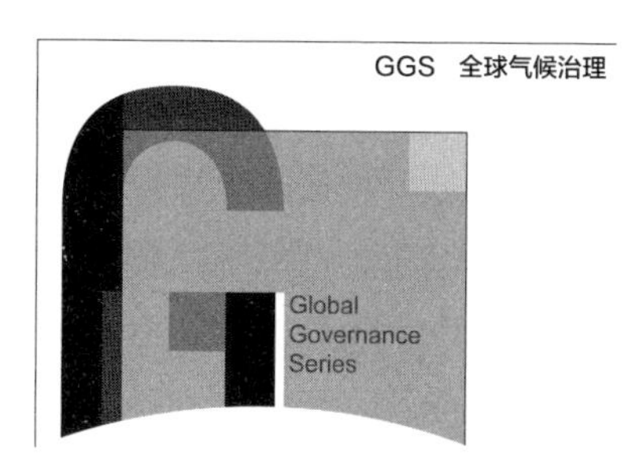

第三部分 全球气候治理：挑战和机遇

对全球能源治理并发症的考察*

［丹麦］本杰明·索尔库 ［新加坡］安·弗洛里妮 著
袁 倩 王嘉琪 译**

库尔特·冯内古特（Kurt Vonnegut）在他的名著《第五号屠宰场》中让读者想象：如果时间倒流，那么那场发生在“二战”的德国的德累斯顿大轰炸会是一番怎样的景象。① 满是弹孔和伤员的美国轰炸机在英格兰的机场上倒着起飞；在法国上空，德国的战斗机将子弹和弹壳吸入飞机内；轰炸机自己将炸弹舱门打开，施展一种神奇的磁力，使战火熄灭，建筑复原，死人复生。冯内古特沉思道，如果它们所做的与实际恰恰相反，战争工具将会是多么令人惊奇的机器啊！

我们也同样可以对现有的排放温室气体的技术这样说：如果看到工厂、发电厂、精炼厂和汽车排气系统吸收自身排出的废气，那会是多么美妙的景象啊！工程师和科学家会时刻准备将它们转化为易于储存和运输的成吨煤炭、

---

* 原文标题：Examining the Complications of Global Energy Governance，载 *Journal of Energy & Natural Resources Law*，2012，30（3），pp. 235－263。

** 作者简介：本杰明·索尔库（Benjamin Sovacool），丹麦奥胡斯大学教授；安·弗洛里妮（Ann Florini），新加坡管理大学教授。译者简介：袁倩，中央编译局世界发展战略研究部助理研究员；王嘉琪，北京大学政府管理学院博士研究生。

① Kurt Vonnegut，*Slaughterhouse-Five，or the Children's Crusade；A Duty-Dance with Death*，Doubleday Press，1966.

成立方的天然气和成桶的石油。煤矿工人和石油地质学家会赶快将这些碳燃料埋到地底深处，这样它们就不会对大气造成损害。本质上，我们的技术会致力于去做那些大自然用上百万年所做的事情，来保持气候的稳定。

一、引言

上述的例子生动地表达了我们创造一个使用更加可持续能源的未来所需要的技术体系类型，然而问题当然是这一切并不（且可能永不）存在。尽管当前关于气候和能源的许多讨论依旧假定通过简单的修修补补就能够解决问题，但本文认为，决策者和个人应当考虑怎样才能有效地治理并解决这些问题。有效的能源治理模式——关于能源制造与利用的规定如何设立并实施——是向低碳经济转型的一个基本部分。[①]

这篇文章系统地考察了实现全球能源高效治理的几个基本障碍。文章的第一部分对“治理”“全球治理”“全球能源治理”这三个名词进行了定义与概念化，并对现有的全球能源治理架构进行了探讨，描述了六种全球能源治理者，以及一个包含42个目前在世界各地运营的此类机构和组织的样本。文章的第二部分纠正了最近关于全球能源治理的一些错误观念：

- 治理的有效形式有可能产生，因为它们能够带来收益。
- 西方的能源治理模式能够移植到世界其他地区。
- 区域性的能源治理在某种程度上优于全球能源治理。

二、全球能源治理与治理者

近几年，“能源治理”这个名词大行其道，部分原因可以归结于全球能

---

① Ann Florini and Benjamin K. Sovacool, “Who Governs Energy? The Challenges Facing Global Energy Governance”, *Energy Policy*, 37 (12), 2009, pp. 5239 –5248.

源问题的紧迫性，以及对于新的行为体——例如企业与民间团体成员——应当处理国家能源政策与战略之间的差异的承诺。2010 年 1 月，一项基于四个学术数据库——LexisNexis、ScienceDirect、JSTOR 和 ESBCO Host——的粗略的文献回顾表明，在最近五年内，超过 1173 篇文章在标题与摘要中使用了“能源治理”这个名词。然而，能源治理的真正含义究竟是什么？

首先要从治理谈起。表 1 表明，治理最基本的含义是处理那些个人与市场无法自行解决的集体问题以及与制定和执行规则相关的程序、体系和行为体。[①] 政府是传统意义上的治理者，它们拥有一套能够制定法规并且运用自身强制权力来支持这些法规的体系。然而，一些私有部门、社会团体、金融机构以及其他的组织也能够进行治理。在能源领域，这样的定义意味着能源治理包括制定并执行规则以解决在能源供应与利用过程中产生的集体行为问题。它涵盖了议程设定、协商、实施、监督等进程和涉及能源的规则协议的执行。它还涵盖了那些与能源有关的行为体，这些行为体包括政府、非政府组织、社会团体、企业、公民、公私伙伴关系和普通消费者。与其他治理模式类似，每一个行为体在规模上也各不相同。从个人、家庭到地方一级、州一级或省一级，甚至扩展到国家级、世界级。这样，全球能源治理就指的是面向国际能源的规则与行为体。

表 1　治理、全球治理和全球能源治理的定义

名词	定义
治理	群体用来试图解决群体行为问题、处理市场失灵和确保公共品供给的各种途径
全球治理	为处理涉及全球各区域的多样国家及其他行为体的广泛国际事务而做的努力
全球能源治理	制定并执行规则以解决在国际范围内产生的能源集体行为问题

① Ann Florini, *The Coming Democracy: New Rules for Running a New World*, Brookings Institution, 2005.

就像全球环境治理的概念一样①，全球能源治理的概念可以为能源与气候的学术研究提供更加多样的视角。它提供了一种分析工具，这种分析工具能有助于我们理解当下的社会政治形态和能源部门的转型，特别是从传统的以国家为中心的治理结构到私人参与者支持的更加复杂的多层次或非层次结构的切换。它也代表了一项十分重要的概念，这种概念对在国家层面上处理关键能源问题——即通过政治程序对问题解决的议程重新定位——的种种不足提出了挑战。它还意味着现行政府在拓展新领域并要求收回原先在能源事务上的处理权的同时，也要承担更多的责任。而且，我们还可以描述并衡量它的特性，评价它的成因及影响，而全球能源治理就是一种描述这种体系特性的重要途径。

全球能源治理的一个重要组成部分就是在制定规则与议程安排上发挥重要作用的治理者。在当今世界有六种全球能源治理者最为重要。首先是政府间组织（IGOs），它是由各国政府成立并资助的组织，有自己的秘书处与其他主管部门相协调，如国际能源署。其次是首脑会议，它能提供一种介于正式的 IGOs 与各国政府间的常规外交之间的问题解决程序。这些首脑会议通常没有章程，没有固定的成员或者秘书处，但提供了一条解决紧急多边问题的更加灵活的途径。第三种是国际非政府组织（INGOs），它不限于任何特定的国家或首脑会议，这种组织通常会有董事会，其资金既可以来自公共领域也可以来自私人领域。第四种是多边金融机构（MFIs），这些机构主要是指为各国政府提供资金技术援助以及为能源项目提供贷款的开发银行。第五种是拥有两个或两个以上成员国的区域性组织，它们旨在解决世界特定区域内的能源问题。第六种是混合实体，它涵盖了从倡导性国际网络到半监管私人机构、全球政策网络和公私伙伴关系。混合实体中也包括私人领域的实体，这些混合实体能够将上述五种类型的治理者组织起来。值得注意的是，我们将跨国企业排除在全球治理者的范围外，除非它

① Frank Biermann and Philipp Pattberg, "Global Environmental Governance: Taking Stock, Moving Forward", *Annual Review of Environment and Natural Resources*, 33, 2008, pp. 277 – 294.

们与其他的行为体之间形成了伙伴关系或关系网。虽然它们在油气领域和自由电力市场中长期扮演重要角色，但是与国家部门和政府监管者相比，跨国企业的影响更加间接；而且跨国企业更加关注的是盈利与国家的政策，而不是全球治理。

为了描绘出全球能源治理的大致架构，表2列出了不少于50个在2012年年初正在运营的全球能源治理者，包括十二个政府间组织、两个首脑会议、三个针对能源问题的国际非政府组织、六个多边金融机构、七个区域性组织，以及二十个混合实体。这份列表不甚详尽，它只是用于表明当下活跃在全球能源治理领域的一些主要行为体。

表2　50个全球能源治理者

机构	首字母缩写	全球管理模式	成立时间	总部所在地	主要职能	描述
联合国	UN	政府间组织	主要机构于1945年成立。各个专门机构成立时间各不相同	美国纽约，奥地利维也纳，瑞士日内瓦	维护国际和平与安全；促进社会进步，提升生活水平与人权	联合国的主要机构实体（联合国环境规划署、联合国开发计划署）和松散附属的联合国专门机构（粮农组织、国际原子能机构）都致力于解决各种能源问题。刚刚成立的伞状架构的联合国能源机制亦旨在配合上述机构的工作
全球环境基金	GEF	政府间组织	1991年	美国华盛顿	作为世界上最大的公共环境基金，GEF赞助各种环境项目，并为发展中国家提供资助以解决生物多样性减少、气候变化、水资源短缺与森林采伐等问题。GEF于1994年从世界银行独立。	GEF是联合国气候变化框架公约的各个计划的委托出资方，同时也为其他几个与能源有关的国际公约提供资金。GEF迄今以下拨基金中的90亿美元之中的4000万美元作为最不发达国家气候变化基金与特别气候变化基金的一部分

续表

机构	首字母缩写	全球管理模式	成立时间	总部所在地	主要职能	描述
国际能源署	IEA	政府间组织	1974 年	法国巴黎	致力于建立油价报告机制、创建一个紧急能源分享系统以及提供重要能源信息。	尽管一些重要的石油消费国如中国和印度并未成为其成员国，但 IEA 在协调各个石油消费国的行为上取得了一定的成功。IEA 是全球能源数据的主要提供者，并且它正转向去处理广泛的能源气候问题
拉丁美洲能源组织	OLADE	政府间组织	1973 年	厄瓜多尔基多	促进中南美及加勒比地区的能源安全与可持续发展	由《利马协议》提出设立。在最初的构想中，OLADE 的作用是为能源一体化提供支持平台。现在 OLADE 负责多个项目，涵盖可持续能源、能效规划、产能建设与培养、信息系统与电力发展等领域
能源宪章条约	ECT	政府间组织	1991 年	比利时布鲁塞尔	为当前的 51 个成员国规定了在促进能源燃料国际运输安全方面的义务，旨在建立一个透明高效的能源市场机制	解决与能源运输相关的争议，寻求欧洲国外投资的保护，促进能源商品的贸易畅通。ECT 致力于设立明确的国际油气管道运输管理规则，但是该领域中起关键作用的俄罗斯表示不会加入 ECT
经济合作与发展组织	OECD	政府间组织	1961 年	法国巴黎	努力通过就业促进民主与经济增长，提高其 30 个成员的生活标准、财政稳定性与贸易	核能机构由 OECD 负责，其主要任务是通过国际合作寻求核能的和平利用，为核能的利用提供一个科学的、合法的、技术上的基础
国际可再生能源署	IRENA	政府间组织	2009 年	阿联酋阿布扎比	承担促进其 142 个成员国可再生能源发展的任务	虽然成立时间不长，IRENA 已经开始发展推进可再生能源的理论基础，并且在提供政策建议、促进技术转让、筹措资金以促进可再生能源研发等方面已开展了相关工作

续表

机构	首字母缩写	全球管理模式	成立时间	总部所在地	主要职能	描述
第四代核能系统国际论坛	GIF	政府间组织	2001 年	法国巴黎	建立下一代核能体系的可行性与效能	成员国包括：阿根廷、巴西、加拿大、韩国、南非、英国、美国。GIF 致力于促进全球发展与先进核能技术的使用，这些技术包括热中子与快中子反应堆、燃料闭式循环与燃料开式循环以及从小到大各种尺寸的反应堆。GIF 的目标是在 2015 至 2030 年期间实现这些系统的商品化
石油输出国组织	OPEC	政府间组织	1960 年	奥地利维也纳	起初是在 1960 年的巴格达会议上由伊朗、伊拉克、科威特、沙特阿拉伯和委内瑞拉联合发起成立的。自此以后，OPEC 已经拥有了 12 个主要的石油出口国。这些石油出口国希望通过使预期石油需求量与石油产量匹配来达到稳固油价的目的	OPEC 成员国协调各国的产量以及石油的精炼，以确保其投资能够获得最大化的回报。OPEC 每两年会举行部长会议来回顾产量配额、储量与产量的比值以及石油市场的趋势
天然气输出国论坛	GECF	政府间组织	2001 年	卡塔尔多哈	由一些主要的天然气生产国家共同成立，以代表并支持他们的共同利益	该组织的成员国控制着全世界 73% 的天然气储量与当前世界上 41% 的天然气产量。其成员国包括阿尔及利亚、玻利维亚、文莱、利比亚、马来西亚、尼日利亚、阿曼、卡塔尔、俄罗斯、特立尼达和多巴哥、阿联酋与委内瑞拉，挪威是该组织的观察员国
国际能源论坛	IEF	政府间组织	1991 年/2002 年	沙特阿拉伯利雅得	虽然 IEF 的第一次首脑会议在 1991 年由法国与委内瑞拉举办，但直到 2002 年根据大阪宣言其秘书处才而得以建立。IEF 是世界上最大的能源部长定期会议	举办各种论坛，聚焦于全球关键能源事务，并且协调联合组织数据倡议（JODI）与其他各组织如 APEC、IEA、OLADE 和 OPEC 的努力

续表

机构	首字母缩写	全球管理模式	成立时间	总部所在地	主要职能	描述
氢经济国际伙伴计划	IPHE	政府间组织	2003 年	德国柏林	发展在氢与燃料电池方面的国际合作，寻求氢技术的实证与商品化的方法	建立通用的规范与标准，而这将有助于该组织通过其 17 个成员国来实现氢技术体系在全球的推广
八国集团	G8	首脑会议	1975 年/1997 年	成员国轮流举办	为各政府领导人讨论政策协调提供一个小的非正式的论坛	在 20 世纪 70 年代中期出现，以应对油价震动后的混乱局面。近期 G8 对于能源问题的关注度随着油价的变动而变动，而其更多的注意力放在了气候变化议题上
美洲国家首脑会议	—	首脑会议	1994 年	美国华盛顿	一个涵盖北美洲、南美洲与中美洲各国的组织，主要讨论各种关乎共同地区利益的议题，包括非法毒品、安全、移民、贸易与能源	1998 年举办于智利首都圣地亚哥的第二次首脑会议提出，要通过财政协调、法律政策和其他进程来实现能源整合与可持续发展
世界能源理事会	WEC	国际非政府组织	1923 年	英国伦敦	通过在 93 个国家范围内进行调查分析、能源预测以及提出建议来促进可持续能源的发展	开展各种涉及所有主要能源资源的活动如发表出版物、举办大会和组织会议。WEC 每三年举办一次世界能源大会
世界可再生能源委员会	WCRE	国际非政府组织	2001 年	德国波恩	通过提供信息、议程设定与联络来促进可再生能源的发展	作为 IRENA 的先驱，WCRE 依然在很多领域发挥着重要的作用，如提供对于实现可再生能源的国际障碍的分析、提供关于可再生能源目标的建议、评估市场上各项技术的特性以及明确促进可再生能源发展的最佳方法

续表

机构	首字母缩写	全球管理模式	成立时间	总部所在地	主要职能	描述
全球能源网国际公司	GENI	国际非政府组织	1991 年	美国加利福尼亚州圣地亚哥	致力于促进各国电网的互联，以便在地区和全球层面上使可再生能源得以整合	专注于通过各种调查研究提高对高压互联电力网的优势的意识，这些调查研究包括与全球资源模拟中心（World Resources Simulation Center）合作开发的一款模拟可视化的电力地图
亚洲开发银行	ADB	多边金融机构	1966 年	菲律宾马尼拉	促进各成员国的经济发展并减少贫困	ADB 已经提供了数十亿的能源基础设施贷款，并且帮助各国重组能源结构与电力市场。历史上，ADB 也曾向资本密集型技术和化石燃料方面投资，但现在 ADB 有对可再生能源与能源效率优先投资的迹象
世界银行集团	WBG	多边金融机构	1944 年	美国华盛顿	拥有众多附属机构，包括国际复兴开发银行、国际开发协会、国际金融公司、多边投资担保机构和国际投资争端解决中心。为致力于减少贫困和促进对外直接投资的发展中国家的发展计划（wide-ranging）提供资金与专门的技术支持	WBG 的规模大大超过了其他多边开发银行，而且每年 WBG 都会为能源发展提供数十亿美元的贷款，主要是在传统（以及化石燃料的）基础设施上。世界银行正在寻求使发展中国家通过可持续的方式进行发展的可能性
欧洲复兴开发银行	EBRD	多边金融机构	1991 年	英国伦敦	通过向私有部门对象提供资金、鼓励自由市场机制来支持东欧和中亚各国的发展项目	向传统基础设施建设与电网建设提供贷款，并且在 2006 年提出了可持续能源倡议，其中一个焦点是其在能源效率和更清洁的能源供应方面投资 60 亿欧元
非洲开发银行	AfDB	多边金融机构	1964 年	科特迪瓦阿比让	向其区域成员国的贫困削减与可持续发展计划提供资金	主要的关注点是能源开发和能源部门的改革、成员国出口机遇的优化和改善成员国获得能源服务的公平途径

续表

机构	首字母缩写	全球管理模式	成立时间	总部所在地	主要职能	描述
美洲开发银行	IDB	多边金融机构	1959 年	美国华盛顿	拉美及加勒比地区的多边开发银行	旨在促进区域能源整合和能源基础设施投资，在2008 年提出了可持续能源与气候变化倡议，并且为能源效率、可再生电力与生物燃料的发展提供了 10 亿美元的贷款
国际农业发展基金	IFAD	多边金融机构	1977 年	意大利罗马	通过提供低息贷款和直接援助与发展中国家的饥饿与贫困做斗争	与农村贫困者、政府、捐助者和非政府组织进行合作来改善农村地区获得沼气与家用太阳能系统单元的途径，减少苦工并为农村妇女“减负”
东南亚国家联盟	ASEAN	区域性组织	1967 年	印度尼西亚雅加达	旨在东南亚地缘政治区域实现一体化，鼓励经济增长、社会进步、政治稳定与和平	管理数个能源中心并组织数次部长级会议，包括东南亚国家联盟石油委员会和能源研究中心。东盟经常作为中间人安排成员国之间以及东南亚与其他主要能源输入国输出国之间的双边和多边协议
欧洲联盟	EU	区域性组织	1993 年	比利时布鲁塞尔	承担促进欧洲经济政治一体化和建立共同贸易交易市场的责任	促进成员国之间相互联系的能源市场的建立，促进国外战略性能源储备的建立，促进健康的减排目标和各国可再生能源目标的设立
黑海经济合作组织	BSEC	区域性组织	1992 年	土耳其伊斯坦布尔	鼓励黑海沿岸的 11 个成员国的经济政治互动，美国是其几个观察员国之一	其在能源方面的行动计划包括确保各国的能源安全，通过协调立法来使能源市场一体化，采取在环境标准、调查、实证和对能源效率、发展可再生能源和微产能等方面进行投资的最佳方案，以及促进全球的区域能源输出

续表

机构	首字母缩写	全球管理模式	成立时间	总部所在地	主要职能	描述
上海合作组织	SCO	区域性组织	2001 年	中国北京	SCO 的前身是"上海五国"（中国、哈萨克斯坦、吉尔吉斯斯坦、俄罗斯和塔吉克斯坦），在乌兹别克斯坦加入后 SCO 正式成立。印度、伊朗、蒙古和巴基斯坦被授予观察员国资格。它的主要功能是处理与安全相关的关注点，包括恐怖主义	成员国达成了能源行动计划，以开发里海的油气资源；建立油气出口统一市场；创立优惠双边产量分成协议
南部非洲发展共同体	SADC	区域性组织	1992 年	博茨瓦纳哈博罗内	其 14 个成员国旨在发展区域经济，减少贫困和协调经济贸易政策，并且减少国内贸易壁垒，努力实现货币统一	该组织积极促进大型的电力与输电工程，诸如南部非洲电厂、西部通道输电工程和其他区域电力互联工程；该组织也促成一个由安哥拉、博茨瓦纳和刚果民主共和国组成的区域油气联盟；同时，该组织也致力于协调农村地区的能源计划
亚太经济合作组织	APEC	区域性组织	1989	新加坡	一个由 21 个经济体组成的不具有约束性的政府间团体，包括所有的亚洲主要经济体。其主要关注点是减少贸易壁垒、促进成员国之间的投资和出口	该组织于 2000 年提出了能源安全倡议，包括数据共享和联合石油数据倡议以应对供应中断。2007 年的悉尼宣言聚焦于气候变化和能源安全。其行动议程包括数个目标，诸如提高能效、增加森林覆盖率、加强低碳能源技术等
南亚区域合作联盟	SAARC	区域性组织	1985 年	尼泊尔加德满都	促进阿富汗、孟加拉国、不丹、印度、马尔代夫、尼泊尔、巴基斯坦和斯里兰卡之间的贸易和区域合作	致力于实现数个与能源有关的目标，包括提升南亚处理能源问题的能力，优化区域电网和天然气管道，以及鼓励在可再生能源和能效方面的投资

续表

机构	首字母缩写	全球管理模式	成立时间	总部所在地	主要职能	描述
中亚区域经济合作	CAREC	公私伙伴关系/混合实体	1997 年	菲律宾马尼拉	一个由八国政府和六个多边组织（包括 ADB 和 WBG）组成的独特的联合体，致力于减少贫困和促进基础设施建设	每年动员 24 亿美元的资金用于道路、运输、饮用水与电力方面的投资
可再生能源及能源效率伙伴关系计划	REEEP	公私伙伴关系/混合实体	2002 年	奥地利维也纳	致力于减少温室气体排放，改善发展中国家获得可靠且清洁的能源的途径，促进能效的提升	已经与 120 多个政府、银行、企业、非政府组织和政府间组织建立了伙伴关系，并且在不少于 145 个项目中投入了 1640 万欧元。然而，REEEP 只能执行小规模的项目，持续投资能力的缺乏迫使他们专注于短期的项目
全球能源与可持续发展网络	GNESD	公私伙伴关系/混合实体	2002 年	丹麦罗斯基勒	起到卓越的发展中国家的数据网络和网络伙伴的作用，该组织的主要目标是实现联合国千年发展计划	目标定位于处理能源使用相关的议题和促进可再生能源技术的发展以减少贫困。主要是在亚洲、非洲和拉丁美洲开展研习会和发表关于能源和贫困的出版物
性别与可持续能源国际网络	ENERGIA	公私伙伴关系/混合实体	1996 年	荷兰雷斯登	非正式的国际网络，致力于解决性别和可持续性问题，运作的方式是通过网络将行动区域化	专注于通过能源的使用增进农村地区和城市的妇女的权益。ENERGIA 在世界范围内提供三种主要的援助手段：为各国和发展机构将性别与能源议题提上国际议程（包括国家性别审计）；通过培训材料和研习会来建立性别整合的能力；开展对个案和性别化对能源生产和利用的整体影响的研究和分析

续表

机构	首字母缩写	全球管理模式	成立时间	总部所在地	主要职能	描述
适当基础建设发展组织	AIDG	公私伙伴关系/混合实体	2005 年	美国波士顿	改善获得电力、环境卫生和饮用水的途径	提供介于 1 万与 10 万美元之间的企业孵化贷款，旨在获得能源设备与技术；提供能源利用的教育与训练，作为种子基金帮助能源领域的创业者
可持续能源国际网络	IN-FORSE	公私伙伴关系/混合实体	1992 年	丹麦约茨霍伊	INFORSE 作为里约会议的一部分而建立，提供了一个涵盖在 60 个国家内运营的 140 个政府间组织的网络。各种不同的国家、多边机构、民间团体组织为 INFORSE 提供资金支持。该组织致力于促进可持续能源和社会的发展	专注于四个领域：提升各方对可持续能源利用的意识；促进各国政府制度上的改革；建立处理能源相关议题的地方和国家层面的能力；以及支持研究与发展
世界可持续发展工商理事会	WBCSD	公私伙伴关系/混合实体	1995 年	瑞士日内瓦	WBCSD 同样在 1992 年里约地球峰会上成立，是由约 200 个企业，55 个区域性伙伴组织组成的全球协会，其任务是处理贸易和可持续发展。WBCSD 的主要功能是提倡贸易和有影响的政策	旨在为企业建立平台以探索可持续发展的最佳方法、分享经验以及声明自己的贸易地位。同样该组织也管理一些商业赞助的工程，包括在建筑、水、水泥、电力供应、林产品、采矿和轮胎等领域的能效
协作标识与应用标准项目	CLASP	公私伙伴关系/混合实体	1999 年	美国华盛顿	通过运用标准和分类来促进经济发展，刺激全球贸易以及削减贫困	美国政府、WBG 和 UN 等多个组织为 CLASP 提供资金。CLASP 协助各种与能源、能效技术与服务相关的标准和分级的实施

续表

机构	首字母缩写	全球管理模式	成立时间	总部所在地	主要职能	描述
能源、环境与可持续发展合作关系	EESD	公私伙伴关系/混合实体	2002 年	美国华盛顿	EESD 由美国能源部设立，是世界可持续发展首脑会议的一部分。EESD 旨在提升能源系统的生产力与功效，其合作伙伴包括企业、非政府组织、学术界和金融机构	致力于在 2012 年之前提高 20 个国家的全部效能至少 20%
全球村能源合作伙伴	GVEP	公私伙伴关系/混合实体	2005 年	英国伦敦	寻求减少贫困，其方式是加快其内部囊括了企业、政府、发展机构、MFIs 和大学的 2000 多个成员之间的整合	致力于构建共同体和多层级结构中的"自上而下"伙伴关系，以此提升能源获取并增强应对气候变化的能力
国际能源保护研究院	IIEC	公私伙伴关系/混合实体	1984 年	美国弗吉尼亚州维也纳	帮助公共和私人部门执行能源效率、交通和环境政策。该机构由社区团体、政府机构和市民社会的成员组成	在标准和标识、需求管理、气候变化缓解与适应、交通规划、能源效率、污染防治，以及可再生能源与水资源等领域开展工作
清洁燃料和车辆合作伙伴关系	PCFV	公私伙伴关系/混合实体	2002 年	肯尼亚内罗毕	降低发展中国家的汽车尾气污染	拥有包括政府、业界成员和高校在内的 90 个合作伙伴。主要推广无铅、低硫燃料和清洁汽车标准与技术，例如在巴基斯坦的清洁柴油计划以及在拉丁美洲的"生态驾驶"课程
克林顿环境与气候倡议组织	CCI	公私伙伴关系/混合实体	2006 年	美国纽约	该机构是克林顿基金会的一部分，CCI 管理一个大型项目，该项目致力于改进和提升户外照明、减少浪费、评估温室气体排放、鼓励非机动方式运输以及促进大城市中"正气候"社区的形成，此外，对碳捕获和存储、集中式太阳能开展研究，并与柬埔寨、圭亚那、印度尼西、肯尼亚和坦桑尼亚一同防止森林砍伐	促使来自业界的利益相关者（如能源服务承包商和节能设备制造商）、公共部门（城市政府）和金融机构（银行和贷款机构）在 40 个大城市开展气候相关项目；其林业项目也与研究院所及政府机关建立了合作

续表

机构	首字母缩写	全球管理模式	成立时间	总部所在地	主要职能	描述
来自企业的能源	E + Co	公私伙伴关系/混合实体	1997 年	美国新泽西州布洛姆菲尔德	关注清洁能源创新，主要方式是通过 8 个国际办事处在 20 个发展中国家里促进 MFIs 和 NGOs 与私人部门合作开展项目	向企业家们提供借款和股权，以支持那些面向世界各地农村人口的能源服务进一步扩展
全球能效和可再生能源基金	GEEREF	公私伙伴关系/混合实体	2004 年	卢森堡欧洲投资银行	由欧盟委员会创立，旨在通过向中小型企业注入私募股权投资基金，促进新兴经济体中清洁能源领域的公私伙伴关系	迄今为止，已经在发展中国家的 20 多个项目中融资或支付大约 2 亿美元
小型可持续基础设施发展基金	S3IDF	公私伙伴关系/混合实体	2002 年	美国马萨诸塞州坎布里奇	运用社会商业银行的方法来帮助当地企业家创建微型企业，向穷人提供基础设施服务	迄今为止，建立了一个包括近 200 个小型投资的投资组合，并在印度建立了与其他 100 个管道项目合作的联营企业
太阳能电子照明基金	SELF	公私伙伴关系/混合实体	1990 年	美国华盛顿	该机构的主旨是使发展中国家的人民通过利用源自太阳的能量来摆脱贫困	已经在非洲、亚洲和南美洲的 11 个国家中建立了十多个自我维持的太阳能项目
聪明人基金	AF	公私伙伴关系/混合实体	2001 年	美国纽约州纽约	旨在减少贫困，其方式是投资于健康、水、住房、能源和农业领域中的社会企业和“突破性”观点	每年批准 600 万美元以支持在印度、巴基斯坦和非洲东部的社会企业，为他们提供资金来发展微水电、太阳能、沼气、生物质和照明项目
全球清洁炉灶联盟	GACC	公私伙伴关系/混合实体	2010 年	美国华盛顿	通过建立繁荣的节能炉灶全球市场，致力于挽救生命、改善生计和应对气候变化	在美国国务院、联合国基金会和 200 多名来自公共、私人和非营利部门的其他伙伴的支持下，该联盟设定了到 2020 年发放 1 亿清洁炉灶的目标

续表

机构	首字母缩写	全球管理模式	成立时间	总部所在地	主要职能	描述
绿色气候基金	GCF	公私伙伴关系/混合实体	2010 年/2011 年	—	该基金产生于在丹麦哥本哈根和南非德班举行的联合国气候变化框架公约缔约方会议（COP）中，旨在协调和加强用于缓解和适应气候变化的资金	对于世界银行、全球环境基金、适应基金、《京都议定书》的清洁发展机制和八国集团中的能源和交通基础设施，试图提供持续的全球资金协调

资料来源：Achim Steiner，Thomas Walde，Adrian Bradbrook and Frederik Schutyser，"International Institutional Arrangements in Support of Renewable Energy"，in Dirk Abmann，Ulrich Laumanns and Dieter Uh（eds）.，*Renewable Energy：A Global Review of Technologies Policies and Markets*，London：Earthscan，2006，pp. 152－165；John Kessels，Stefan Bakker and Bas Wetzelaer，*Energy Security and the Role of Coal*，IEA Clean Coal Centre CCC/131，2008；Andreas Goldthau and Jan Martin Witte，"Back to the Future or Forward to the Past? Strengthening Markets and Rules for Effective Global Energy Governance"，*International Affairs*，85（2），2009，pp. 373－390；Florini，note 3 above；various institutional websites。

正如表 2 所阐明的，全球能源治理者实际上是一个处理各种各样有关能源的治理问题的许多行为体的复杂的集合。这些问题包括如下不同的主题：

- 对于管理跨国界能源投资的一致性规则的需求（例如 ECT）；
- 在石油进口国之间进行协调以缓解供给冲击所带来的影响（例如 IEA）；
- 处理世界上数十亿人无法获得能源服务的不平等问题（涉及所有类型的多个组织，尤其是多边金融机构和许多近期成立的混合实体）；
- 对处理基于化石燃料的能源体系产生的环境外部性问题的需求（GEF、IEA、ADB 和许多其他组织）；
- 建立适应能力和恢复力，以应对在最不发达国家和中等收入国家产生的由气候变化引起的社会和环境的弱点与问题（GEF，WB，GCF 和许多其他组织）。

大多数的治理者之间都缺少协作。各国政府对于他们所加入的众多组织，至少要秉持一个连贯的策略，这是符合逻辑的。但是总体来说，他们缺少一个连贯的长期的策略以应对各种能源治理事务。

全球能源治理者实际上是一个处理各种有关能源治理问题的许多行为体的复杂集合。大多数的治理者之间都缺少协作。这种不连贯性在国际层面体现得更为明显。因为在国际层面，权力是分散的，甚至经常是完全缺失的。行为体的绝对数量导致整个全球能源治理领域显现出一种超乎寻常的忙碌——仅仅是参加一个由所有相关治理者赞助的气候变化会议就要设置数个专职工作。或者正如近期一个研究推论的那样，全球能源系统“几乎不存在被明确定义的进程、管理规则和干预机制”①。当能源价格持续起伏不定，整个世界对气候变化、能源贫困和能源危机一筹莫展时，就表明当前的全球能源治理模式充满了喧嚣与躁动，而实质性的进展还是太少。

三、全球能源治理中的三个错误观念

如果要了解现行全球能源治理的不足，那就需要澄清在文章开始部分提及的几个错误观念。

第一个观念是：有效的全球能源治理更有可能产生（或者已经在产生），因为它们能够带来收益。约翰·柯顿（John Kirton）认为，全球主要经济体通过八国集团这一渠道已经“用一种主要的、且非常成功的方法解决了全球能源治理问题”②。威尔弗里德·科尔（Wilfrid Kohl）在其著作中写道，一些机构已经“表明它们正在适应全球化的能源运作所带来的新挑战，并且也能够与新的消费者在能源安全方面开展合作，还能够对气候变化做出应对”③。索

① A. Goldthau and B. K. Sovacool, “The Uniqueness of the Energy Security, Justice, and Governance Problem”, *Energy Polity*, 41, 2012, pp. 232 - 240.

② John Kirton, “The G8 and Global Energy Governance: Past Performance, St Petersburg Opportunities”, paper presented at a conference on ‘The World Dimension of Russia's Energy Security’, sponsored by the Moscow State Institute of International Relations (MGIMO), Moscow, 21 April 2006, p. 1.

③ Wilfrid Kohl, “Consumer Country Energy Cooperation: The International Energy Agency and the Global Energy Order”, in Andreas Goldthau and Jan Martin Witte (eds.), *Global Energy Governance: The New Rules of the Game*, Brookings Institution, 2010, p. 219.

思腾·本纳（Thorsten Benner）及其同事认为，“过去的15年间，不论产生的结果是好是坏，规范化的条款（以及治理的透明度）都朝向更好的资源治理的方向发展”；同时，他们也认为，“权势者再也不会声称对失败的资源治理所产生的悲剧一无所知”。[①] 安东尼·波特（Anthony Patt）则认为，向超国家形式的能源治理转换在最后“很有可能”发生，因为它们能够提供“积极的纯收益”。[②] 他也认为向诸如风能等清洁能源供应模式的投资是很有可能的，因为它们能够带来环境的、社会的和经济的收益。波特论点的逻辑看起来相当直观：如果制定能源上的集体规则如此重要，并且对清洁能源供应模式的投资能够获益，行为体为何不抢着去设定共同框架和约定？并且，如果可再生能源体系有如此多的优点，政府和消费者为何不自然地去接受它？

然而，大量的社会科学文献已经表明，对于依赖有效治理才能得以化解的所有集体行动问题，治理的形式并不必然作为对上述问题的回应而出现。这种论点从曼库尔·奥尔森（Mancur Olson）[③] 和加勒特·哈丁（Garrett Hardin）[④] 开始，直至拉塞尔·哈丁（Russell Hardin）[⑤]、埃莉诺·奥斯特罗姆[⑥]和托马斯·迪茨（Thomas Dietz）[⑦] 等人，都对其进行了精妙的总结。正的净收益的存在对于谈判协商来说是一个很好的出发点，但是仅止于此。谁能够享受这

---

① Thorsten Benner, Ricardo Soares de Oliveria and Frederic Kalinke, “The Good/Bad Nexus in Global Energy Governance”, in Andreas Goldthau and Jan Martin Witte (eds.), *Global Energy Governance: The New Rules of the Game*, Brookings Institution, 2010, pp. 287 – 314.

② Anthony Patt, “Effective Regional Energy Governance — Not Global Environmental Governance — is What We Need Right Now for Climate Change”, *Global Environmental Change*, 20, 2010, pp. 33 – 35.

③ Mancur Olson, *The Logic of Collective Action: Public Goods and the Theory of Groups* Cambridge, MA: Harvard University Press, 1965.

④ Garrett Hardin, “The Tragedy of the Commons”, *Science*, 162, 1968, pp. 1243 – 1248.

⑤ Russell Hardin, *Collective Action*, Washington, DC: Resources for the Future, 1982.

⑥ Elinor Ostrom, *Governing the Commons: The Evolution of Institutions for Collective Action*, Cambridge: Cambridge University Press, 1990.

⑦ Thomas Dietz, Elinor Ostrom and Paul Stern, “The Struggle to Govern the Commons”, *Science*, 302 (5652), 2003, pp. 1907 – 1912.

些正的收益，谁必须支付治理所需的成本，现有机构能否引导行为，以及政策的制定者是否能意识到那些潜在的双赢前景，这些因素同样很重要。如果仅仅是存在简单的正的净收益就足够的话，那多哈回合贸易谈判就不会陷入困境，全球生物多样性的退化就不会加速，富裕国家就会愿意资助它们相对贫困的邻国来建立有效的卫生系统。然而，令人悲伤的是，许多超国家的问题并没有得到解决，尽管许多人已努力表明这种治理会产生广泛的正的净收益。大量的文献从不同的层面来研究能源领域中不同行为体的作用，并且提供了大量有力的证据，这些证据表明，实现有效的能源治理，不论是在国家层面、全球层面还是其他任何层面，都是非常困难的。①

举八国集团为例，考虑到其较小的规模，以及成员国的政治势力和政党间谈判相对较低的成本，八国集团在理论上是非常适合克服那些集体行为问题的；但是实际上它在有效治理能源方面表现得十分吃力。德赖斯·勒萨热（Dries Lesage）及其同事着眼于广泛的能源问题，包括那些由气候变化引起的能源问题，并且对八国集团近几年的工作进行了评估。② 他们推断，八国集团在那些最需要其全球政治领导力的地区“未能施加其全球政治领导力”。虽然八国集团促进 IEA 扩大其活动范围，并且建立了一个全球性组织以促进能效的发展，但是总的来说，笔者强调，八国集团已被证明其没有能力提供一个行之有效的全球能源治理模式。其中的原因包括组织内部的利益冲突、有效监督机制与保证依从性机制的缺乏，以及其无法容纳其他非成员国。同时，八国集团也没有办法去克服内部的各种分歧，包括在温室气体减排目标上的分歧，在能效提升上所做的努力的分歧、以及对待俄罗斯的统一立场的分歧。与之矛盾的是，泰斯·范·德·格拉夫（Thijs Van de Graaf）和勒萨热发现，八国集团能够很大程度地影响该组织外的国家的政党关于能源的决策，例如

① Andreas Goldthau and Jan Martin Witte, “Back to the Future or Forward to the Past? Strengthening Markets and Rules for Effective Global Energy Governance”; see also AE Florini and BK Sovacool, “Bridging the Gaps in Global Energy Governance”, *Global Governance*, 17 (1), 2011, pp. 57 – 74.

② Dries Lesage, Thijs Van de Graaf and Kirsten Westphal, “The G8's Role in Global Energy Governance Since the 2005 Gleneagles Summit”, *Global Governance*, 15, 2009, pp. 259 – 277.

中国、印度、墨西哥、俄罗斯和南非，而不是其自身的成员国。[①] 考虑到没有哪个主体能彻底地替代目前的全球能源治理者，这种失败留下了一个难以填充的空白。或者，正如勒萨热等人所说，“虽然八国集团踏入了之前未有人涉及的全球能源治理的战场，但总体的结果多少有些失望，因为它缺乏具体的目标，对需求控制和节能的关注也有限，其承诺也不具有约束性，自身也存在依从性的保证问题，当然还有……承诺的资金实在是太少了”[②]。

“在更加清洁的能源体系上进行投资是可行的，这仅仅是因为他们是有益的。”这种观点，同样也是波特的观点的一部分，否定了大量在商业化和部署进程的各个阶段针对创新障碍的投资的研究。实验室工作组（Interlaboratory Working Group）提供的文件证明，清洁能源技术的实现有许多障碍，包括错误的激励机制、不一致的规定以及信息和市场的失灵。[③] 潘纽利（J. P. Painuly）调查了大量未能实现全球可再生能源突破的案例和它们所遇到的障碍，特别强调了市场基础设施缺失的问题和知识匮乏的问题。[④] 弗里德里克·贝克（Fredric Beck）和艾瑞克·马尔提诺（Eric Martinot）也注意到，许多因素阻止了理想水平的可再生能源投资的实现，这些因素包括对传统能源形式的补贴、高昂的启动资金支出、不完备的资本市场、技术与信息的缺乏、市场接纳度低、技术偏见、金融风险与不确定性、高昂的交易成本以及一系列管理与制度上的因素。[⑤] 我们采访了在公用事业、政府机关和国家实验室工作的超过180名专家学者，确定了38个在分布式发电、可再生能源和能效技术领域

① Thijs Van de Graaf and Dries Lesage, “The International Energy Agency After 35 Years: Reform Needs and Institutional Adaptability”, *Review of International Organizations*, 4 (3), 2009, pp. 293 – 317.

② Lesage, Van de Graaf and Westphal, note ② in the previous pape and “G8 +5 Collaboration on Energy Efficiency and IPEEC: Shortcut to a Sustainable Future?”, *Energy Policy*, 38 (11), 2010, pp. 6419 – 6427.

③ Interlaboratory Working Group, “Scenarios for a Clean Energy Future”, Oak Ridge, TN: Oak Ridge National Laboratory and Berkeley, CA; Lawrence Berkeley National Laboratory, 2000, ORNL/CON – 476 and LBNL – 44029.

④ J. P. Painuly, “Barriers to Renewable Energy Penetration, a Framework for Analysis”, *Renewable Energy*, 24, 2001, pp. 73 – 89.

⑤ F. Beck and E. Martinot, “Renewable Energy Policies and Barriers”, in Cutler Cleveland (ed)., *Encyclopedia of Energy*, Academic Press/Elsevier Science, 2004.

的非技术障碍。[①] 玛里琳·布朗（Marilyn Brown）等人也挑选并调查了持续存在的在金融、市场、信息和知识产权等领域的障碍。[②]

诚然，没有一个能够用于发展全球环境治理的系统的方法得以形成，反而是规则与体系，在危机——而不是连贯的寻求广泛利益的策略——的驱使下产生了。20 世纪 70 年代早期的石油危机之后，国际能源署才得以成立[③]；而在白俄罗斯、德国、乌克兰和俄罗斯在天然气问题上的争执致使燃料短缺和价格升高之后，欧盟委员会才成立着眼于能源安全问题的专家组[④]；而直到卡特里娜飓风摧毁了进口油气与精炼厂之后，美国才把能源安全问题放在外交政策的重要位置。[⑤]

有效的全球能源治理无法形成的一个决定性原因在于它产生的是矛盾而不是合作，换言之，各个行为体总是陷于议事日程和谈判阶段之中，而从来不会将谈判成果付诸实施。柯尔斯顿·韦斯特法尔（Kirsten Westphal）注意到，能源治理已经成为基于权力的地缘政治考量和多边合作治理的竞技场。[⑥] 她认为，能源生产的历史是一部充满“永恒的矛盾”以及生产者与消费者之间的冲突的故事。能源消费者希望通过与生产者竞争来压低价格；生产者则希望消费者变得分散，这样他们就失去了集体谈判的能力，进而无法冲击生

---

① See B. K. Sovacool, *The Dirty Energy Dilemma: What's Blocking Clean Power in the United States*, Westport: Praegar, 2008; B. K., Sovacool, "The Cultural Barriers to Renewable Energy in the United States", *Technology in Society*, 31 (4), 2009, pp. 365 - 373; and B. K. Sovacool, "Rejecting Renewables: The Socio-technical Impediments to Renewable Electricity in the United States", *Energy Policy*, 37 (11), 2009, pp. 4500 - 4513.

② Marilyn A. Brown, Sharon (Jess) Chandler, Melissa V. Lapsa and Benjamin K. Sovacool, *Carbon Lock-In: Barriers to the Deployment of Climate Change Mitigation Technologies*, Oak Ridge, TN: Oak Ridge National Laboratory, ORNL/TM - 2007/124, November 2008.

③ Ann Florini, *The Coming Democracy: New Rules for Running a New World*.

④ Dries Lesage, Thijs Van de Graaf and Kirsten Westphal, "The G8's Role in Global Energy Governance Since the 2005 Gleneagles Summit".

⑤ Karoly Nagy, "The Additional Benefits of Setting Up and Energy Security Centre", *Energy*, 34, 2009, pp. 1715 - 1720.

⑥ Kirsten Westphal, "Energy Policy Between Multilateral Governance and Geopolitics: Whither Europe?", *Internationale Politik und Gesellschaft*, 2006, pp. 44 - 63.

产者对生产的控制。其他与能源治理有关的矛盾之所以产生，是由资源的缺乏、地缘政治权力的转移和消费国家的分歧的后续影响带来的。对国家能源巨头的强烈呼吁与对加强基于一致性规则的国际市场竞争的渴望相龃龉。正如她所总结的："最近几年（再次）显而易见的是，能源治理所在的领域充满了对峙的紧张气氛，对峙的一方是基于市场和机构（以及法律法规）的治理，另一方是以国家为中心的、基于权力的地缘政治。"①

第二个错误观念是：关于治理的各种区域性或多边成功案例或许能提供应用于其他地区或问题的模式。例如，波特认为："一些民族国家同意接受国际组织决策的约束，因为它们清楚这样做符合自身或国民的利益。"② 科尔认为，欧盟国家"在其计划中的能源整合和气候目标方面已卓有成效"，并且"为全世界树立了一个很好的榜样"，这再次表明欧盟的合作模式应该被复制。③

然而，正如劳埃德·格鲁伯（Lloyd Gruber）所说，不那么强有力的政府加入这样的组织或协议，不是因为它们希望被约束，而是因为它们无法承受被周围的组织所孤立的代价。（如果它们拒绝加入的话，这些代价可能包括援助资金的扣缴税款。）④ 由强者制定并为强者服务的规则可能在短期内起到一定的作用，但无法为长期维持的国际合作体系提供坚实的基础。近几年，国际合作在贸易、气候、核不扩散等领域停滞不前，这反映了现有组织机构的一个基本弱点—— 一些新兴的势力愈发坚持要拥有举足轻重的发言权，而现有组织机构的合法性会因此受到这些新兴势力的质疑。我们看到的不是从国家主权到多国决策这个重要的转变，而是一些国家，例如中国、印度和巴西，更加坚定地坚持自己的主权，这是不能被忽视的。就像大卫·维克多（David

① Kirsten Westphal，"Energy Policy Between Multilateral Governance and Geopolitics：Whither Europe?"，*Internationale Politik und Gesellschaft*，2006，p. 58.

② Anthony Patt，"Effective Regional Energy Governance — Not Global Environmental Governance — is What We Need Right Now for Climate Change".

③ Wilfrid Kohl，"Consumer Country Energy Cooperation：The International Energy Agency and the Global Energy Order"，p. 200.

④ Lloyd Gruber，*Ruling the World：Power Politics and the Rise of Supranational Institutions*，Princeton University Press，2000.

Victor）和琳达·岳（Linda Yueh）总结的，“虽然能源商品与能源技术的贸易在世界的各个角落发生，但是这些重要货物的市场管理机制却支离破碎，且日渐式微”①。

相反，波特等人主张“多边环境协议的繁荣”能够及时缓解许多紧迫的能源及气候问题，并认为《蒙特利尔议定书》是这些环境协议中“最成功的”一个协议。波特还认为，“全球环境治理正在茁壮成长”。② 的确，《蒙特利尔议定书》是全球环境协议的典范，然而它可能是仅有的真正成功的案例。进一步来说，我们同样质疑全球环境治理的效力。有关全球环境治理的失败案例随处可见，其中比较著名的案例有：1992 年的《生物多样性公约》，这项公约最终并没有减缓生物多样性丧失、物种灭绝和栖息地破坏的速率③；1995 年的《联合国鱼类种群协定》，这项协定同样并没有阻止全球渔业的衰落④；还有 1997 年的《京都议定书》，就连波特也认为，它并没有达到减缓全球温室气体排放的目的。⑤

确实，考虑《蒙特利尔议定书》的相对成功如此特殊的原因很有必要。分析家通常会给出三种基本的解释。首先，这个议定书所针对的只是在少数国家中产生的狭义的化学物质，这意味着利益有可能受损的那些利益攸关方的数量不会很多，并且协商也会更加易于操作。其次，控制相关化学

① David G. Victor and Linda Yueh, “The New Energy Order”, *Foreign Affairs*, 89 (1), 2010, p. 74.

② Anthony Patt, “Effective Regional Energy Governance — Not Global Environmental Governance — is What We Need Right Now for Climate Change”.

③ Carl Folke, C. S. Holling and Charles Perrings, “Biological Diversity, Ecosystems, and the Human Scale”, *Ecological Applications*, 6 (4), 1996, pp. 1018 – 1024.

④ Ransom Myers and Boris Worm, “Rapid Worldwide Depletion of Predatory Fish Communities”, *Nature*, 423, 2003, pp. 280 – 283.

⑤ See J. Reilly, R. Prinn, and J. Harnisch et al., “Multi-Gas Assessment of the Kyoto Protocol”, *Nature*, 401, 1999, pp. 549 – 555; David G. Victor, *The Collapse of the Kyoto Protocol and the Struggle to Slow Global Warming*, Princeton University Press, 2001; David G. Victor, “Toward Effective International Cooperation on Climate Change: Numbers, Interests, and Institutions”, *Global Environmental Politics*, 6 (3), 2006, pp. 90 – 105.

物质的产量并不需要过多地损害大量既得利益者的利益，也不需要过多地改变公众的生活方式——的确，主要的生产商很快就会发现它们可以转而生产替代品以维持自身的利润，而且因此产生的额外成本会相对较小。再次，一旦发现南极洲上空的臭氧层空洞，就容易引起舆论的广泛关注——谁都知道天空中有一个洞是多么危险的事情。考虑到数量庞大的既得利益者和现有系统的复杂程度，全球能源治理者所面对的如此少的挑战就显得容易理解了。[①]

第三个错误的观念是：相比于全球能源治理，我们当下更加需要的是区域能源治理。波特非常认同这种观点。[②] 他宣称，既然全球能源治理可能会出现，但只有到最后才会出现（这是由于谈判中出现的各种障碍、不同国家之间的不信任以及国家主权认知上的重要性），我们需要区域能源治理来避免发生危险的气候变化。除此之外，波特相信，区域一体化有助于促成在清洁能源方面的投资。最后，波特认为，通过借助欧盟体系以及其他类似实体的力量，实现区域能源治理将比实现全球能源治理更加容易。这种类型的区域能源治理将成为实现有效的全球能源治理的先决条件。总而言之，波特认为，由于实现有效的全球能源治理极其困难，首先与欧盟一道开展区域范围内的能源治理是一条可行之路，因为已经有些国家在一些重要的事务上通过放弃一定的国家主权而受益。

当然，波特也承认，即使是作为区域合作典范的欧盟，在实现有效的能源事务合作上也颇为吃力。并且，即使欧盟自身发展出了一套良好的能源治理体系，也很有可能在其他区域无法正常运行。亚洲只有初步的合作机制，这会使各国在重要事务上的合作难以实现，特别是能源事务方面。由于相互之间缺乏信任，历史上中国、印度、日本、韩国之间时常发生争端。东南亚的跨国能源基础设施建设这种大规模的合作也是举步维艰，原

---

① Ann Florini, *The Coming Democracy: New Rules for Running a New World*.

② Anthony Patt, "Effective Regional Energy Governance — Not Global Environmental Governance — is What We Need Right Now for Climate Change".

因在于专业技术的缺乏、不一致的规章制度、能源价格与出口的拉锯战、东盟内部普遍的不信任，以及对外部的中国、日本和美国的不信任。[1] 表3列出了这些技术方面、经济方面、立法方面、政治方面以及环境方面的障碍是如何交织起来的。

表3　东南亚地区实现区域能源治理的障碍

技术	经济	立法	政治	社会	环境
基础设施建设与实施	围绕能源储备的不确定性	不一致的规章制度	对自身主权的争取	低效的参与机制	土地退化
	资本强度	对财产权的保护不够明晰	外交上的紧张关系	缺乏透明度	石油事故与泄露
	未知的未来能源需求	国家控制市场	保护主义	迁徙、移居和人权方面的考虑	温室气体排放与气候变化
	资金的筹措	争端解决机制的低效	缺少持续的领导能力		
	投资的回报	在价格与关税方面的分歧			

同样，从技术的立场来说，大范围的区域能源治理系统也极其不利于能源的有效治理。在某种程度上，我们需要区域范围内的投资，用可再生能源来替代发电厂中使用的石油、煤炭和天然气需要成万亿瓦的装机容量。但是，我们不希望将所有的可再生能源系统按照化石燃料系统的模式复制一遍。大范围的能源系统，不论是可再生的还是不可再生的，都更加难以治理。它们更倾向于出现成本超支的情况。这种能源系统会存在非常严重的安全风险，因为只要其中的一个设备发生故障，整个能源系统就会陷入瘫痪。它们依赖的是低效且脆弱的传输网络，这使得它们更易受到损害并发生事故。除此之

① Benjamin K. Sovacool, "Energy Policy and Cooperation in Southeast Asia: The History, Challenges, and Implications of the Trans-ASEAN Gas Pipeline Network (TAGP)", *Energy Policy*, 37 (6), 2009, pp. 2356 – 2367.

外，这种系统只适用于拥有必要资金以用于财政建设的富裕国家或大型的企业集团，并且由于其资本强度，这种系统的学习曲线更加缓慢。[①] 让我们来考察北非的聚光太阳能热发电项目，这个项目会向欧洲市场输送电力。只需一次简单的恐怖袭击、意外事故，或者是一次恶劣的天气事件，那些在两个大陆之间输送电力的高压运输线就会轻而易举地遭到破坏。并且，长距离的输电网络也会导致相当大的效能损耗。

像太阳能板、径流式水电站坝和住宅式风力涡轮机等小规模的、分散的、模块化的可再生能源系统是更加灵活和有效的选择。这些系统能够在几乎任何地方，以任何的配置安装，并且能够被任何人拥有和使用，特别是私房屋主、合作性组织、酒店、医院和小型企业。这种自下而上的系统改善了能源的安全性而不是降低了其效率，此外，它还能够在靠近能源消费者的地方提供能源，这样就能提高其可靠性。

另外，在快速传输方面，许多极其成功的例子所涉及的并非宏伟、昂贵的上亿瓦的发电站，而是小规模的、有着快速学习曲线的能源系统。比如在中国家用燃气灶的使用[②]，在肯尼亚太阳能电池板的应用[③]，在孟加拉国沼气池的普及。[④] 诚然，这两种形式的技术——大型的、集成的可再生能源发电站以及小型的、独立的能源系统——都会在未来的电力系统中得到应用，但是后者无法在区域规模上实施。它们可以且应该在个人、街道和城市的规模上实施。

---

① Amory Lovins, E. Kyle Datta, Thomas Feiler, and Andre Lehmann et al., *Small is Profitable: The Hidden Benefits of Making Electrical Resources the Right Size*, Snowmass: Rocky Mountain Institute, 2002; Jane Summerton and Ted K Bradshaw, "Towards a Dispersed Electrical System: Challenges to the Grid", *Energy Policy*, January/February 1991.

② K. R. Smith, Gu Shuhua, Huang Kun and Qiu Daxiong, "One Hundred Million Improved Cookstoves in China: How Was It Done?", *World Development*, 21 (6), 1993, pp. 941–961.

③ R. R. Acker and D. Kammen, "The Quiet (Energy) Revolution: The Diffusion of Photovoltaic Power Systems in Kenya", *Energy Policy*, 24, 1996, pp. 81–111.

④ MMG Hossain, "Improved Cookstove and Biogas Programs in Bangladesh", *Energy for Sustainable Development*, 7 (2), 2003, pp. 97–100.

四、结论：全球能源治理的发展前景

无疑，全球能源治理是一个极其复杂的主题，它将能源技术、能源规则以及从事能源生产和使用的许多不同行为体综合在一起。我们需要在自然以及能源和气候治理的范围与挑战等各个方面进行一次有效的对话。然而，如果我们要真正对那些由能源安全恶化和温室气体排放增加而引发的治理问题做出回应，就需要更加细致和谨慎的评估，并且摒弃错误的观念。

诺贝尔奖得主奥斯特罗姆为我们提供了一个有关全球能源治理创造性思维的典范，并为我们开拓了一个有探索前景的领域。她认为，能够创造最佳治理模式的并非一种规模治理，而是多种规模治理的结合体，奥斯特罗姆将这种结合体称为"多中心治理"。[①] 多中心治理意味着在众多不同规模的治理之间的能源共享必须交织得毫无缝隙，这样就会产生一种"多中心结构"或"嵌套结构"，这种结构包括许多官方机构和重叠管辖区。自上而下的集中化管理、自下而上的分散式管理，甚至自由市场私有化，这些传统的管理模式各自都有着不可避免的缺陷，而这就是多中心治理存在的理由。[②] 已有迹象表明，多中心治理不是纯粹的区域性或地方性的治理途径，而是能够鼓励多元化、促进多元性、加强应对能源与气候难题时的问责制度。[③] 在这种情况下，仅仅依赖区域规模的能源治理会忽视其与其他规模治理以及其他行为体相互

---

① Elinor Ostrom, "The Governance Challenge: Matching Institutions to the Structure of Socio-Ecological Systems", in Simon Levin (ed.), *The Princeton Guide to Ecology*, Trenton, NJ: Princeton University Press, 2009.

② B. K. Sovacool, "An International Comparison of Four Polycentric Approaches to Climate and Energy Governance", *Energy Policy*, 39 (6), 2011, pp. 3832 - 3844.

③ See Elinor Ostrom, "The Governance Challenge: Matching Institutions to the Structure of Socio-Ecological Systems"; Adrian Smith, "Emerging In Between: The Multi-Level Governance of Renewable Energy in the English Regions", *Energy Policy*, 35, 2007 pp. 6266 - 6280; Krister P. Andersson and Elinor Ostrom, "Analyzing Decentralized Resource Regimes from a Polycentric Perspective", *Policy Sciences*, 41, 2008, pp. 71 - 93; and Ora-Om Poocharoen and BK Sovacool, "Exploring the Challenges of Energy and Resources Network Governance", *Energy Policy*, 42, 2012, pp. 409 - 418.

作用而产生的益处。

另一个有着探索前景的领域是有关混合实体以及合作伙伴的能源治理模式。在当今的全球能源舞台上，公私伙伴关系大行其道。到目前为止，公私伙伴关系是增长速度最快的治理模式，这意味着它们能够在其他治理结构无法成功的地方获得成功。考虑到伙伴关系模式在吸引私人资本投资、提高资源高效利用以及将预算资产最大化等方面的能力，这种模式似乎非常适合用来处理各种能源方面的挑战与不安全因素。只要进行合理的构建，它们就能够调动私人资本，产生协同作用，以实现公众的目标与需求；并能够促进资源更加高效的利用，改善服务的提供；而且还能够减少腐败，维护利益相关者的利益。①

第三个有前景的领域包括监管协调与制度协同。联合国秘书长潘基文在2010年创建的伞状“联合国能源机制”促进了内部二十多个项目、部门和组织各自工作的协同。特别是，联合国能源机制已经着手管理各项有关2012年“人人享有可持续能源国际年”的活动。这项倡议致力于吸引各国政府、企业以及民间社会组织在2030年实现三个目标：普及现代能源服务，使全球能源密集度下降40%，使全球使用的可再生能源占到一次能源供应总量的30%。② 全球清洁炉灶联盟是由联合国与希拉里·克林顿支持成立的，旨在通过协调各方努力来向众多私人、公有，以及非营利行为体

① See Klaus Felsinger, *The Public-Private Partnership Handbook*, Manila: Asian Development Bank, 2010; Marian Moszoro and Pawel Gasiorowski, “Optimal Capital Structure of Public-Private Partnerships”, *International Monetary Fund Working Paper WP/08/1*, New York: IMF, January 2008; J. Broadbent and R. Laughlin, “Public-Private Partnerships: An Introduction”, *Journal of Accounting, Auditing & Accountability*, 16 (3), 2003, pp. 332 – 341; M. Gerrard, “Public-Private Partnerships”, *Finance and Development*, 38 (3), 2001; P. Grout, “The Economics of Private Finance Initiatives”, *Oxford Review of Economic Policy*, 13 (4), 1997, pp. 53 – 66; P. Grout, “Public and Private Sector Discount Rates in Public-Private Partnerships”, *The Economic Journal*, 113, 2003, pp. 62 – 68; P. Vaillancourt-Rosenau, *Public-Private Policy Partnerships*, The MIT Press, Cambridge, 2000.

② United Nations Foundation, “2012 International Year of Sustainable Energy for All”, 2011, available at www. sustainableenergyforall. org/about.

推广高效节能的炉灶。[①] 绿色气候基金创立于2010年哥本哈根气候变化会议，致力于争取六种不同的大规模资金来源的巩固以缓解并适应气候变化。上述都是为了解决阻碍全球能源治理的分裂与不一致的相对成功的尝试。

最后一个有前景的领域可能是实质性地改善能源部门的透明度与信息披露。全球能源治理的种种努力必须与颇为严重的不透明做斗争。例如在石油部门，80%的石油储量由国有企业掌控，公众能够获得的有关这些实际储量的数据有限。我们已经开展了很多实验，通过运用披露机制来改善全球能源治理的各个方面，例如，国际能源论坛的联合石油数据库、采掘业透明度行动计划，以及由一个大型机构投资者联盟运营的碳披露计划。[②] 这些试验尽管存在缺陷，但是能为改善全球能源治理带来希望。

总的来说，我们需要多中心治理、伙伴关系、协调与披露机制等概念与分析，也需要其他能够认清种种集体行为困境和解释种种非技术障碍的概念与分析。我们需要摒弃那种断定欧洲经验能够普适于全球各地的武断认知，也需要那些能够直面种种国际环境条约失败的背后真相的评估。我们需要鼓励那些小型的、分散的能源系统，同样也需要助力大型的、集中的、商业化的能源系统。我们还需要把地方、区域以及全球范围的治理联系起来，以改进解决能源与气候问题的方法。只有当上述种种行动都开始付诸实施时，我们所急切需求的全球能源治理所带来的益处才能成为现实。

① Matthew Lee, "Clean Cookstoves: Hillary Clinton Fights Cooking Deaths in Developing World", 20 July 2011, available at www. huffingtonpost. com/2011/07/20/clean-cookstoves-hillary-clinton-cooking-deaths_n_904499. html.

② Ann Florini and Saleena Saleem, "Information Disclosure in Global Energy Governance", *Global Policy*, Special Issue on Global Energy Governance, September 2011, pp. 144 – 154.

气候变化与粮食安全*

[美] 布鲁斯·麦克卡尔　[美] 马里奥·费尔南德斯　[美] 詹森琼斯
[美] 玛塔·沃达兹　著　郑颖　刘仁胜　译**

在历史记录中，最热的十年中有九年都出现在过去的十年当中。另外，历史上高温排名第九的 2012 年，则出现在连续高出 20 世纪平均温度的第 36 年。同时，降雨格局正在发生变化，降雨普遍地趋于更加集中。诸如此类的气候变化对于农业的影响很大，而且是世界范围的。据美国国家海洋和大气管理局（US National Oceanic and Atmospheric Administration）估算，气候变化使美国西南地区 2011 年的干旱程度比通常情况下高出二十多倍。

同时，农业作为一个极易受气候变化影响的产业，其作用也发生了全球性变化。它不仅在提供粮食和纤维方面的作用仍然非常关键，而且在提供能源生产原料方面的重要性也日益增强。作为抵消温室气体排放的可能资源，农业也常被提及。

---

* 原文标题：Climate Change and Food Security，载 *Current Histoy*，January，2013。译文首次发表于《国外理论动态》2015 年第 9 期。

** 作者简介：布鲁斯·麦克卡尔（Bruce A. McCarl）、马里奥·费尔南德斯（Mario A. Fernandez）、詹森·琼斯（Jason P. H. Jones）、玛塔·沃达兹（Marta Wlodarz），美国得克萨斯州农工大学农业经济学系教授。译者简介：郑颖，中央编译局马克思主义文献信息部副编审；刘仁胜，中央编译局马克思主义研究部副研究员。

简而言之，气候趋势对农业的未来提出了诸多关键性问题，如气候变化对农业产量有何影响？是否意味着农业无法满足未来的粮食需求？诸多国家为了减少气候变化对农业的破坏性影响可以做出哪些努力？

为了正确理解这些问题，有必要提及气候变化的两个基本特征。第一，大量的证据表明，气候变化可能使环境变得更热，而且总体上更加潮湿，天气更加多变；第二，气候变化是否具有统一的地理影响，该问题目前仍未可知。当大多数地区预计更热且环境更加多变的时候，某些地区则可能更加干燥，而其他地区却更加潮湿。

一、肇因

不断变化的气候确实改变了农业生产力。极端炎热和极端寒冷，以及极端潮湿和极端干燥的诸多环境，都不适合种植农作物。农作物在温度和降雨量变化幅度不大的条件下会生长得很好。温度和降雨条件随着地理位置的变化而变化：靠近两极的环境普遍很冷，而靠近赤道的环境则很热。并非所有的农作物都需要同样的温度条件：比如，小麦适宜于种植在更冷的环境中，棉花和水稻适宜于种植在更热的环境中，而玉米和大豆则适宜于种植在温和的环境中。这就意味着，变暖的气候将对某些农作物和地区有益，而对其他农作物和地区则有害。这也将改变农作物生产的地理分布，从而导致目前的农作物种植范围普遍向两极方向位移。

二氧化碳也是影响农业生产的一个相关因素。大量的科学证据表明，当今的气候变化在很大程度上是由大气中温室气体浓度的不断增加所致。温室气体中含量最丰富的二氧化碳的增加，刺激了某些种类农作物（如水稻、小麦、大麦、燕麦、大豆、马铃薯和多数水果等三碳作物）的生长，而其他种类的农作物（如玉米、甘蔗、高粱、谷子和某些草类等四碳作物）尽管没有受到很大刺激，不过（由温室效应可能带来的降雨会让它们）比在干旱环境中生长得更好。二氧化碳对农作物产量的影响也并不完全是正面的，比如，杂草的竞争力也将被激发出来。在二氧化碳的作用下所提高的产量可以部分弥补单纯由温度和降雨量变化所造成的农作物减产。

然而，上述这些还远非是对农业具有重大影响的全部气候变化因素。因冰雪融化和海洋热膨胀而导致的海平面上升，将可能淹没大量的农业用地。此外，气候变暖对于虫害的范围等也有重大影响。诸多观测资料表明，杂草和害虫在较热的地区对农作物带来的损失比较大，这预示着受灾区域将随着气候变暖而扩大。极端春寒期的出现频率在降低，这也能够导致害虫蔓延，在北美的森林中已经出现了这种情况——破坏性松小蠹虫已经广泛蔓延。

极端气候现象——比如，干旱、洪水、热浪和酷寒——预计将会增加，而且这将导致农业产量降低且不稳定，同时也将诱发更加频繁的饥荒，以及土地不再种植农作物而改作他用。联合国政府间气候变化专门委员会（IPCC）近期发布的一份关于极端气候现象的报告认为，干旱可能在世界许多地区更加严重。这可能降低粮食产量，并导致国内和国际粮食价格的上涨，正如在2012年所见到的那样。那些已经将很大一部分收入花费在食品上的国家中的居民将受到非常严重的影响，如导致营养不良和贫困加剧。政府间气候变化专门委员会关于极端气候的报告指出了许多热浪出现的可能性。这些热浪的出现将对水资源利用、提高农作物和家畜产量带来挑战。该委员会也提供了特大暴雨——相对于全部降雨——的比例在上升的证据。这些暴雨将增加土壤和肥料的流失，从而导致水污染和藻类过度繁殖。

导致气候变化的原因并不是单一的。地球气候根据季节、年度等基准的不同而始终表现出巨大的自然差异性。这些差异源自大气、海洋、陆地、海冰、冰川以及其他因素内部和它们之间的相互作用。一种被广泛讨论的、关于年度间气候变化的原因就是厄尔尼诺现象。源于海洋和大气之间相互作用而产生的厄尔尼诺现象导致了高空高速气流的变化——对大面积地区的气候产生影响。比如，厄尔尼诺和拉尼娜现象在美国得克萨斯州的出现一直都与历史记录中最干旱的年份相关联，包括创纪录的2011年大旱。

海洋和大气之间的相互作用也是气候变化的部分成因，包括诸如北大西洋涛动等现象。有趣的是，一些分析者预测，气候变化力量与以极端厄尔尼诺为例的海洋现象之间的相互作用，正变得愈加普遍和更加强烈。然而，这种情况是否会发生还没有定论。

二、农作物和家畜产量

鉴于气候变化影响和自然差异性以及农业对气候的巨大依赖，人们确实有理由担忧。而且，这种担忧已经被当前农业产量的变化趋势所验证。

近年来，气候变化给农业产量带来了巨大的影响。以美国为例，在2011年美国西南地区大干旱期间，40%的棉花作物被放弃，因其预期产量不值得收获。家畜也被大量地卖掉。许多地区的灌溉者们发现，他们抽出来的水不足以灌概极度干旱的土地。该次干旱的净损失估计达到74亿美元。此后，2012年美国中部地区的干旱又导致玉米作物比预期减产了25%，玉米价格也接近翻番。

上述情况在发展中国家中也非常明显。在诸多艰难维生的地区，干旱条件在某些情况下已经导致饥荒的广泛蔓延。而在无法向外运输商品的市场中，极端多雨和适宜的条件则会引起供给过剩，从而导致价格崩溃。

气候变化对农业产量的某些破坏性影响可以通过技术进步而得以抵消。实际上，研发投入和技术推广所带来的农作物产量增长一直都是农业的主要特征之一。在某些地区，粮食供给速度超过本国人口增长速度的情况导致了粮食实际价格的下降和国家粮食出口能力的提高。

然而近年来，粮食产量的增长速度在全面下降。以美国为例，直到20世纪70年代，玉米产量每年的增速都超过3%，而当前的增速则低于1.7%。这是由许多复杂的因素所致，包括用于增产的投资的减少。但是，气候变化确实是其中一项因素，并且将来也会是。这预示着，未来粮食产量的增长将低于需求的增长，而且农业满足目前多重需求的能力也会受到限制。这也要求我们对诸如研究和技术推广等提高农业劳动生产率的诸多因素进行更大规模的投资。

气候变化和气候差异对于农业的诸多影响，由于不同的土壤特性、地区气候和社会经济条件，在美国和美国以外的地区显示出非常大的地理差异。

比如，根据政府间气候变化专门委员会报告的预测，撒哈拉以南非洲地区的旱地作物的农业产量在2020年之前将会下降高达50%。非洲和拉丁美洲的旱地作物的产量，在2050年之前预计将下降10%到20%。然而，在中国的黄土高原，玉米产量在2070年至2099年之间预计将增加大约60%。澳大利亚南部的小麦产量，预计在2050年之前将下降13.5%至32%，然而，同期瑞典南部的冬麦产量将增长10%到20%。

在美国伊利诺伊和印第安纳地区，由于每日最高气温的增长，一些分析者预测，长季节玉米产量在2030年至2095年将下降10%到50%。然而，美国大平原地区的玉米产量，预计在2030年之前将增长25%，在2095年之前将增长36%。在2050年之前，气温升高9—11华氏度可能会导致阿巴拉契亚地区、东南地区（包括密西西比三角洲）和南方平原地区的母牛、牛崽和乳制品等畜牧业产量平均降低10%。

同时，水资源将日益成为重要问题。政府间气候变化专门委员会的预测表明，某些中纬度的干旱地区和干旱的热带地区，在2050年之前将经历水资源可利用率降低10%到30%的情况。而高纬度地区和某些多雨的热带地区的水资源供应同期将增加10%到40%。同样，部分严重缺水的河流盆地预计将增加。一方面，诸如此类的影响在发展中国家比发达国家更加普遍；另一方面，全球气候变暖可能使接近两极的地区寒冷的天气越来越少。

由于业已炎热的地区变得更加炎热，牛和猪的食量将不如往常，因为高温抑制了它们的食欲，这将影响它们的生长速度。另外，有证据表明，较高的平均气温会导致牲畜出生率下降，降低牛奶和羊毛的产量。美国农业部的一项研究估计，过多的酷热将导致牛肉行业每年损失3.7亿美元，这将可能导致家畜生产地区向两极地区大规模转移。

草料的性能也将成为一个问题。在业已炎热的地区更加炎热的情况下，草料的质量在退化，其蛋白质含量在减少。同样，草和干草预计将以较慢的速度增长，这样，每单位土地上的载畜量将可能下降。

家畜疾病和虫害预计将变得更加普遍。比如，较高的气温能够增加禽流感爆发的概率，增加对家禽和人类的威胁。2005年至2006年，沙漠蝗虫的入侵对尼日尔的牧场造成了大规模的破坏，严重的粮食危机也随之而来，大约有400万人口面临长期饥荒。

水资源和气候变化对农业的影响加剧了确保粮食安全和减少贫困的挑战。

三、适应与减缓

政府间气候变化专门委员会2007年的报告确认了应对气候变化对农业影响的两种基本行动方式。第一，人类社会可以改变农业生产方式，以适应气候变化；第二，人类社会可以行动起来减少温室气体排放，努力减缓（或者限制）未来气候变化的程度。气候变化可能对农业造成负面影响，而人类却没有找到解决的办法。

为了应对不断变化的气候条件，政策制定者们需要对其国家或地区在未来所要面对的诸多危机具有清醒的认识。这些危机的程度普遍无法确定。按照惯例，我们都将历史上的气候现象作为预测的起点。亦即，我们的典型做法是：假定任何在过去发生的气候周期或现象都将可能再次发生（比如，百年一遇的洪水）。这在早期是一种合理的方法，但是，因为气候的变化，重复过去的现象在未来可能不会出现。

气候变化改变了干旱、热浪和洪水的变化规律。这不仅会影响未来农作物和家畜的平均产量，也将使每年的产量变化更加不确定。如此一来，以下的假设可能并不合时宜，即在过去一百年中曾经出现的某种特定程度的洪水或干旱将在未来以同样的频率出现。

农业可以通过改变生产管理和生产地点来适应气候变化。实际上，适应在农业中并不是一个新概念。任何地区的生产者都会面对气候、害虫、水资源利用、需求、土地适宜性、环境规划和市场竞争等当地现状。因此，他们要选择农作物与家畜的适当搭配以及相应的管理技术，以适应这些状况。比如，正如我们所注意到的那样，种植水稻和棉花的地区通常比种植小麦的地区要炎热。随着气温的升高，将受负面影响的农作物向着两极方向重新选择种植地，就是一种有效的适应方式。

同时，选择那些对炎热和干旱更具有抵抗力的动物、农作物和草料种类或者品种都将更为合适——再加上灌溉措施和为动物提供遮阳设施。这些都将有助于提高农业的适应性，但不可能缓解一些生态脆弱地区的诸多困境。在这些地区，缺少诸如可用资本、可用信息等资源。此外，某些行动的不可行性，也阻碍了农业适应性的提高。

总体而言，适应在本质上是个人的和自发的，或是公共的。生产者经常自发地采取适应措施。比如，较热的气候条件在历史上已经导致农作物种植区域的改变。在美国，相较 20 世纪最初几年，玉米和大豆的地理种植中心至 1990 年已向西南移动了大约 120 英里。最新的数据显示，自 1990 年以来，这一种植中心进一步向西北方向移动了超过 75 英里。

四、政策与战略

另一方面，政府公共支持的适应措施应是那些超出个人能力，或者对个人而言过于昂贵而无法投资，或者曾经开发出来但并非个人能够取得专利且被其他使用者支付费用的措施。公共适应性的范围广泛，包括从开发耐热农作物和家畜品种，到向需要知识以便采取适应措施的人口推广气候预测信息。

例如，美国国家航空航天局、国家海洋和大气管理局以及美国地质勘探局，都已经利用能观测到土壤湿度和农作物健康状况的卫星信息发明了饥荒早期预警系统。该系统有助于农场主们适应预报中不利的气候变化，并降低极端状况所造成的损失。

公共支持的适应措施，也包括发展诸如降低农场主风险的金融制度，或者执行更有利于向因气候变化而导致减产的地区提供粮食的更加自由的贸易政策。但是，在这方面还存在一系列公共投资不足的危机。据世界银行估计，目前每年需要 90 亿到 400 亿美元的气候变化适应资金。联合国粮农组织表示，其 2011 年已经向世界各国发放了大约 2. 44 亿美元的资金。

气候变化的影响对于缺少适应能力的国家——主要是贫穷国家——所造成的农业损失最大。这类国家将面临长期干旱或者多年农作物歉收，其紧张的食品供应可能导致农业生产的崩溃、大规模的人口外迁、社会动荡和饥荒。气候变化影响的严重程度与以下诸多因素有关：可用于投资技术知识的人力和物质资源、人力资本、水资源和食品的储备、处理与分配。

五、生死攸关

越来越多的证据表明，当代和未来数代人的福利不仅高度依赖于大气中温室气体的浓度，也依赖于阻止和逆转温室气体累积所采取的诸多行动。在2012年，大气中二氧化碳的水平据测已经超过工业化之前的40%还多。农业本身是50%到70%的甲烷和一氧化二氮排放之源，大气中这些温室气体的浓度也已经显著增长。

农业可以通过以下措施减少温室气体的排放量：（1）增加碳储存（碳汇），增加植树，减少耕耘，将农田转变为草地，或者设法增加土壤中的有机质。（2）减少化石燃料的使用，改变氮肥使用方式，更好地管理反刍动物和肥料，降低水稻的甲烷排放。（3）提供用于化石燃料的替代品，比如，生物质燃料可以替代液体能源和电力产品。

在考虑适应和减缓的过程中，我们必须认清以下事实，即某些环境适应性替代品在土地使用方面可能与粮食供应形成竞争。最近，玉米乙醇在美国的勃兴就是一个重要的例子：在2002年至2012年之间，乙醇消费占美国玉米作物的比例从大约6%扩大到接近40%，再加上其他诸多因素，导致了土地使用量增加、生产转向、粮食价格升高，在某种程度上也增加了粮食价格的不稳定性。

粮食价格的不断上升不是扩大减缓行动所导致的唯一问题。生物质生产和利用（比如，将玉米秸秆从田地中收走）的增加，导致了杀虫剂使用的增加、地下水的枯竭、土壤的侵蚀和生物多样性的减少。而且，日用品价格的上升也会促使国内和国际农用土地的扩张，从而导致森林砍伐速度的加快和相关碳汇的减少。

联合国粮农组织的数据显示，世界农业生产在过去的50年中增长了一倍多，在发展中国家中则增长了三倍多。可用粮食的数量稳步增长，使得满足基本营养需求的人口比例在不断扩大。在之前易于发生饥荒的地区，特别是非洲，农场主们管理技巧的提高、化肥和杀虫剂的使用以及灌溉，都对农作物产量的提高起到了一定作用。

尽管如此，据美国农业部估算，全球居民中仍然有 8.5 亿人目前无法获得可靠的粮食供应。乐施会（Oxfam）——国际性饥荒救济组织——预计，世界主要粮产品的价格在未来 20 年中将翻一番，其中，半数增长源于气候变化。这将可能导致重大的粮食安全问题，特别是在非洲、印度和东南亚诸多地区。

人口增长也是导致这一问题的重要原因。到 2050 年，世界预计将增加 33 亿人口。我们的挑战在于：既要养活这些人口，同时又要适应或者减缓气候变化。人口增长和气候变化的双重压力将进一步加重土地使用、水资源利用和粮食安全的压力。

气候变化对农业的影响，有可能影响到我们每一个人。然而，影响的程度将随着以下选择内容的不同而有所不同：我们所在的社会如何或者是否采取适应措施？我们如何或者是否采取全国性和国际性行动，通过减少大气中的温室气体浓度来限制其对农业影响的程度？适应和减缓都需要行动和投资，这将使我们彼此竞争，并与传统的生产和消费方式进行抗争。粮食安全在某些地区确实非常棘手。

气候变化的全球政治学：对政治科学的挑战*

［美］罗伯特·基欧汉　著　　谈　尧　谢来辉　译**

我很荣幸被选为2014年詹姆斯·麦迪逊讲座（James Madison Lecture）的演讲人。在考虑演讲主题时，我很快就决定要讨论气候变化的全球政治，因为气候变化正日益明显地成为我们这个时代的一个重大的政治、制度和生态挑战。覆盖格陵兰岛和南极洲的冰原正在明显融化，变暖的海洋面积扩大，海平面将会上升。气候变暖还可能会导致更强的风暴和其他形式的极端天气，农业生产将受到影响，尤其是在极端的气候变化条件下。这样的海平面上升可能导致洪涝地区的人口超过10亿，其中主要都在亚洲。气候变化的影响绝不仅仅是生活方式的轻微调整、季节性不适的增加以及植物群和动物群向两极迁移，而且是对人类生活以及自然生态的重大破坏。①

鉴于气候问题的量级，在我们看到政治科学作为一门学科反应极为迟缓时，

---

* 原文标题：The Global Politics of Climate Change: Challenge for Political Science，载 *Political Science & Politics*, 2015, 48 (1), pp. 19－26。译文首次发表于《国外理论动态》2016年第3期。

** 作者简介：罗伯特·基欧汉（Robert O. Keohane），美国普林斯顿大学伍德罗·威尔逊公共与国际事务学院教授。译者简介：谈尧，中南财经政法大学工商管理学院博士研究生；谢来辉，中国社会科学院亚太与全球战略研究院助理研究员。

① 关于气候变化科学的最新文献是政府间气候变化专门委员会在2014年发布的三卷第五次评估报告。

难免觉得沮丧。黛布拉·贾夫林（Debra Javeline）的研究揭示了这一不幸的事实：虽然科学家们正在开展关于适应气候变化问题的大量研究工作，尽管有关适应问题的政治学极具重要性，但是政治学家几乎没有任何贡献。贾夫林列出15个与政治学相关的话题，其中没有任何一个在出版文献中得到深度探索。[①]

在减排问题上，美国当代政治科学的表现一直不太好。经济学家已做出了重要贡献。[②] 埃莉诺·奥斯特罗姆是一位研究全球公共问题的先驱，她在人生的最后阶段将目光转向用多中心方法研究气候变化。[③] 一些欧洲政治科学家则更积极地去分析这些问题。[④] 在美国，尽管有一些资深政治科学家做出了突出贡献，然而人数仍不多。一直以来，在气候问题上提供主要观点的有戴维·维克多（David G. Victor）[⑤]，同时奥兰·杨（Oran Young）也是一位用复杂的政治科学研究全球环境问题的先驱。[⑥] 尽管对人类未来而言，气候变化至

---

① Debra Javeline, "The Most Important Topic Political Scientists Are not Studying: Adaptation to Climate Change", *Perspectives on Politics*, Vol. 12, 2014, pp. 420 – 434.

② Scott Barrett, *Environment and Statecraft*, Oxford: Oxford University Press, 2003; Joseph E. Aldy and Robert Stavins (eds.), *Architectures of Agreement: Addressing Global Climate Change in the Post-Kyoto World*, Cambridge: Cambridge University Press, 2007; William Nordhaus, *The Climate Casino: Risk, Uncertainty and Economics for a Warming World*, New Haven, CT: Yale University Press, 2014.

③ Elinor Ostrom, "A Polycentric Approach for Coping with Climate Change", Policy Research Working Paper 5095, The World Bank, October 2009.（本文已被译为中文：《应对气候变化问题的多中心治理体制》，谢来辉译，《国外理论动态》2013 年第 2 期。——译者注）

④ 例如参见 Michele Battig and Thomas Bernauer, "National Institutions and Global Public Goods: Are Democracies More Cooperative in Climate Change Policy?", *International Organization*, Vol. 63, No. 2, 2009, pp. 281 – 308; Frank Biermann, Philipp Patterg and Fariborz Zelli, *Global Climate Governance beyond 2012: Architecture, Agency and Adaptation*, Cambridge: Cam-bridge University Press, 2010。

⑤ David G. Victor, *The Collapse of the Kyoto Protocol and the Struggle to Slow Global Warming*, Princeton, NJ: Princeton University Press, 2001; David G. Victor, *Global Warming Gridlock; Creating More Effective Strategies for Protecting the Planet*, Cambridge: Cambridge University Press, 2011.

⑥ Oran R. Young, *International Cooperation: Building Regimes for Natural Resources and the Environment*, Ithaca, NY: Cornell University Press, 1989; Michael Aklin and Johannes Urpelainen, "Political Competition, Path Dependence, and the Strategy of Sustainable Energy Transitions", *American Journal of Political Science*, 57 (3), 2013, pp. 643 – 658; Matthew J. Hoffmann, *Climate Governance at the Crossroads: Experimenting with a Global Response after Kyoto*, Oxford: Oxford University Press, 2011; Ronald Mitchell, *International Politics and the Environment*, Thousand Oaks, CA: Sage Publications, 2010; Roberts, J. Timmons and Bradley C. Parks, *A Climate of Injustice: Global Inequality, North-South Politics, and Climate Policy*, Cambridge, MA: MIT Press, 2007.

少应和诸如国际贸易和人权等目前关注度较高的其他主题一样重要，但是在美国大学的政治学科院系中，极少有以气候变化为主要研究方向的教职人员。同政治学之前对地球生存威胁（比如核战争）给予的巨大关注相比，政治学界对气候变化的关注至少直到最近仍比较薄弱。

但希望还是有的。杰西卡·格林（Jessica Green）最近就写了一本关于私人机构在全球环境治理中的角色的好书。[①] 斯蒂芬·安索拉比赫（Stephen Ansolabehere）和戴维·科尼斯基（David Konisky）深度考察了美国公众对能源和气候变化问题的看法。[②] 一群相对年轻的政治学家刚刚发表了或者即将发表重要的新成果。[③] 而且可能还有更多即将出现的成果。[④] 自2001年起，麻省理工学院出版社开始出版《全球环境政治》（*Global Environmental Politics*），这是一本充满活力的杂志。以上成果大部分都是由相对年轻的学者完成的，这令人备受鼓舞。我希望在这个主题下有更多的重要成果来自政治学家。

当我选择气候变化作为这次詹姆斯·麦迪逊演讲的主题时，我的第一个冲动就是重读《联邦党人文集》。我非常佩服麦迪逊这位政治理论家，他清楚地了解自身利益在政治中的作用和个人激励行为的重要性。正是《联邦党人文集》这一具有里程碑意义的著作最终启发罗伯特·达尔（Robert Dahl）发

---

① Jessica F. Green, *Rethinking Private Authority: Agents and Entrepreneurs in Global Environmental Governance*, Princeton, NJ: Princeton University Press, 2014.

② Stephen Ansolabehere and David M. Konisky, *Cheap and Clean: How Americans Think about Energy in the Age of Global Warming*, Cambridge, MA: MIT Press, 2014.

③ Harriet Bulkeley, Liliana Andonova, Michelem M. Betsill, Danial Compagnon, Thomas Hale, Matthew J. Hoffmann, Peter Newell, Matthew Paterson, and Stacy D. Van Deveer, *Transnational Climate Change Governance*, Cambridge: Cambridge University Press, 2014; Jennifer Hadden, *Networks in Contention: The Divisive Politics of Climate Change*, Cambridge: Cambridge University Press, 2015; Thomas Hale and Charles Roger, "Orchestration and Transnational Climate Governance", *review of International Organizations*, Vol. 9, No. 1, 2014, pp. 59 – 82; Charles Roger, Thomas Hale, and Liliana Andonova, "How Does Domestic Politics Condition Participation in Transnational Climate Governance?", paper presented at the International Studies Association Convention, Toronto, March 26 – 29, 2014.

④ 在法学期刊上有大量文献，其中有一些很好的政治学家的观点，比如 Kenneth W. Abbott, "Strengthening the Transnational Regime Complex for Climate Change", *Transnational Environmental Law*, Vol. 3, No. 1, 2014, pp. 57 – 88。

展出了多元政治理论的成果。

但让我惊讶的是，当我重读《联邦党人文集》时，我并没有找到什么新思路能够用于分析气候变化问题。事实上，最令我沮丧的是文集中缺乏与气候变化问题相关的政治分析。《联邦党人文集》的政治主要源于个人在既定的制度框架下对自身利益的评估和对这些利益的追求。通常这些人缺乏良好的判断，尤其是他们往往仅仅出于虚幻的恐惧就反对宪法，所以他们并非完全理性。此外，在对待公共利益的问题上几乎没有什么人是可靠的："掌舵的并不总是开明的政治家。"因此，必须精心构建制度，以防范"彼此的野心和嫉妒"，从而使"野心对抗野心"。[①]

本文的观点和《联邦党人文集》有相似之处：我试图思考如何设计才能创造激励机制的政策和制度，它们以已知的自利而非利他主义为基础，通过有效的运作以减缓气候变化，但是我分析所需的另外两个关键部分在《联邦党人文集》中找不到。文集中没有涉及我们所谓的公共物品，也几乎没有关注过任何不确定性问题。联邦党人所关心的问题都源于个人的日常经历，既不需要专业技术，也不需要让公众去理解复杂的科学问题。

因此，我最初以为麦迪逊已有的思路能够直接用于气候变化，但这已被证明是错误的。当一个人带着气候问题重读《联邦党人文集》时，就能发现对公共物品和不确定问题关注的缺失。即使是在麦迪逊讲座上，为了找到解决气候问题的思路，我们也不得不另觅出处。

一、应对气候变化：五种框架、五种不同的政治学

气候变化是一个全球性的问题，但有效的行动需要各国政府同意共同实施，所以国内和国际政治都需要考虑在内。应对气候变化政策的政治经济学很大程度上取决于所提出的政策。下面我们将会看到，五种不同政策组合将

① Andrew Hamilton, John Jay and James Madison, *The Federalist* (*1787 - 1788*), edited by Jacob E. Cooke, Middletown, CT: Wesleyan University Press, 1961, pp. 10, 8, 51.

产生五种不同的“政策框架”。关键的一点是，每种框架都会产生一种独特的政治类型，包括国际和国内层面。[①] 这五种政策框架分别是：（1）减缓（排放限制），由当前的消费者和纳税人——在民主国家意味着选民——承担成本；（2）适应，这样人类才能在气候变暖的条件下生存；（3）新建基础设施，用于提供零碳排放的电力甚至通过所谓的直接空气捕捉（direct air capture）技术从空气中移除二氧化碳；（4）太阳辐射管理，在大气层中投放颗粒物以反射太阳光，降低地球的温度；（5）构造减缓政策以减少给予反对者的激励机制。

上述五种政策框架之间并非相互排斥。事实上，我们可以期待它们的某种结合。但是这些框架本身能导致截然不同的政治。那些给当前选民强加成本的减缓政策将产生恶性激励：每个人都有逃避的动机而会导致其他人承担更大份额的成本。也就是说，这种《京都议定书》式的政治提议传递出一种行动过少的倾向。正如五年前麦克·休姆（Mike Hulme）所言，把气候变化建构成一个特大问题已经“让我们走上歧途……创造了大量的政治僵局”。[②] 国际谈判极其复杂，从国内政治的角度来看，我们已经把气候变化建构为一个需要目前这代人中的中间选民（median voter）付出越来越多代价的全球减缓问题。

其后果就是一种行动过少的恶性政治。在政治学家看来，这个过程有点像开车撞墙，而不是绕墙而过。其他框架是否更利于有效行动呢？由于减排对解决气候问题尤为重要，我也试图探讨：我们应该如何重塑减缓问题的政策框架？但我的问题首先是：如果从减缓彻底转移到另一个政策框架中，比如适应、基础设施建设或太阳辐射管理，我们是否也能取得进展？

之所以需要考虑在气候问题上换新框架，其关键原因在于，那种导致行动过少的倾向并非必然存在于所有应对气候变化的措施中。事实上，在适应

① 该基本观点并非原创。经典文献是 Theodore J. Lowi，“American Business，Case-Studies，and Political Theory”，*World Politics*，1964，Vol. 16，No. 4，pp. 677 - 715。

② Mike Hulme，*Why We Disagree about Climate Change*，Cambridge：Cambridge University Press，2009.

问题以及诸如直接空气捕捉和太阳辐射管理等涉及基础设施建设等政策的措施上，这种倾向并不明显。而且，后面我也将谈到，这种恶性政治在减缓框架中也不是固有的，只是在政策框架需要将减排成本强加于当前选民时才会出现。如果激励问题得到关注，减缓框架下的政治也会有很大转变。

我的论题是：像政治学家一样思考气候变化问题更有利于打造公共政策方面的良策。我和麦迪逊一样，强调激励对于政治参与者的作用，同时要认真对待他们的规范信念，也不要忽视他们对于模棱两可形势的解读方式。①

二、将气候变化问题建构成一个忽视激励的全球减排问题：行动过少

从一开始，主张对人类引发的气候变化采取有效行动的人们就很关注全球治理。在20世纪80年代末，在首次开展公共行动应对气候变化的头10年里，他们就创设了一系列令人称道的机构。政府间气候变化委员会（IPCC）进行科学研究和报告，《联合国气候变化框架公约》下的各国能够且必须通过达成共识来设定有约束力的行动规则，尽管这个过程会很艰难。公约下的《京都议定书》明确了相关的规则以及这些规则如何适用于各国。

在此期间，越来越多的科学界人士对于气候威胁严重性的共识日益增长。IPCC最新的报告提到："近几十年来，气候变化已对所有大陆及海洋的自然和人类系统造成了影响。"② 当前，人们对人为造成气候变化事实的不确定性在减少，但是对气候变化影响幅度的不确定性却在上升。例如，与10年前相

① 关于激励所涉及的规范性问题（包括何时激励才能成为最佳路径，以及在何种条件下激励附加的条件才有正当性等）的深入思考，可以参见 Ruth Grant, *Strings Attached: Untangling the Ethics of Incentives*, Princeton, NJ: Princeton University Press, 2012。这位作者写道："激励并不能只是作为决策者工具箱中的工具。"人们也必须关注激励本身，虽然这并非充分条件。

② Intergovernmental Panel on Climate Change (IPCC), AR5, 2014, Reports of Working Groups I, II, and III and Summary for Policymakers, http://www.ipcc.ch/report/ar5/. p. 6.

比，科学家们更难以确定南极和格陵兰岛的冰盖是否会变得不稳定，并导致大范围的海平面上升。坏消息不断传来。

京都气候大会自召开至今已经17载，然而所有致力于构建一个全球气候变化治理体系的努力仍未能取得成功，只是形成了一个气候变化治理方面的规制复合体，而不是一个完整一致的国际治理体系。① 尽管欧盟已经实施了碳定价政策，不过价格很低，截至2014年冬，每吨碳的交易价格还不到10美元。与此同时，印度和中国等发展中国家仍在新建大量的燃煤电厂。美国和中国这两个最大的排放国都还没有就气候变化进行严格立法，而部分曾经加入《京都议定书》的国家，比如加拿大和日本，反而削减了它们的气候政策目标。近来，主张在气候问题上采取积极行动的人们也已降低了他们的期望，转而寻求在缺乏最大国家的全面监管或完整的国际规制的情况下通过自下而上的战略来获取某些成果。

不解决激励机制而将气候变化建构为一个减缓问题，会恶化固有的公共产品问题。事实上，世界上每个人都将从阻止气温快速升高及其衍生的气候紊乱的有效监管中受益。但不幸的是，每个人都将无条件地受益，无论他们或他们的国家是否为解决这个问题做出过贡献。此外，减少化石燃料使用的代价也很高。如果每个人只是单纯付出，那么任何人都有动机拖延行动，寄希望于其他人去解决这个问题。这里存在一个严重的搭便车问题。

在世界政治层面，这种激励难题会因为其对国际贸易和就业的影响而进一步加剧：在一个开放贸易的世界，如果不对从管制宽松地区进口的产品征收特殊税费，那么那些没有对气候变化采取代价高昂的行动的国家将获得竞争优势。国际合作的失败是一种恶性均衡。

专制政体在气候变化上向来表现不佳，但是如果减缓问题被视为一种税

---

① Robert O. Keohane and David G. Victor, "The Regime Complex for Climate Change", *Perspectives on Politics*, Vol. 9, No. 1, 2011, pp. 7–23.（本文已经被译为中文：《气候变化的制度丛结》，刘昌义译，《国外理论动态》2013年第2期。——译者注）

收或者类似税收的政策，那么民主政体的表现也乏善可陈。[①] 2009 年美国的《清洁能源与安全法案》提出了总量限额与交易体系，并对碳排放进行了定价。该法案在众议院仅凭 7 票的微弱多数获得通过[②]，未能提交参议院。美国公众意见的调查显示，主流观点略倾向于原则上支持该法案，但是调查结果也显示气候变化监管在政策优先性的清单上一直处于靠后的位置。目前，奥巴马政府采取的最重要措施是限制新建煤电厂，而这是通过对现有的《清洁空气法案》进行法律解释后授权的行政行动，并非因为新的国会立法。

三个曾致力于强有力的气候变化政策的民主国家出尔反尔。加拿大于 2011 年 12 月正式退出《京都议定书》，并于 2012 年 12 月生效。加拿大 2009 年的碳排放总量比 1990 年的水平高出 17%，而《京都议定书》要求其到 2012 年年底将排放水平比 1990 年降低 6%。[③] 日本在气候问题上也不再是一个领导者，而当前的澳大利亚政府也撤销了前任政府强有力的政策。

民主是一种能够代表（企业、协会、退休人员）有组织的利益的有效政府形式。但是它不能解决国际层面搭便车的问题，也不能确保代表分散的利益，尤其较少代表未来世代的利益。因此，关于碳税或类似税赋的提案会有三大阻碍：它们让当代人付出成本，却让未来世代受益；它们要超越早已在美国根深蒂固的“不再增税”准则；它们还会从根本上威胁到既有的产业集团，而这些集团极可能会做出反击。企业家常常承诺，当他离任时，会留下一个比他接手时更好的企业。小布什政府时期的财政部长亨利·保尔森（Henry Paulson）曾借用这句话做了个类比，他认为气候变化已经危及我们给后代留下一个比我们发现它时更好的地球的能力。[④] 但是这个类比也不能解决搭便车的问题，与企业风险不同，气候变化的风险是分散的，解决气候变化

① Michele Battig and Thomas Bernauer, “National Institutions and Global Public Goods: Are Democracies More Cooperative in Climate Change Policy?”, *International Organization*, Vol. 63, No. 2, 2009, pp. 281 – 308. 他们认为，民主对政治承诺水平的影响是积极的，但是对于政策成果的影响并不确定。

② 2009 年 6 月 26 日，美国《清洁能源与安全法案》以 219 票对 212 票在众议院获得通过。

③ David Ljunggren and Randall Palmer, “Canada to Pull Out of Kyoto Protocol”, *Reuters*, *Financial Post*, December 13, 2011. Retrieved 12 May 2014.

④ Henry M. Jr. Paulson, “The Coming Climate Crash”, *New York Times*, June 21, 2014.

问题会使全世界的每一个人而不仅是做出努力的那些人受益。

主张通过征税或者总量限额交易政策来限制排放的人们，可能会寄希望于对气候变化问题之重要性的认识会引发全球民主社会和精英们产生一种强烈而健康的恐惧感。但是如果对社会和精英成员们缺乏直接的个人激励，那么这种情绪不太可能会诱发其经济和政治上的支付意愿，以便为世界每个人尤其是未来世代提供公共产品。

综上所述，我的观点是，将气候问题构建为一个需要当代中间选民为此增加支出的全球减缓政策框架的做法，将会导致一种不会产生太多减排行动的恶性政治。那么其他政策框架会有助于产生有效的行动吗？

三、将气候变化建构成一个适应问题：分配政治与不公平

适应（adaptation）意味着采取措施来降低应对气候变化的脆弱性。[①] 这些措施包括：在像伦敦和纽约这样的海滨城市建设阻挡风暴的堤岸，改变农业作物种植以适应温暖的气候，以及通过大型工程向加利福尼亚这样大量人口聚集却干旱的地区供水。由于适应措施的程度和可以尝试的类型有很多，适应气候变化对于政治科学而言是一片沃土。这里的“搭便车”问题大为缓解：人们都有行动的动力，因为他们的行为将有助于他们自己。

从政治的角度来看，为了适应而支出的费用完全不同于排放税或者因为总量限额交易政策而增高的能源价格。适应要求有新的基础设施建设，而这会带动就业并产生收益。事实上，适应完美地符合多元民主的最佳实践：直接对受影响最集中的有组织的利益群体做出反馈，并有明确的目标收益，同时也给予其他有组织的群体相应的收益。

因此，在国家或者国内层面将气候变化建构为一个适应问题，相较于将之建构成一个为了陌生而遥远的子孙利益的减缓政策，会带来更富成效的政

① Debra Javeline, “The Most Important Topic Political Scientists Are not Studying: Adaptation to Climate Change”, *Perspectives on Politics*, Vol. 12, 2014, pp. 420 - 434.

治。但是，全球层面的图景就不那么美好了。

一旦我们把焦点转移到适应，分配不平等问题就会取代公共产品问题，脱颖而出。适应能力较弱的贫困国家，特别是小岛国和类似孟加拉这样的低洼国，将会涌现很多极其严重的问题。通常情况下，贫困的经济体更依赖户外活动，比如农业、渔业和林业，而这些产业面对气候变化尤其脆弱。

这种分配上的不平等将会导致某种不同的政治：不发达国家渴求帮助，富裕国家也声称支持，却没多少实际的援助。尽管承诺要为帮助贫困国家而设立适应基金，但资助很可能会极少而且基本上掌控在捐助者手中。贫困国家面对微薄的资助将表示不满，而这种不满还会被现有的后殖民民族主义放大，因此更不愿采取能使全球受益的减缓措施。贫富矛盾会加剧，贫困国家的言论也会更激烈。有能力的国家会实施有效行动，但是全球层面上的不平等将会导致社会不公和政治纷争。

因此，在全球层面，适应的政治后果令人担忧。对于富裕国家而言，这可能是遭到反对较少的路径，因为其国内政治是良性的。适应避免了全球"搭便车"的问题，它带来了就业和收益。因此在短期内，富裕国家极有可能通过适应来降低气候变化对人民生活的影响。不幸的是，它将产生全球极度不平等的后果，并会在气候变化脆弱的贫困国家的有识之士中间产生强烈的政治不满。从世界政治中合作的或稳定的互动模式以及地球的长远生态学的角度来看，适应是有害的。政治学家们需要去分析这些在适应方面具有潜在有害性的政治。

四、通过建设基础设施来减少气候变化

第三个可能的路径，正如近期一份能源气候方面的重要报告①所强调的，

① Global Commission on Energy and Climate, *Better Growth*, *Better Climate*: *The New Climate Economy Report*, available at http://static.newclimateeconomy.report/TheNewClimateEconomyReport.pdf., released September 15, 2014, accessed September 17, 2014.

需要通过新建大量的基建设施来提供清洁能源或从地球大气中去除二氧化碳。这些去除技术包括从煤电厂排放的烟道气中去除二氧化碳，或者直接从普通空气中去除，即所谓的“直接空气捕捉”。基础设施建设的政治与减缓和适应的政治截然不同。

如果建造的基础设施是为了从烟气或大气中去除二氧化碳，那么基本的公共物品问题还是会存在，因为这样做会削弱气候变化对每个人的影响，无论其是否有所贡献。如同在减缓框架下一样，一种强烈的恐惧感将会加大各国对该技术投入的可能性。但是一旦技术进步使得太阳能和风能与化石能源相比具有竞争力，那么这种公共物品问题就不会存在了，因为企业会出于自身利益考虑而有积极性去开发可再生能源发电。无论走哪条路线，通过适当合理的政治努力去资助大量的投资，就能够在相关产业引发由自身利益驱动的积极有力的支持行为。

一旦能建构一个大型的“气候—工业综合体”（climate-industrial complex），无论是国家层面还是多边层面，也无论是在清洁能源生产领域还是二氧化碳去除领域，大量的、持续的支出势头将会因为符合相关产业的利益而持续下去。也许最合适的类比是美国在1950年到冷战结束之间以及在“9·11”恐怖袭击之后的国防政治。以上分析意味着“基础设施的政治”可能比京都进程中的减缓政治要更好。一个新生的、以太阳能和风能为核心的清洁能源工业综合体已经诞生，但仍然非常弱小。

直接空气捕捉尚未能大规模地进行实验性展示，而美国物理科学学会的最新技术评估推测，即使是基于一些相当有利的假设，直接空气捕捉的成本也大约是从煤电厂烟气进行碳捕捉成本的8倍。该评估报告推测，与直接空气捕捉相比，90%的烟气能够以更低的成本实现捕捉。其中最根本的问题在于：大气中每2500个分子中只有一个是二氧化碳分子，其浓度只有煤电厂烟气二氧化碳含量的1/300。[①]

---

① “American Physical Society, Direct Air Capture of CO2 with Chemicals: A Technology Assessment for the American Physical Society Panel on Public Affairs”, June 1, 2011, available at www. aps. org.

直接空气捕捉和烟气去除等这种涉及“碳捕捉和封存”技术的良性政治也存在于其他技术上，比如摩洛哥建设大容量的太阳能电站，以及墨西哥建设海岸风电等等。所有这些技术都会产生有利于其自身扩张的利益。如果人们强调那些能创造工作机会的大型基建项目，那么气候变化的政治将可能被重构。[①]

五、把气候变化构建为一个太阳能辐射管理问题

当我们面临减缓带来的搭便车、不平等适应的非正义性以及有经济竞争力的低碳技术难以获得等问题时，就容易想到通过减少进入大气的太阳辐射来解决全球变暖问题。这样，地球温度就会显著下降。这种情形也会自然发生于大规模火山爆发向大气释放大量火山灰的时候。因此冷却地球的一种方式就是把粒子注入能将太阳光反射出地球的高层大气。

这种政策也有许多不确定性，它对大气内累积的二氧化碳影响不大。因此，与气候变化相关的某些进程（例如会破坏珊瑚礁的海水酸化）将会继续发展，虽然它们能阻止周边空气温度和海洋温度上升。从生态学的角度来看，太阳辐射管理只是被视为最后的手段，而且很多科学家对此也充满疑惧。

在此，我并不试图介入这种讨论，因为它的结论依据的是我所不具备的科学知识。相反，我想提出一组不一样且更偏向政治性的问题，太阳辐射管理的政治经济学有哪些表现?

对于民主政体的政治家以及致力于取得最大经济增长的威权政体领导人而言，太阳辐射管理可能极具吸引力。通过粗暴地压制由于二氧化碳浓度升高所导致的温度效应，该方法看似能在短期内解决全球变暖问题。对于民主政体的政治家而言，从选举角度看，其所需的时间相对较短。而且这种方法

---

① 关于各种有助于应对气候变化的可能措施方案，参见 Stephen Pacala and Robert Socolow，“Stabilization Wedges: Solving the Climate Problem for the Next 50 Years with Current Technologies”，*Science*，2004，Vol. 305，pp. 968 –972。

也可以很廉价，这一点对于发展迅速但仍相对贫困的国家的领导人而言极为重要。在民主国家，那些运用较为廉价的应对气候变化方案的政治家在竞选中很可能会胜过那些运用昂贵方案的政治家，尽管昂贵的方案可能在长期来看更具可持续性。虽然存在科学上的不确定性，但是合理使用太阳辐射管理可以为长期的更为有效的行动争取时间。

然而，只有一些强大的国家才能够承受住外部压力，以较低的成本实施这些措施。那些认为弱国也能单方面实施太阳辐射管理的观点，没有考虑到弱国可能会受到来自反对太阳辐射管理的强国或国家组织的强大压力。这种政治与前三种情形下的政治看起来可能完全不一样。事实上，这更像敌对国家和集团间的国际政治。反对者很可能会先尝试威吓，如果不行，甚至可能会动用军事手段，比如击落装载粒子进入高层大气的火箭。太阳辐射管理在国际层面的意义是消极的，就像气候变化的适应议题：在国内政治中是良性的，但在国际政治中却是恶性的。

在 21 世纪，我们不应低估某些强国或强国集团采用太阳辐射管理的可能性。开展大规模基础设施建设的成本高昂，但由于海平面上升威胁小岛国的生存并可能淹没重要城市，因而充分适应的可能性也不大。各国政府会尝试转向太阳辐射管理这种“灵丹妙药”，并使其合理化为一种争取时间的策略。

因此，现在应该开始考虑一种国际体系来控制应用太阳辐射管理。因为这些努力可能会影响到整个地球，所以应由一个具有合法权威的全球机构来决定，而不能由一个或几个强国来决定。安理会也许不是最好的选择，因为其陈旧的结构代表性不足，尤其是对印度和巴西等可以单方面进行太阳辐射管理的国家而言。因此，需要把上述这类国家纳入决策机构。这种管理体系还需要包含一个由公民社会团体组成的咨询委员会。组成委员会的公民社会团体由其他的公民社会团体通过制度化的程序选出，并应确保具有广泛的地域代表性。这种组织架构不应只停留在草图上；我们必须有更多的思考和研究，去创建一种政治上行之有效的制度设计。

过去 60 年来，政治科学对于军备控制问题的研究已经积累了大量的相关经验，可以用于太阳辐射管理的国际体系。对此，作为全球气候变化方面最领先的政治学家，戴维·维克多曾提醒我："对于那些听众中所有从事过军备控制研究、而且正在为缺乏新的管控体系可供研究而感到悲哀的人们，你们为什么不花点时间了解一下太阳能辐射管理?"

那种认为我们在气候变化议题上可能正在接近一种"宪法时刻"——类似1787年美国的宪法时刻——的观点过于乐观了。然而，现在正是去思考太阳辐射管理制度的时候，赶在政治利益和官僚压力累积之前。还有谁能比政治学家更适合于思考这样的体系呢?

六、在减缓的框架内进行重构

到目前为止，我们得到的还是一些相当黯淡无望的结论。迄今为止，《京都议定书》进程所推进的减缓努力在政治上是非良性的，因为它提供了错误的激励。适应也只是对气候变化的后果做出反应（而且主要是在地方层面），而不是指出根本原因。不仅如此，这种路径还会放大全球不平等，并且可能导致新的不满基础设施建设的方案成本高昂，而且还取决于开发和完善目前尚未具备的技术。单个国家实施太阳辐射管理会产生生态和政治方面的成本。构建一个针对太阳辐射管理的国际管理体系非常必要，但是考虑到相关的利益冲突，这也将是一个艰巨的任务。换句话说，这些路径中没有一个能够解决气候问题，甚至谈不上接近解决。这些困难促使我回到减缓框架，因为减缓是解决气候问题最明确的方式。有什么办法可以重塑减缓框架，使其具有正确的政治激励呢?

集权国家不太可能在气候问题上起带头作用；只要美国未能采取有效行动，它们就会有很好的一个借口，从而避免其声誉受损。美国的行动是中国这个最大的排放国重视减排的一个必要条件（可能不是充分条件）。因此，我把重点放在美国。

首先，美国马里兰州民主党众议员克里斯·范·霍林（Chris Van Hollen）最近向国会提交了一份名为"2014年健康气候和家庭安全法案"（Healthy Climateand Family Security Actof 2014）的提案。该提案建议向碳排放行业征税，并将全部征税所得通过直接电子退税的方式按人均标准返还给个人。尽管每个家庭的能源消费支出将会因此比现在更多，从而导致能源需求压力下降，但他们能从联邦政府拿到人均数额相同的支票作为补偿。能源大户会成为净支出者，而中等用户会成为净收入者。因为在美国，能源消耗就和收入一样极度不平等，绝大多数人都将会是净受益者。

换句话说，这种政策框架有潜力把那些不关心未来的中间选民从净支出者转变为净受益者，当然，我也希望他们同时会从增加能源价格的反对者转变为支持者。最新的研究成果对此给予了一定的支持：一项实验性调查统计表明，尽管绝大多数美国公众反对被征收碳税，但是如果能同时配有收入税收的减免，碳税的支持率就会显著上升。我认为，给每户发一张支票这种更为直观的福利，将更能给他们提供支持碳税的激励。不过，调查结果在很大程度上取决于问题的措辞和调查时机，所以过于看重调查结果也不太明智。此外，在为这种方法庆祝欢呼之前，我们也还需要认识到，鉴于气候问题对于普通公民而言并不突出，所以中间选民模型并不能准确反映当前的政治。欧盟排放交易体系（ETS）以及2009年在众议院通过却未提交参议院的《清洁能源与安全法案》，都对主要产业发放排放配额并将拍卖所得返回企业。这既是对产业集团政治影响力的回应，也反映出此问题与奥尔森式利益集团模型有更为紧密的关联性。

另一种思考这个问题的方法，是考虑气候博弈的三种均衡。我们现在所处的是一种糟糕的均衡：缺乏行动。欧盟排放交易体系或《清洁能源与安全法案》若能成功，就会进入另一种均衡，通过提升能源价格实现减排，同时使集中的相关利益方获得相应的补偿。由于气候问题对于选民而言一直并不突出，因此这种方法看上去似乎是最有前途的，然而《清洁能源与安全法案》未能因此成功，而且因为遭到高度集中的反对，现在似乎已经注定会失败。如果气候问题能更为突出，那么通过支票补偿个人的方法可能会实现一种均衡。这种方法除了在公平性上有优势，还具有吸引力：它一旦实施之后就很难逆转。一种个人可以从能源税收中获得支票补贴的类似安排，已经出现在阿拉斯加州的政治中。尽管我们需要对退税支票的天真想法和中间选民的决定性角色保持警惕，但还是要考虑并继续研究这种新提议。

著名政治学家西达·斯考切波（Theda Skocpol）从更为广泛的视角雄辩地提出，必须采取行动建立一个广泛的草根联盟，以推动气候立法："对抗右翼精英和民粹势力的唯一办法，就是发动一场应对气候变化的大众运动。"① 发起大众运动的想法引出了信念的问题。为了使气候变化问题显得足够突出，以便为成本高昂的行动赢得支持，选民们必须广泛认识到他们是一个"命运共同体"的成员，能够在攸关其子孙后代的生活关系这一重大问题上达成共识。政治科学关于信念如何形成、维系和变化的知识很丰富，我们要把这些知识应用于气候问题。我们尤其要更好地理解人们如何认识自然。最近的研究表明，尽管美国公众非常厌恶他们所目睹的对自然世界和当地环境的污染，但是对气候变化的反应却不太强烈。② 由此可见，关心气候变化的活动分子们应特别支持那种既能降低本地污染又能减缓全球气候变化的行为，而不只是强调气候变化。

也许还存在其他建构减缓政策的方式，使其并非基于利他主义或者对子孙后代的关心。比如，特别是在低利率的环境下，我们可以考虑发行长期债券，让后代承担减排成本，因为他们会成为减排的受益者。美国社会保障的基本原则就是让个人的储蓄为自己将来的退休收入提供融资。对于这种为气候减缓而专设、与普通的国债相区别的长期债务工具，我们也可以用上述原则来论证其创建的合理性。

此类提议的细节在此并不重要。从长远看来，正如前面曾经提到的，我们或许可以利用人们的情感，并把基本信念变成一种拒绝污染自然的行为规范。但是，应对气候变化必须马上采取行动。从短期来看，鉴于自利是主要的行为动机，也是我们社会的短期取向，因此要识别各种激励并以建设性的

---

① Theda Skocpol, "Naming the Problem: What it Will Take to Counter Extremism and Engage Americans in the Fight against Global Warming", prepared for the Symposium on "The Politics of America's Fight against Global Warming", February 14, 2013.

② Stephen Ansolabehere and David M. Konisky, *Cheap and Clean: How Americans Think about Energy in the Age of Global Warming*, Cambridge, MA: MIT Press, 2014.

方式重塑气候问题。

政治科学在关于气候问题的讨论中有其自身的角色。迄今为止，我们尚未以一门学科去接受这一角色。作为一门学科，我们理解激励在政治中的作用，同时了解短期经济考量是影响选举结果最重要的一般性因素。我们也理解信念和预期的作用。在设计能够减缓气候变化而又不威胁选民钱包的有效行动方面，我们需要有点想象力。

政治学家在气候变化问题的讨论中至少可以承担以下四项任务：

（1）分析如何规避本文已经明确的“阻力最小的路径”：对适应基建或者太阳辐射管理的过度依赖。过度依赖以上任何一种方法都会意味着忽视过量碳排放问题，而该问题尽管在政治上存在更大的困难，却非常关键。

（2）创新性地思考如何重构气候变化问题，从而使其更具政治可行性。类似的例子有退税支票或发行长期债券的建议，但是还有更多其他想法也值得考虑。关于这些想法，我们利用对社会运动的理解去分析各种可以使我们围绕气候变化发动一场社会运动的条件，从而产生推动气候问题进入一种积极均衡的动力。

（3）研究气候变化的比较政治学。我们并不完全理解为什么各国在气候变化的减缓和适应方面采取了各不相同的策略。在经济和人权政策领域，学界已有大量活跃的比较政治学研究。

七、结论

1946 年，在美国佐治亚州的萨凡纳这个世界银行和国际货币基金组织的诞生地，凯恩斯做过一次令人难忘的演讲。他提到了“好精灵”和“坏精灵”这两种形象的比喻。“好精灵”将确保机构的客观性；但是如果“坏精灵”占了上风，他们将被政治化，长大成为“坏小孩”。

在建构气候变化问题上，“好精灵”或“坏精灵”都可能出现。如果“坏精灵”获胜，人类将走上行动最少的路径。“坏精灵”说：“别担心，我们将来可以找到解决这个问题的办法，可以不需要改变我们的生活方式。”如果“坏精灵”更有说服力，建构气候变化的政治将会扭曲政策。减少温室气体排放的政策在民主国家将不受欢迎并被搁置一旁，其中的民众和政治家都较为短视。其中一些应对方式将会上升到政治议程的顶端，比如会带来积极政治激励的基础设施建设和适应等，或者像太阳辐射管理这种成本低廉的措施。这些策略看似会在短期内解决问题，但实际上只会推迟其后果的发生，而且太阳辐射管理可能会引发冲突。

“好精灵”不会让我们开车撞上墙壁或向风车开战。正如詹姆斯·麦迪逊一样，她会足够聪明地意识到，人们通常是自利的，并会基于自身的信念和预期对激励做出反应。因此，她会建议我们使用自己的想象力和分析能力来重塑问题。

如果人们有激励措施减缓气候变化，我们的社会以及整个世界就会走向繁荣。作为一门学科，政治学家是以激励兼容的方式重新定义气候问题的最佳人选。以一种富有想象力和持续性的方式去这样做，不仅是我们的责任，也是政治科学作为一门学科的重要机遇。

气候变化的政治社会挑战*

［澳］大卫·施劳斯伯格　著　　戴　玲　译**

我们正处于一个转折的时代，在这个时代，气候变化将会产生一定的政治影响。考虑到未来将处于变化世界中这一现实，目前，该是我们——广义上作为一个物种，狭义上作为学术界——超越过去几十年中专注于通过全球协议来阻止气候变化的政治活动的时候了。越来越多的文献开始关注减缓气候变化影响、发展非碳基能源体系以及设计新的全球环境治理形式等显而易见的问题。然而，除了这些急迫的需求，气候变化还产生了大量新问题，要求我们为面临气候挑战的政治学设定更加广泛的研究议程。

气候变化社会的关键挑战包括适应气候变化、重新思考科学政治、帮助脆弱人群、管理人类世（anthropocene）环境，此外，还有重构当前人类与自然界的破坏性关系等。

---

* 原文标题：Political Challenges of the Climate-Changed Society，载 *Political Science & Politics*，2013，46（1），pp. 13 – 17。译文首次发表于《国外理论动态》2015 年第 4 期。

** 作者简介：大卫·施劳斯伯格（David Schlosberg），澳大利亚悉尼大学教授。译者简介：戴玲，中央民族干部学院讲师。

一、挑战一：从阻止转变为适应

第一个挑战即承认我们不会阻止气候变化。我们生活在一个气候已经变化且正在变化的社会中，阻止气候变化这一做法将不再有效。这个星球上调节气候的自然系统——为过去一万年的人类发展提供了稳定——因人类活动而正在明显地改变。适应气候变化也不再是一种选择，而是一种必然。

1992 年《联合国气候变化框架公约》达成的时候，确定了两种应对气候变化的方式：一种是阻止或减缓；另一种是适应。过去的 30 年中，关于气候变化的政治对话出现在各种不同的层面，上至联合国，下到城市甚至大学，都试图减少排放，阻止人类在人类世对全球气候系统造成有害干扰。然而，我们没有完成这一任务。

关于适应则极少被提及，也缺少相应的定义。在联合国公约进程的开始，适应被视为“一种无法接受的，甚至从政治的角度来看是完全错误的想法”[①]，因为，聚焦适应被认为是逃避温室气体减排这一更加困难的任务的借口。关注适应需要承受道德风险。

但是，阻止已经失败了，而我们甚至还在逃避讨论适应。这个时候转向适应不是失败主义的或者冒险的，而是必然的。新的挑战与之前大不相同，可能更为困难。然而，即使是联合国最近的一项重要举措，即在德班建立了一个绿色气候适应基金，也忽略了对“适应”的明确定义。

我们不得不适应什么？一个适应气候变化的社会是什么样的？为了实现适应，我们要如何设计战略？我们应如何思考或设计一种可持续的适应？这些都是开放性的问题。现在最时髦的一个概念是“恢复力”（resilience）。根据尼尔·阿杰（Nεil Adger）、卡特里娜·布朗（Katrina Brnwn）和詹姆斯·沃特斯（James Waters）的定义，“恢复力是系统在维持基本功能的同时吸收

---

① Burton I.，“Deconstructing Adaptation and Reconstructing”，*Delta*，1994，5（1），p. 11.

变化的能力、自我组织的能力以及适应和学习的能力"[1]，即在反应与适应的同时，维持系统原有的功能。

另一方面，恢复力还具有一些潜在的能力。实施恢复力管理的社会能够维持"变化环境中令人满意的发展道路，在这样的环境中，未来是不可预测的，而且可能发生各种意外事件"[2]。恢复力听上去很不错，令人乐观。

然而，"恢复力"思想背后也存在一些关键的制约——它与某些造成我们当前困境的体系具有共同点。即便导致金融系统崩溃，全球资本也能恢复；它仍然在运作、适应，并塑造变化（或毫无变化）。碳基能源系统是具有恢复力的，这源于其利益带来的政治权力。权力具有令人惊异的恢复力，无知也具有恢复力，妥协的政客同样具有恢复力。恢复力本身并不必然具备可补救的特点。

恢复力能削弱其他事项的优先性。例如，一些发展政治学学者认为，"恢复力"的概念使得人类社会发展并摆脱贫困不再是中心任务。类似的例子还包括，关于恢复力的讨论推动了人们简单地适应被强加于自身的改变，而不是理解与反抗。从这个意义上来讲，恢复力能够削弱人们的力量。

令人欣慰的是，地区层面越来越重视适应。如果许多国家的政府不再阻止气候变化，城市和地区就会开始思考如何去适应这一变化。随着气候变化的影响以及对它的必要应对变得日益本土化，将会出现一些机会，可以展开更具挑战性、更吸引人的讨论，制定更具适应性的政策。

二、挑战二：科学、政策和进步

我们面临的第二个挑战是承认气候变化削弱了我们关于启蒙的叙事——

---

① Adger W. N., Brown K. and Waters J., "Resilience", in John Dryzek, Richard Norgaard and David Scblosberg (eds.), *The Oxford Handbook of Climate Change and Society*, Oxford: Oxford University Press, 2011, p. 696.

② Folke C., "Resilience: The Emergence of a Perspective for Social-ecological Systems Analyses", *Global Environmental Change*, 16 (3), 2006, p. 254.

梦想理性引领我们揭示真相，真相引导进步和人类生活的发展。气候变化是近年来最为重要的大事，它表明了权力在全球范围内腐蚀并战胜了知识——即使是最严谨和保守的科学。

近来，对于适用于目前情况的科学、知识与进步之间的关系，有许多重要的批判观点。被批判者包括德国社会学家乌尔里希·贝克（Ulrich Beck），他认为科学引发了风险，而这些风险事先没有经过民主的或反思性的调查研究；以及美国哲学家理查德·罗蒂（Richard Rorty），他认为“我们把科学知识和解决问题同进步观念割裂开来了”。按照这种脉络，气候变化提出了挑战，促使人们重新思考整个人类进步的历程，而这是一个令人极其不安的过程。

气候变化表明，科学与社会之间的关系面临着更为根本的挑战。我们——再次强调，这里的“我们”既表示一般意义上的人类，更特指学术界——设想我们生活在一个理性的、启蒙的社会中。在这一社会中，专家们为应对我们造成的气候变化而确定待解决的问题和要达成的目标。科学知识得到尊重且被接受（当然是在经过同行审议之后），政策作为回应被制定出来。联合国政府间气候变化专门委员会——唯一集中了相关科学知识的规模最大的机构——体现了这种长期的启蒙叙事。然而，所谓好的科学必然会引致好的政策共识的这种想法，其实是建立在一种双重幻想的基础之上：在现实中，无论是对科学的采纳过程还是决策的过程，都不是如此顺畅。

现实是，一直存在着直接干涉，旨在打破知识与政策之间的关联。在气候领域，强有力的“气候变化否决机制”正在发挥作用——为了避免政治回应，企业和智库联手滥用科学的不确定性，扩散对有关议题的无知，利用人们对科学的不信任。颇具讽刺意味的是，这样的产业性否决机制及支持该机制的政治人物对启蒙的各种目标的破坏，比任何所谓后现代理论家或环保人士都更大。

为了应对这一政治现实，科学团体炮制出更多数据，希望更多更好的科学能自动转化成更好的政策，以应对他们的工作在公共领域中被政治化和妖魔化的现象。但是，正如丹尼尔·萨拉维茨（Daniel Sarawitz）所强调的那样，科学并不能解决从根本上来说属于政治性的或伦理性的争议。

关键的适应性挑战需要在专业科学知识、公众与政策发展之间重塑一种建设性关系。对气候变化的适应性反应必须突破以往从科学到公众的单向沟通的标准模式，转向包含专家、倡导者、各种其他公众与知识（伦理的、文化的和其他知识）的更具对话性的参与模式。科学仍由科学家继续掌控。同时，公众必须越来越多地绕过否决机制，提出值得注意的问题，帮助解读科学成果的重要意义，将科学知识与大众的关切、本地议题相融合，并对政策进行优先排序与推荐。

这种进程已经开始了。例如，詹森·科伯恩（Jason Corborn）讨论了纽约市热岛效应政策制定过程中所涉及的“后常规科学”（postnormal science）。[①] 该过程不仅考虑了气候科学的现状和城市规划者的设计，而且更多地考虑了来自州林业局、市政官员、地区公园雇员、园艺师的专业的和更加地区性的知识。随着政策的每一次重复，修正的建议愈发合法、可信、有效。另一个同样以科学为基础的更为广泛的政策制定案例是加拿大的“阿尔伯塔气候对话”（Alberta Climate Dialogue）。这一对话使广大市民参与到面对面的沟通中，共同思考阿尔伯塔省的气候变化政策，从而让市民们充分了解这一议题的复杂性，使其有机会向专家与倡导者提问，互相商讨，并达成经过深思熟虑的决定。

随着我们逐渐面临适应的必要性，将各种不同的知识融合起来以应对特定的问题就显得越来越有必要。让知识的形成和传播民主化，有可能成为重塑传统的“科学—政策”模式、适应气候变化以及挑战否决机制的一个途径。

三、挑战三：正义的适应

气候变化已经使世界上最脆弱的群体变得更加脆弱，而我们的主要挑战之一即如何在这个适应的年代为正义献身。气候正义早已是政治学者们关注的焦点，但之前主要是作为全球阻止气候变化政策的规范性框架。我们需要

---

① Corburn J.，“Cities, Climate Change and Urban Heat Island Mitigation”，*Urban Studies*，46（2），2009，pp. 413－427.

重新聚焦气候正义概念，将其作为一种适应性的框架。

在这里，有比气候变化的复杂性更多的事情需要解决。正义本身是一个争议性概念，蕴含了许多不同的意义与内涵，公约的原始协议中就多处体现了这一理念：各缔约方“应当在公平的基础上，并根据他们共同但有区别的责任和各自的能力，为人类当代和后代利益保护气候系统”。这一句简洁的话语包含了多种关于正义的设想：

- 公平是国际气候协议的基本原则；
- 即使是在公平的理念之下，应对气候变化的责任在某种程度上也是基于因果责任；
- 各缔约方应基于各自能力的差异来开展行动；
- 政府有责任造福当代和未来的人类；
- 这里的“责任”包括了一国边界之外的人们；
- 气候系统有益于并支撑着人类生活（因此自然界在提供正义方面的作用得到了承认）。

前三条设想体现了公平理念与历史责任、有差异的能力之间存在的持续矛盾。这些不同的正义概念并没有削弱产生国际协议的可能性，而是经常被用来为反对干预政策辩护。

转变到适应之后，第一个挑战就是扩展“正义”共同体。考虑到排放产生的影响往往会滞后，我们的行为将会在未来产生影响。气候变化同样会恶化全世界脆弱群体的生存环境，例如孟加拉、非洲之角、小岛国以及近期的斯塔滕岛。在适应的年代，我们的正义责任将在时间和空间维度上不断延伸。

在适应的社会中，承认气候系统对人类生活的支持作用也是对正义及政策的挑战。气候变化会破坏维系人类基本需求的环境。越来越多的人将遭受中暑和传染病、干旱和粮食绝收、洪涝及其对家园和基础设施的破坏以及被迫迁移等影响。从这个意义上来讲，气候变化是非正义的，它侵犯了人类现有的生命、健康和生存权利。

正义与环境之间的联系现在应该很清楚了：人类有权利用环境满足其基本需求。公约的原始文本中体现了这层意思，这也是许多气候正义倡导者阐述这一议题的方式。近些年来，关注气候正义的学者们开始讨论环境权利或一个能维持人类基本能力的环境。在适应的年代，气候正义意味着承认社会正义与环境风险或损害的不平等分布有关；一个运行良好的环境事实上也会为提供社会公平创造条件。

然而，气候正义的概念可能还不止于此。人类和人类共同体并不是唯一的脆弱群体，气候变化也会危害支撑其他物种及其生态系统的环境。所以，气候正义的核心是气候变化破坏了人类与生态系统的功能性和完整性。

在适应的年代，我们要如何应对气候正义的挑战呢？要回答这一问题，需要承认：不同的人，在不同的群体和环境中，以不同的方式经受着气候变化带来的脆弱性。应将这一认识与气候正义群体的主要诉求之一——参与和表达——以及产生适应性气候正义的规则相结合。维护地区参与和思考的基本权利，有助于我们理解不同群体明确的和地区性的环境需求，也有助于我们为适应气候变化而制订计划。

四、挑战四：管理人类世

气候变化——更宽泛地说，是在由人类主导自然的新时代，即人类世——要求我们发展出新的环境政策和管理方法。如今，随着人类活动对全球和地区生态系统的组成、机能和演变产生影响，“环境”一词的含义日新月异。科学家认为，如果没有人类的干扰，繁荣且稳定的全新世（holocene）还能再持续一两万年左右。然而，事与愿违，我们已经进入了一个由人类影响和主宰的新纪元，即人类世——最终，“人类在自己赖以生存的系统中进行了一次无意识的试验”[1]。人类如何管理这个由我们建设或破坏的新世界？我们

---

① Steffen W., Crutzen P. J. and McNeill J. R., “The Anthropocene: Are Humans Now Overwhelming the Great Forces of Nature”, *AMBIO: A Journal of the Human Environment*, 36 (8), 2007, p. 614.

该如何理解、应对并重塑那些影响，又该如何有意识地控制我们如今承认已由我们运行的系统?

人类世对建立环境管理的原则具有重要的意义。“自然”科学、“保护”生物学、“修复”生态学等知识都深刻蕴含着历史性的、稳定的环境条件，在这些知识里，“过去”被视为一种“标准”，是事物能够成为什么样或应当成为什么样的基础。“过去”意味着某个选定的历史时刻，这一时期代表着被保护的、更加仔细使用或修复的一个更加“自然”的世界。但是，“过去”不再是一个选项。人们不可能再通过回顾历史来指导今天的管理或修复实践。在创造未来环境的过程中，由人类发展的人类世已经使过去变得不那么重要了。

不能过分夸大环境价值观所面临的挑战。举例来说，将保护作为环境管理基本措施的时代已经结束了。在人类世，地球上任何地方都将彻底地受人类行为的影响，即使某些人类尚未实际进入的地方也同样如此，这个事实使得过去不介入、不开发、保持荒野原状的环境管理方法不再适用。威廉·克罗农（William Cronon）曾有过著名的论述，他认为，“自然”是一个人类的概念，“荒野”也是深深打上了人类烙印的理念。① 尽管荒野提倡者对此提出了尖锐的批判，但这一观点却是相当有远见的。无论克罗农的思想过去曾被如何看待，人类世已使得人造自然的主张变成现实。荒野早已不复存在，保持其原状现在甚至都不被视为一种相关的管理原则了。

加拿大环境学者埃里克·希格斯（Eric Higgs）将某些形式的“历史忠诚”视为适应当前快速变化的自然的一种美德。对于环境管理来说，过去虽然不被看作一幅需要严格参照的地图或蓝图，但我们对过去的理解及其价值却依然是重要的——作为记忆和价值，而不是模型。当我们试图解决生态退化的根源问题并恢复生态环境时，历史也是人们获取知识的要素之一。关键是需要关注生态系统是如何进化和运行的，以及景观与生态系统之间的长期

① Cronon W.，“The Trouble with Wilderness”，in William Cronon（ed.），*Uncommon Ground*，New York：W. W. Norton，1995.

文化关系，以拓展我们改变生态环境的潜在对策。

有些人认为，人类在应对人类世时应该更有决心，有更多有意识的设计。他们非但没有否认人类对全球环境的控制，而且积极地拥护这一理念。对当前种种破坏性干预环境的行径进行管理，会涉及控制应对气候变化的傲慢的地球工程计划。我们可能在无意识的情况下创造了人类世，但是我们可以运用知识去控制它，或者更有可能的是，减少其最坏的影响。也许，我们应该关注“人类工程学”，而不是改造整个地球系统的地球工程学。人类为什么不能被改造，使其足迹更有限，或者大脑更聪明、更富有同情心？当然，人类倾向于相信我们拥有比实际更多的知识和能力——自然系统及其反馈的复杂性有可能蒙蔽我们。考虑到我们当前已造成的影响及其蕴含的不确定性，我们面临的挑战将是我们用防患于未然的原则来指导我们对自然的干涉。

五、挑战五：物质主义者

必须对我们与我们之外的自然界之间的关系采用一种不同于以往的思路，这是最后一个挑战。与人类主宰论相反，许多群体关注的是改变当前人类与非人类之间的破坏性关系。这里最为关键的事情是，我们自己造成了气候变化和其他环境问题，人类渗透到自然界以及我们为自己提供基本所需的方式都不再起作用了。我们与自然界之间的关系正在破坏我们所构建的生活。

例如，能源使用不仅导致了大量的二氧化碳排放，而且造成了各种化学制品和废气，污染了土地、河流和空气，甚至改变了在过去一万年中一直很稳定的气候系统。这是人类与环境之间的关系功能失调与恶化的症状之一。能源只是其中的一个例子，我们人类获取的食品、服装和使用的工艺品都会如此。

在许多运动和实践中，可持续物质主义（sustainable materialism）正在成为一种新兴的选择，这一主张为面临气候挑战的社会提供了一种新的应对模式。它的目标是取代不可持续的活动，形成可替代的、高产的、可持续的制度，以满足基本所需。一个明显的发展是围绕食品问题展开的。相比购买全球市场中流通的产业化种植的蔬菜，人们更愿意参与到社区农业、集体园艺、市区菜园、符合伦理规范的动物饲养园和农民市场中，种植并分享食品，并且致力于在生产、运输和消费等环节改善与食品之间的关系。与最早由上流社会倡导的“慢食运动”（slow food movement）不同，一些最具革新性的食品正义运动正在城市的贫困社区兴起，如底特律或密尔沃基；或者正在持续反对全球化农业的运动过程中产生，如印度。无论是作为应对饥饿、食品不安全或城市食品匮乏的一种反应，还是作为应对产业化农业碳排放或传统食品流失的一种更直接的反应，这些食品运动的目标都是一致的，即建立新型食品系统和与自然界可持续的物质关系。类似运动的发展都围绕着社区能源的生成和制作/制造而展开。

可持续物质主义者运动至少有三种重要的形成方式，每一种方式都用来应对不同的挑战。首先，这些实践为集体和个人的能力缺失提供了一种应对方式，以重新获得塑造自身生活的能力。例如，食品正义运动通常涉及食品主权（food sovereignty）这一关键目标。米歇尔·福柯（Michel Foucault）对“权力”有一段著名的描述，他认为权力是通过人与各种关系流动的，在日常生活中复制和维持。这些新物质主义者运动越来越反对复制破坏生态或者导致气候变化的权力流动；它们的目的是创建一种可持续的、嵌入式的授权形式。

其次，这些运动代表了一种新型物质主义。正如罗纳德·恩格哈特（Ronald Inglehart）所说，环境关切通常被视为满足基本需求后出现的后物质价值。[①] 但是，这些价值并不一定是以政治性的方式表现出来，或体现在日常生活中。这种应对与可持续的物质活动以及注重物流的地区制度的发展有着更为直接的关系。这是一种新的物质主义，而不仅仅是一种后物质主义。

再者，也是与此相关的，这一运动的目标是可持续性。食品、物质和能源从自然界中通过我们的生产过程进入人体，并通过人体循环回到人体外的

---

① Ronald Inglehart, *Modernization and Postmodernization*, Princeton, NJ; Princeton University Press, 1997.

非人类世界。我们要做的就是重新改造这一流程，使其从破坏生态系统转变为支持生态系统，或者使其对生态系统的负面影响最小化。新物质主义者实践运动反对将人类发展与自然割裂开来的理念。

可持续物质主义者运动正在积极尝试用一套兼容并包的政治学取代被割裂的政治学，用一种将人类视为生物之一、认为人类被包容在生态系统和纯自然领域与人类的物质关系之中的政治学取代人类控制自然的政治学。这是一种符合这个适应的年代且具有挑战性的政治学。

六、结论

科学知识能够被重新尊重并参与到合理的政策讨论中吗？政府、公民社会及个人能够组织起来并做出反应，以适应快速变化的环境吗？在制定适应规划的过程中，我们是否能够认真地识别不同的脆弱群体并严肃地思考正义？我们是否能够以可持续的方式来构建与其他自然系统的物质关系？以上这些问题都是在适应气候变化的过程中足以引起我以及我们——既是一般意义上的人类，也是环境学术界——的兴趣的挑战。适应，不仅仅是简单的挑战，更需要我们付诸大量的行动。

绿色资本主义的多样性：全球金融危机之后的经济与环境*

[澳] 凯拉·廷哈拉　著　　谢来辉　译**

一、导论

对于许多人来说，全球金融危机代表着一个特殊的历史时刻，它意味着重大的环境和经济挑战能够同时得以解决。在这场危机得到正式确认之后的几个月里，联合国秘书长潘基文和美国前副总统阿尔·戈尔（Al Gore）等公众人物争相出来试图说服各国政府：任何一个旨在复苏经济的计划都必须是“绿色的”。他们的努力产生了一定程度的效果，至少在修辞层面，特别是在二十国集团成员国内部。各国的反应本来可能是极为不同的。在危机之初，许多评论家都担忧环境议题会被政治议程所忽视，仅被认为是一种“奢侈的”、只能在经济繁荣时期处理的问题。

---

* 原文标题：Varieties of Green Capitalism：Economy and Environment in the Wake of the Global Financial Crisis，载 *Environmental Politics*，23（23），2014，pp. 187 – 204。译文首次发表于《国外理论动态》2014 年第 10 期。

** 作者简介：凯拉·廷哈拉（Kyla Tienhaara），澳大利亚国立大学监管机构网络研究员。译者简介：谢来辉，中国社会科学院亚太与全球战略研究院助理研究员。

虽然上述对立的观点在公众讨论中仍然没有消失，但自2008年以来，环境问题（特别是气候变化）也越来越被政治家、活动家以及媒体塑造为一种“经济机遇”。有些学者认为，“经济机遇论”有潜力让政府从气候变化的信徒和怀疑论者之间的循环争论中摆脱出来，在环境问题上采取大规模的政策行动。

对于“经济机遇论”框架转变关于气候变化（或其他环境问题）的流行争论的潜在能力，本文不做争论。然而，本文认为，即使该框架将要成为主导，关于应该采取何种政策行动的共识也不太可能达成。正如有学者指出的那样：“人们可能支持同一个政策框架，但是各自的政策偏好却可能大不相同。”在这种情况下，尽管在这个框架内的决策者和其他行为体都接受了气候变化的科学并拒绝将“一切照常”作为政策选项，但“人们很快会发现这种受欢迎的共同立场内部其实充斥着断层线”。[①]

通过考察全球金融危机冲击下产生的大量经济和环境政策建议，本文描绘了这样一些断层线。这些建议可以分为三个类别：“绿色新政”“绿色刺激”“绿色经济”。[②] 这里讨论的建议类型曾被批评为“山寨版的全球化”[③]，“自相矛盾”[④]，“披着羊皮的狼”[⑤]，以及主要是为了拯救资本主义而非拯救环境[⑥]。本文要讨论的问题，并不在于这些批评是否有价值，而是它们是否同样

---

① Barbara Unmüßig, Wolfgang Sachs and Thomas Fatheur, *Critique of the Green Economy*, Brussels: Heinrich Boell Foundation, 2012, p. 25.

② “绿色增长”本来也可以作为一类纳入其中，世界银行和经济发展与合作组织发表的大量文件都是以此作为主题。但是，这类内容与绿色经济存在大量重叠，也因为篇幅所限，本文对此不做讨论。

③ Ariel Salleh, “Green New Deal — or Globalisation Lite?”, *Arena*, 2010, Vol. 105, pp. 15 – 19.

④ Ulrich Brand, “Green Economy — The Next Oxymoron?”, *GAIA-Ecological Perspectives for Science and Society*, 2012, Vol. 21, No. 1, pp. 28 – 32.

⑤ Edgardo Lander, “The Green Economy: The Wolf in Sheep's Clothing”, Amsterdam: Transnational Institute, 2011.

⑥ Stephen Gill, “Organic Crisis, Global Leadership and Progressive Alternatives”, in Stephen Cill (ed.), *Global Crises and the Crisis of Global Leadership*, Cambridge University Press, 2011, pp. 233 – 254; Ingar Solty, “After Neoliberalism: Left versus Right Projects of Leadership in the Global Crisis”, *ibid.*, pp. 199 – 215.

适用于我认为其实并不相同的这三类建议。

本文首先分别概述了三个类别的建议，其中特别关注了每个类别的代表性文件。其次，基于几个标准对这三个类别进行了比较分析：国家、市场和金融部门的作用；技术的作用；经济增长在所建议的资本主义模式中的作用。这些标准也可以反过来，与更广泛的关于资本主义和生态现代化的政治辩论相联系。结论部分指出，对于绿色资本主义的支持者和批评者而言，这些区别同样都是重要和值得考虑的。

二、绿色资本主义倡导者的各种建议

首先，必须承认事实上绿色资本主义存在着成百、甚至可能上千个变体，由个人和各种组织所倡导，而且相互重合。本文并不致力于对这些倡议进行一个全面的概览，而只是要关注其中一小部分有代表性的样本，主要是2008年到2012年期间由智库、国际组织和非政府组织用英文发布的有影响力的报告所提出的概念。

（一）绿色新政（Green New Deal）

从一种环保的视角处理全球金融危机的第一份综合的英文报告，是由“绿色新政小组”（GNDG）在2008年7月发布的。该报告是由设在伦敦的一家智库“新经济学基金会”（New Economics Foundation）发起，由经济学家、媒体从业者以及环保人士合作完成。虽然该报告的影响力还存在争议，但是毫无疑问，正是这份报告使得“绿色新政”一词流行开来。而且，虽然这份报告针对的是英国的读者，但其中的许多政策建议却可以适用于所有发达国家。

该报告发现了金融危机与环境危机各自根源之间的联系，并且强调不可持续的高额债务不仅导致了全球金融危机，也助长了能源及其他资源的不可持续消费：“金融崩溃、气候变化以及石油峰值这三重危机的深刻根源都在于当前的全球化模式。金融去监管化推动了几乎无限制的信贷创造。不负责任的信贷膨胀以及经常是欺骗性的借贷类型的发展，产生了房产等资产泡沫，并且为环境的不可持续消费提供了动力。”①

因此，该报告建议在国家和国际层面推动金融监管体系的结构性转变，进行税务体系的重大改革，并且提出了在解决气候变化问题方面的具体建议。

在短期的金融部门改革方面，该报告认为英国政府应该严控借贷和信用的产生，强制分拆大型银行和金融集团（将零售部分从企业融资和证券交易业务中分离出来），并要求对所有的金融衍生品和其他创新的金融工具进行正式核查。这些政策的最终目标是“金融部门的有序裁员”。从长远来看，报告也提议要重新引入资本控制，关闭避税天堂，并开展全球性的免除债务行动。

绿色新政方案中更具针对性的“绿色”元素，主要包括在节能（主要在建筑业）和可再生能源领域的公共和私营部门的投资计划，同时通过碳税和较高的碳交易价格创建的价格信号予以支持。报告认为，这些措施也将帮助英国政府为绿色新政筹集基金。其中提出的另一个融资来源是对石油和天然气公司征收暴利税。

2008 年和 2009 年，各种绿色新政倡议盛行。但是，多数都明显与上述绿色新政报告存在偏离。其中，欧洲绿党的绿色新政平台似乎是一个例外，其担忧和建议与绿色新政小组的报告非常相似。② 因为大多数后续报告都只是关注绿色新政支柱之中的经济复苏（而非改革），本文将它们都归类到一个单独的被称为“绿色刺激”的方案中。

（二）绿色刺激（Green Stimulus）

财政刺激是经济学中一个广为人知的概念。它可以简单地定义为“政府采取的某些措施，通常包括增加公共开支和降低税收，旨在为经济活动提供

① Green New Deal Group（GNDG），“A Green New Deal”，London：New Economics Foundation，2008，p. 2.

② “Green New Deal”，http：//greennewdeal. eu/.

积极的动力”。这种认为财政刺激可以用于非经济目标的理念（即“一举两得”）其实并不是全新的。第一个也是后来最为流行的新政项目——“平民保育团”（Civilian Conservation Corps），最初就是为了应对美国面临的两个严重问题——大萧条带来的失业以及严重退化的自然环境——而设立的。1933 年到 1942 年期间，该项目雇用了超过 300 万名年轻人，他们至少种植了大约 20 亿棵树，并开发了 800 个新的国家公园。

虽然当下绿色刺激计划的环境焦点是应对气候变化而不是土地退化，然而在所谓的“双赢”等式另一边的经济方面，与 1933 年时一样，也是就业——按当下的术语来说，就是创造“绿（领）就业”。绿色刺激的支持者们认为，可再生能源等行业比传统化石燃料更加是劳动密集型的产业。[①] “太阳能电池板不会自动安装。风力涡轮机也不会自己生产出来。建筑物不会适应气候条件和自我改造。城市的树木、绿色屋顶和社区花园都不会自己长出来。所有这些都需要人类的劳动。”[②]

绿色刺激的其他建议还包括：在某些绿色领域的投资，例如建筑改造、风能和太阳能发电等，可能通过降低燃料价格和降低空气污染进而减少医疗费用等，为个人和企业带来相当大的经济利益；向低碳经济转型将有助于防止未来可能由于能源价格攀升而发生的经济衰退。

因此，从本质上说，绿色刺激建议是相当直截了当的。其目的并不是为了根本解决金融危机或者环境危机；它只是建议在解决金融危机时，我们也可以同时有效地减缓环境危机。

大多数绿色刺激方案都包含了政府应该有针对性地进行投资的大篇幅的部门清单。然而，对于刺激措施必须具有何种特定属性才符合“绿色”标签，却几乎没有什么讨论。许多建议都从绿色新政报告仅关注可再生能源和能源效率投资转移开注意力，把“绿色”刺激措施定义得非常广泛，包括从海洋

---

① Robert Pollin et al. , *Green Recovery : A Program to Create Good Jobs & Start Building a Low-Carbon Economy*, Washington, DC: Center for American Progress, 2008.

② Van Jones, “Green Collar Jobs”, Our Planet [online], February, 2009, available from http://www.unep.org/PDF/ourplanet/2009/feb/en/OP-2009-02-en-ARTICLE3.pdf. , p. 9.

保护区的扩展到为碳捕获和储存技术的研究提供资金。正如一些学者所说，绿色刺激“变成了某种不甚精确的口头禅，泛指各种被认为同时有利于环境和经济增长效应活动的经济刺激方案”①。

然而，在确定目前何种措施已被广泛接受为“绿色”的问题上，汇丰银行的研究人员发布的一份关于政府实际支出的报告②已相当有影响力。该报告基于银行的“气候变化指数”（Climate Change Index）评估了11个国家以及欧盟的经济刺激方案。该指数将投资划分为以下几类：低碳能源生产；节能；水、废弃物以及污染的控制。从本质上讲，其中使用了一个非常简单的（甚至粗糙的）方法，在“绿色刺激”和“棕色刺激”之间画出了一个界线。如果某项刺激措施涵盖了属于上述类别之一的某个行业，它就被认为是“绿色的”，而不论投资的特定情况。可是投资的具体情况可能对其环境后果的评估具有重大影响。③

虽然汇丰银行的报告在基本的分析方面具有一些价值，但是其他地方在使用其提供的数据时却没有进行批判性的反思。例如，这份报告是英国《金融时报》文章《最环保的救助?》（“The Greenest Bail-out?”）的主要数据来源，也是德国著名智库伍珀塔尔研究所（Wuppertal Institute）为欧洲绿党所做的绿色刺激主题报告所依据的数据④，同时也被著名环境经济学家爱德华·巴比尔（Edward Barbier）在工作中大量使用。⑤ 结果造成韩国一直被描绘成全球金融危机之后二十国集团中最为“绿色”的成员国。但是有一些事实却被忽视了。在韩国，环保人士一直强烈反对将大量的刺激资金用于一个有争议的、可能使许多濒危物种面临具有严重风险的大坝和四大河流的疏浚项目。基于这一

---

① Jon Strand and Michael Toman, “Green Stimulus”, *Economic Recovery and Long-term Sustainable Development*, Washington, DC: World Bank, 2010, p. 2.

② Nick Robins, Robert Clover and Charanjit Singh, *A Climate for Recovery*, London: HSBC Global Research, 2009.

③ Alex Bowen and Nicholas Stem, “Environmental Policy and the Economic Downturn”, *Oxford Review of Economic Policy*, 2010, Vol. 26, No. 2, pp. 137 - 163.

④ Philipp Schepelmann et al., “A Green New Deal for Europe”, Green European Foundation, 2009.

⑤ Edward B. Barbier, *A Global Green New Deal: Rethinking the Economic Recovery*, Cambridge University Press, 2010.

案例以及其他的例子，绿色经济刺激措施被指责为已经退化为“漂绿”行动。

从纯经济学的角度来反对绿色刺激措施的声音也渐渐出现了，尤其是在美国的第一轮政府开支结束以后。他们认为，绿色行业没有竞争力，通过刺激创造的许多绿色就业岗位可能只是暂时的，而且这些岗位的数量也与更传统的污染和资源密集型行业的就业损失数量相当。对于那些需要与绿色刺激项目竞争资金的人来说，失败的绿色刺激项目则为他们提供了充足的论据。最好的例子是加利福尼亚的太阳能电池板制造公司索林德拉（Solyndra）。该公司曾获得了《美国复苏与再投资法案》的资金支持，但是却在2011年破产了。

（三）绿色经济

最近一波的政策建议集中于创建一种绿色经济。尽管当前关于绿色经济的讨论内容覆盖了一个很宽的范围：其中最狭隘的情况仅仅关注气候变化问题，而最宽泛的情况则涉及在环境可持续性方面对整个现代资本主义的批判；不过，相关对话在很大程度上还是由联合国环境规划署主导和塑造的。这在2012年联合国可持续发展大会（也被称为“里约+20”会议）的准备过程中体现得尤其明显。

2008年下半年，联合国环境规划署发起了一个绿色经济倡议。虽然该倡议在最早一批报告中曾提出“全球绿色新政”的建议，但是该组织很快抛弃了“新政”的标签，转而提倡一个更为广阔的平台，因为它可以处理更大范围的环境问题，而且也可以对发展中国家的问题和倡议给予更大的关注。尽管该倡议的主要成果，即2011年的《迈向绿色经济》报告，仍然设有篇幅简要讨论了全球金融危机，但是其余部分内容在很大程度上却脱离了这一背景。

联合国环境规划署所定义的“绿色经济”，是指一种能够“改善人类福祉和社会公平，同时大大降低环境风险和生态稀缺的经济”。[①] 这个定义非常容易让人想起最常见的“可持续发展”的定义：“既满足现代人的需求，又不损

① UNEP, “Green Economy: Developing Country Success Stories”, Geneva: UN, 2010, p. 5.

害子孙后代满足自己需要的能力的发展。”事实上，许多人质疑“可持续发展”和“绿色经济”之间是否还存在任何区别。在一些学者看来，这种散漫的转变代表了贬低可持续发展的社会支柱，而更为注重环境和经济支柱。[①] 联合国环境规划署拒绝这种批评，认为可持续发展仍然应该作为各国政府的终极目标，对绿色经济新的关注仅仅反映了人们“日益认识到实现可持续发展几乎完全依赖于把经济调整到适当的轨道”。

联合国环境规划署提出的政策建议范围广泛。[②] 其中一些响应了绿色新政和绿色刺激的建议，比如要求对可再生能源和能源效率的投资等。然而，最为突出的提议涉及对“生态系统服务”的定价，而这目前已成为绿色经济的一个焦点。从本质上说，生态系统服务是指生态系统、个别物种和基因所产生的人类福利（比如旅游娱乐、水资源、碳储存、授粉、药品等）。维护生物多样性保证了这些服务的持续生产，因此可以认为在经济方面是“有价值的”。

“绿色经济”因为“里约+20”会议的筹备过程而上升到突出的位置。它是会议的两大主题之一。然而，尽管深受企业的欢迎，而企业总是积极地将自己定位成绿色经济转型中负责任的行为体，但是环保人士方面却有相当多的反对。在会议的倒数第二天，与会代表们都收到了一份“里约+20”的报纸，其中的头条大标题就是：“绿色经济，新的仇敌”（Green Economy，the New Enemy）。

发展中国家也担心，此次里约会议上对绿色经济的讨论是否代表着一种新形式的贸易保护主义，或者一种新版本的结构调整计划，或者从更广阔的含义上看，是否是一种为了环境问题而向发展中国家施加更多责任要求的手段（一旦生物多样性被“定价”，那么发展中国家将因此承受更多压力）。

联合国可持续发展委员会的成果文件——《我们憧憬的未来》，以与联合国环境规划署一致的方式定义了绿色经济（即作为实现可持续发展的工具）。然

---

① Sarah Cook and Kiah Smith，“Introduction：Green Economy and Sustainable Development：Bringing back the Social”，*Development*，2012，Vol. 55，No. 1，pp. 5 – 9.

② UNEP，“Towards a Green Economy：Pathways to Sustainable Development and Poverty Eradication — A Synthesis for Policy Makers”，Geneva：UN，2011.

而，因为各国之间缺乏共识，导致最终的文本大打折扣。国际绿色和平组织认为，该文件中关于绿色经济的部分“没有意义”，并且指出“各国可以自由地定义什么是绿色的，而什么不是，也可以自由到根本就什么也不做”。[①]

值得注意的是，联合国可持续发展委员会也发布了由联合国环境规划署的金融倡议机构（UNEP Finance Initiative）牵头发布的《自然资本宣言》（“The Natural Capital Declaration”）。[②] 它向各种金融机构开放签署，“呼吁民间和公共部门共同努力，创造必要的条件，以维护和推动自然资本成为一种重要的经济、生态和社会的资产”。一个叫作“银行监察”（Bank Track）的公民社会组织强烈批评了该声明，认为它除了“措辞含糊的自愿行动，对于日常投资决策并没有立即和明显的影响”，它是“基于对生态危机根源的一个具有致命缺陷的理解（即‘自然资本和生态系统服务’的估值不完全），而且提出的解决方案（即合适的定价）同样有严重缺陷”[③]。

最后，在里约同时召开的“人民峰会”（People's Summit）也发布了一份意见书——《另一种未来是可能的》，其中拒绝了联合国环境规划署的绿色经济愿景以及其中对生态系统服务商品化的强调。[④] 有趣的是，这份意见书中的许多建议（比如银行分业经营、打击避税天堂、金融行业的再监管、建立气候友好型就业等等）与绿色新政小组报告中的那些建议有着惊人的相似之处。

三、区分绿色资本主义的各种变体

本文讨论的三类建议具有很多共同之处。比如，它们都明显依赖于以下

---

① Greenpeace International, “Greenpeace Comment on State of Rio + 20 Negotiations Text for Adoption” [online], 2012, http://www.greenpeace.org/international/en/press/releases/Greenpeace-comment-on-state-of Rio20-negotiations-text-for-adoption/.

② http://www.naturalcapitaldeclaration.org/.

③ Bank Track, “Bank Track Position on the Natural Capital Declaration”, Bank Track [online], 2012, http://www.banktrack.org/show/news/banktrack_position_on_the_natural_capital_declaration.

④ Thematic Groups, “Another Future is Possible” [online], 2012, http://rio20.net/en/iniciativas/anotherfuture-is-possible.

观点，即投资绿色部门可以促进就业。

这些建议的支持者都共同接受了资本主义的经济模式。但是，虽然这些建议无一能被认为是革命性的，它们却存在巨大的差异，体现出各自对于理想的资本主义社会的不同理解。当今世界有各种不同模式的资本主义在运行，比如自由放任资本主义、国家资本主义以及社会民主资本主义。[①] 从这个意义上说，三类建议之所以存在差异，体现了国家干预市场的不同程度，以及是否应该为了追求可持续性，利用或者限制金融部门。

也可以基于生态现代化的环境政策范式是否被明确接受来进行区分。虽然关于生态现代化的范式具有不同形式的阐述，但其中的核心要素在于通过技术进步可以实现消费与资源使用及环境破坏方面“脱钩”的信仰，以及经济持续增长的承诺。[②]

这些区别将在下文进行更为详细的讨论，并可以总结为表 1。

表 1　绿色资本主义的不同变体

	绿色新政	绿色刺激	绿色经济
增长	转向低增长或无增长	绿色增长	绿色增长（优于棕色增长）
技术	投资可再生能源和能源效率改进，同时减少消费	投资可再生能源和能源效率改进、核能、碳捕获与存储等	投资可再生能源和能源效率改进、核能、碳捕获与存储，农业、废弃物及水的管理，等等
市场	碳定价和交易发挥部分作用	碳定价和交易发挥部分作用	除了碳定价外，“自然资本”（生态系统服务）也要定价
金融部门	再规制，缩小规模	无明确立场	利用该部门使节约可以获利

① James G. Speth, *The Bridge at the Edge of the World: Capitalism, The Environment, and Crossing from Crisis to Sustainability*, New Haven, CT: Yale University Press, 2008.

② Ingolfür Blühdorn, “Sustaining the Unsustainable: Symbolic Politics and the Politics of Simulation”, *Environmental Politics*, 2007, Vol. 16, No. 2 p. 194; Ingolfur Blühdorn, “The Governance of Unsustainability: Ecology and Democracy after the Post-democratic Turn”, *Environmental Politics*, 2013, Vol. 22, No. 1, pp. 16 – 36.

（一）国家、市场和金融部门的角色

如前所述，绿色新政的明显特征在于其所识别的金融危机的根源（不可持续的债务）与环境危机的根源（不可持续的消费）之间存在的联系。这一立场在绿色刺激与绿色经济建议中未曾被发现，随之而来的是大量旨在限制金融资本主义的政策处方。绿色新政的支持者强调了这一区别的重要性："那些只是将'绿色增长'叠加到金融驱动的经济全球化模式中去的做法，将会像放生鲜活游动的鱼去阻挡洪水的冲击一样。绿色新政的倡议者之所以如此纠缠金融部门不放，在于它就是一再阻碍可持续性的顽石。"①

在绿色刺激和绿色经济建议中缺乏对"无规制的金融导致不可持续的债务进而不可持续的消费"这一逻辑链条的讨论，也许并不奇怪。毕竟，开发和推动这些建议的人就来自金融部门：汇丰银行的一个团队提出了使绿色刺激措施最有影响的一份报告；在领衔撰写联合国环境规划署绿色经济倡议以及领导生态系统及生物多样性经济学研究团队之前，帕万·苏克德夫（Pavan Sukhdev）曾在德意志银行工作长达 14 年之久；《自然资本宣言》的作者和签署者都来自民间金融机构以及国际金融公司。

事实上，绿色经济话语的支持者们并非要重新规制和改革金融体系，而是渴望使环境政策与金融投机融合。《另一种未来是可能的》为此提出批评称："绿色经济是拓展金融资本主义疆域的一种尝试，它要将自然界仍然剩余的也纳入到市场中来交易。"虽然各种建议都接受了市场在为碳定价方面所起的作用，但绿色经济话语在推崇市场的作用方面无疑走得最远。

（二）技术的角色

三种建议全部都认可技术在引导更加可持续的经济方面的重要作用。其

① Tim Jenkins and Andrew Simms, *The Green Economy*, London: Global Transition, 2012, p. 6.

作用取决于以下具体层面：（1）认定哪些技术类型是必要的和可接受的；（2）由技术产生的效率改善是否应该再加上能源和资源总体消费量的补充。

在技术类型方面，绿色新政仅侧重可再生能源和能源效率。绿色刺激将范围大为扩展，包括了一些有争议的技术，比如碳捕获与存储以及核能。绿色经济倡议处理的是更为广泛的议题，不仅限于气候变化，而且相应地提出了一大批从低端到高端的技术解决方案。

在何种程度上可以依赖技术以减少环境损害的问题上，绿色刺激方案是最为乐观的。其支持者们接受了生态现代化理论的一个核心假设，即“脱钩论”。“脱钩论”认为：技术创新产生的效率改善，使得经济可以持续增长而同时物质投入不断降低。这一假设一直饱受诟病。比如，英国经济学家蒂姆·杰克逊（Tim Jackson）指出，非常重要的是必须区别“相对”脱钩和“绝对”脱钩。在“相对”脱钩的情况下，资源消耗和环境影响相对于 GDP 在下降。如果 GDP 增长，这些影响也增长，但是相对不那么快。绝对脱钩则要求环境影响在 GDP 增长的情况下仍然下降。①

有人提出，对相对脱钩的关注忽视了技术创新和效率改善不断被经济活动的范围扩大所超越的现实，这种现象也被称为“杰文斯悖论”（Jevons Paradox）。事实上，效率提高使得商品成本不断降低，技术进步确实可以起到扩大生产和消费活动的逆反效应，这有时也被称为“反弹效应”（Rebound Effect）。比如，即使汽车的生产效率随着时间大幅提升，同时增加的还有拥有汽车的人数以及他们的驾驶量。因此，总体上看，温室气体排放持续上升，而非下降。

绿色刺激的支持者们也承认反弹效应的存在，但是认为它们可以通过价格机制来解决。不过，无论从哪个角度来看，各国政府采取的既定刺激措施的“绿度”（Greenness）都是值得质疑的。比如，美国的“旧车换现金”刺激计划尽管暂时挽救了濒临衰败的汽车产业，但是实际上却导致了温室气体排放的上升。

---

① Tim Jackson, *Prosperity without Growth: Economics for a Finite Planet*, London: Earthscan, 2009, p. 67.

联合国环境规划署2011年的报告明确指出，建设绿色经济要求实现绝对脱钩。但是，尽管联合国环境规划署也承认缺乏在任何国家实现绝对脱钩的证据，更不要说在全球层面，但是他们依然乐观地认为在绿色经济中能够实现绝对脱钩。一些经济学家对此也表示同意，比如两位英国学者认为，为了减缓气候变化所需而向可再生能源进行的大规模技术转型，在人类历史上并非没有先例，"完全排除绝对脱钩言之尚早"①。

绿色新政的支持者们对绝对脱钩的前景较不乐观，因此认为除了技术进步以外，更广阔的社会变革是必要的。比如欧洲绿党提出："经济增长与物质投入的部分'脱钩'可能会给我们带来更多的效率，尽管这还是不够。可持续性的问题不可能仅仅通过技术就得到解决。首先，由于对目前成就的现实主义的评估，我们不得不对准时实现目标的可能性抱有怀疑。其次，问题本身并不仅是一个技术问题，它还是一个更为广阔的社会问题。"②

除了强调提高效率以外，绿色新政小组2008年的报告也非常强调降低消费的必要性。其中吸取了战时英国的经验以及最新研究的结论，认为一个消费更少的社会实际上将比一个消费更多的社会更为幸福和健康。

（三）增长的前景

与脱钩和消费问题紧密联系的是一个更大的问题：持续经济增长的可持续性。尽管相关话题的讨论至少可以回溯到罗马俱乐部的《增长的极限》，不过全球金融危机为这个辩论注入了新的活力，而且可以说即使不是将其带入主流，至少也可谓是将其从模糊错乱的边缘拉了回来。比如，在2009年3月

① Cameron Hepburn and Alex Bowen, "Prosperity with Growth: Economic Growth, Climate Change and Environmental Limits", Grantham Research Institute on Climate Change and the Environment at the London School of Economics, 2012.

② European Greens, "Why We Need a Green New Deal" [online], Brussels: *The Greens/EFA in the European Parliament*, 2010, p. 9, http://greennewdeal.eu/fileadmin/user_upload/Publications/EN-Why_we_need_a_GND_final.pdf.

《纽约时报》的一篇文章中，专栏作家托马斯·弗里德曼（Thomas Friedman）问道："如果说2008 年的危机代表的不仅仅是一场严重的衰退，而是一些更为基本的东西，那它会是什么？如果说它在告诉我们，过去50 年里我们创建的经济增长模式在经济和生态方面都是不可持续的，那么2008 年就是我们头撞南墙的时刻，大自然母亲和市场同时都在说：'不要更多了！'"

虽然弗里德曼未能回答这一问题，而是很快在随后的段落中转向讨论"绿色增长"，但是他作为一个温和政治倾向的评论员提出了这一问题，这一事实本身就值得关注。

对于替代增长模式的兴趣不断增长，相关证据从过去四年里出版的大量畅销书籍中可以找到。其中一些书是：《无增长的繁荣》（*Prosperity without Growth*）、《经济的目的何在?》（*What's the Economy for*, *Anyway*?）、《增长的终结》（*The End of Growth*）。

绿色新政的话语正好处在这一脉络之中。比如，2008 年英国绿色新政小组的报告曾这样认为："经济增长与幸福感上升并存，在英国这样的富裕国家已经成为一个'既定的'传统的经济理论和决策者的思维定式。对它进行质疑的思考在经济学界仍然属于异端邪说，会被业内的同行们处以逐出界外的惩罚。但是时代变了，这个理论是错误的。"

然而，人们仍有可能会质疑绿色新政支持者终止增长的承诺；毕竟他们还建议采取刺激措施，而这（理论上）将有助于经济重返增长轨道。沿着这些思路，有学者认为，"绿色凯恩斯主义"（即绿色新政和绿色刺激）的支持者们要么投入生态现代化阵营，相信经济增长和环境可持续性是兼容的；要么相反，必须避免这个问题，希望向政府和社会争取对他们的建议的更大支持，增长应该放缓或结束。然而，绿色新政报告似乎并不属于这两种类别，作者明确接受结束增长的需要，反而却建议增加投资，而这将有助于（资本主义增长）经济复苏。①

---

① Bill Blackwater, "Two Cheers for Environmental Keynesianism", *Capitalism Nature Socialism*, 2012, Vol. 23, No. 2, pp. 51 - 74.

那么，应该如何解释这种矛盾呢？存在着前面所没有考虑到的第三种可能性，那就是绿色新政可以被概念化，从而作为一种过渡性的项目。绿色新政小组正是看到了危机可以作为一种机会，引导一些急需的投资开展可再生能源和节能项目，并且承认严重衰退或萧条可能会产生可怕的社会影响，因此提出一种在短期内可能会促进经济增长但是同时也主张改革的建议，当然，更重要的是后者，它将使英国经济远离金融驱动的资本主义模式。

英国新经济基金会发布的后续报告更详细地阐明了这样一种过渡得以推进的方式，并且强化了该组织的“去增长”议程。[①] 一些生态社会主义者也承认绿色新政实现过渡的潜力，认为它最终可能走向一种稳态经济或生态社会主义经济模式。[②] 甚至主张通过全面的“生态革命”在马克思主义哲学基础上建立一种新的经济模式的约翰·贝拉米·福斯特（John Bellamy Foster）等学者也承认，“短期和长期战略都是必要的”[③]。尽管他们对“绿色资本主义”展开了强烈的批评，但他们的一些短期建议（比如对绿色基础设施的公共投资）与绿色新政并无显著不同。

至于绿色刺激和绿色经济的提议，都拒斥“增长极限”的观点，认为经济增长和环境目标是兼容的。这符合生态现代化理论，该理论还进一步认为，（“正确”的）社会和经济持续发展是解决环境危机的最佳选择。

联合国环境规划署绿色刺激方案的领衔作者爱德华·巴比尔反复强调，计划将有助于“持续的经济增长”。美国进步研究中心（The Center for American Progress）也在其绿色复苏提议中坚定地支持增长，英国经济学家尼古拉斯·斯特恩（Nicholas Stern）在其讨论增长的立场性文件中也是如此，只不

① Stephen Spratt et al. , *The Great Transition*, London: New Economics Foundation, 2009; Andrew Simms et al. , *Growth isn't Possible*, London: New Economics Foundation, 2010.

② Peter Custers, "The Tasks of Keynesianism Today: Green New Deals as Transition Towards a Zero Growth Economy?", *New Political Science*, 2010, Vol. 32, No. 2, pp. 173 – 191; David Schwartzman, "Green New Deal: An Ecosocialist Perspective", *Capitalism Nature Socialism*, 2011, Vol. 22, No. 3, pp. 49 – 56.

③ John Bellamy Foster, Brett Clark and Richard York, *The Ecological Rift: Capitalism's War on the Earth*, New York: Monthly Review Press, 2011, p. 436.

过是添加了“可持续的”或“低碳的”等修饰语。①

绿色经济的话语则走得更远，认为绿色经济比棕色经济的增长速度更高。例如，联合国环境规划署预测，绿色经济的提议将在六年间产生更高的 GDP 增长率。② GDP 是衡量经济表现的一种经典方式，但值得注意的是，GDP 正是被环保人士越来越多地批评为未合理考虑到环境危害。③ 在《我们憧憬的未来》的文本中，“（持续）经济增长”的必要性一共曾被提到 23 次。

事实上，维持经济增长的议题在“里约 +20”大会讨论中是极其重要的，以至于它直接进入了大会的会标。会标中含有一片绿叶，它代表可持续发展的环境支柱；还有一个红色的人，代表社会支柱；把二者连接到一起的是一些蓝色的阶梯，它们代表的是经济增长，而非发展。

联合国环境规划署对经济增长的持续强调，在理论上可以归因于该组织具有的全球视野（这与绿色新政小组仅关注英国形成对照），以及其渴望对发展中国家进行安抚，因为发展中国家担心绿色经济话语可能只是发达国家限制全球南方国家增长的另一种方式。其实，只要我们明确界定在这些不同的背景下需要不同的路径，正如大多数评论家在讨论“去增长化”议题时所做的那样④，就可以缓解这种担忧。

---

① Ottmar Edenhofer and Nicholas Stern, “Towards a Global Green Recovery: Recommendations for Immediate G20 Action”, report submitted to the G20 London Summit, Potsdam Institute for Climate Impact Research and Grantham Research Institute on Climate Change and the Environment at the London School of Economics, 2009, https: //www. pik-potsdam. de/members/edenh/publications-1/globalgreen-recovery_pik_lse.

② UNEP, “Towards a Green Economy: Pathways to Sustainable Development and Poverty Eradication”, Geneva: UN, 2011.

③ 过去近 20 年来提出的替代 GDP 的衡量方式，有“可持续经济福利指数”（Index of Sustainable Economic Welfare）、“真实进步指数”（Genuine Progress Indicator）以及“幸福星球指数”（Happy Planet Index）等。

④ Samuel Alexander, “Planned Economic Contraction: The Emerging Case for Degrowth”, *Environmental Politics*, 2012, Vol. 21, No. 3, pp. 349 – 368.

四、结论

本文打开了所谓“气候变化作为经济机遇”框架的“黑箱”，并且强调最近诸如“绿色新政”“绿色刺激”“绿色经济”等建议之间存在重要的区别。本文的分析证明，存在着不止一种而是多种绿色资本主义的变体，而这是评论家们（特别是生态社会主义者们）经常忽视的。

这里所讨论的建议其实并无太多新意。绿色刺激措施在“平民保育团”最初的新政计划中就曾经提出，而关于经济“绿化”的讨论可追溯到可持续发展的概念之中。但是，全球金融危机确实为我们讨论经济与环境的关系注入了新活力，而关于绿色新政、绿色刺激和绿色经济的建议帮助我们把此前很大程度上局限于学术界的思想变成了社会的主流。

正如美国学者理查德·海因伯格（Richard Heinberg）所言[①]，关于替代经济模式的思想总是有用的，即使它们“在较大维度上很快被接受的可能性看起来微乎其微”。他预测，当下次危机来袭时，原有的经济增长范式将寿终正寝，政府将被迫尝试其他的路径，此时“拥有可以尽快掌握和付诸实施的概念工具就显得极端重要了”。与此同时，重要的是替代经济模式在学术界和决策层乃至社会公众层面都能得到持续讨论。

本文强调了进行这些讨论时做出更多区别的必要性。对于作者和评论家而言，非常重要的是他们必须清楚哪些模型的哪些方面被拒斥或者被接受。基于对不同资本主义模式的识别以及对于生态现代化理论关键层面或明确或隐晦的接受程度，这里提供了一些对这些建议进行区分的方法。这些建议在经济增长的可持续性方面存在差异的事实极其重要，因为生态社会主义者对于“绿色资本主义”的一个关键批评就在于认为它未能接受增长的极限。[②]

① Richard Heinberg, *The End of Growth: Adapting to Our New Economic Reality*, Gabriola Island: New Society Publishers, 2011, p. 247.

② Tadzio Mueller and Alexis Passadakis, “Green Capitalism and the Climate”, *Critical Currents*, 2009, Vol. 6, pp. 54 – 61.

基于本文的讨论，上述批评显然只适用于绿色刺激和绿色经济的建议。

意识到绿色资本主义存在各种变体，这本身将会促进对各个模式进行更加有针对性的批评，引入新的研究问题，阐明意识形态对手之间的共同基础，并且为发达国家创建可持续经济的政策选项的建设性辩论开辟空间。

第四部分 中国与全球气候治理

中国气候政策的发展及其与后京都国际气候新体制的融合*

[德] 安德雷斯·奥博黑特曼 [德] 伊娃·斯腾菲尔德 著
侯佳儒 译**

目前国际上提出并讨论了后京都时代的中国气候政策。这些研究有的考虑到了中国现在如何参与京都进程，中国如何制定和完善现行的环境保护政策，中国未来面临什么挑战，尤其是因能耗增长和由此产生的二氧化碳排放量上升而面临的新的挑战。迄今为止所采用的这些研究方法的最大不足在于，它们未能在减排义务中考虑到工业化国家已造成的历史排放，且同样未能考虑到新兴工业国家（如中国和印度）正在变得要为未来的大气层中积累的二氧化碳浓度承担责任。然而，这些研究方法同时又为了依据人均配额分配排放权而采取了一种公平的机制。鉴于这些事实，本文提出了一种全新的后京

---

* 原文标题：Climate Change in China：The Development of China's Climate Policy and Its Integration into a New International-Post-Kyoto Climate Regime，载 *Journal of Current Chinese Affairs-China aktuell*，38（3），2009，pp. 135－164。译文首次发表于《马克思主义与现实》2013 年第 6 期。

** 作者简介：安德雷斯·奥博黑特曼（Andreas Oberheitmann），清华大学国际环境政策研究中心主任，德国国际移民与发展研究中心（CIM）高级研究员；伊娃·斯腾菲尔德（Eva Sternfeld），德国柏林技术大学中国科技历史哲学中心主任。译者简介：侯佳儒，中国政法大学民商经济法学院副教授。

都政策规制，这种规制立足于累积的人均二氧化碳排放权，从而消除迄今为止所采用的研究方法的内在不足。以往研究未能考虑到中国和附件Ⅰ国家[①]二氧化碳排放的演变所带来的影响，尤其源于研究方法的内在不足。

一、中国当前对京都进程的参与：环境保护政策的制定与完善

中国是京都进程的重要参与者。为了将中国、印度和其他温室气体主要排放国纳入一种后京都气候规制，1990 年以前产生的排放量也必须加入这幅图景。过去发达国家为了促进经济增长使用了相当多的化石燃料，这一事实是很多新兴工业国家声称不接受减排承诺时的重要理由。2009 年 6 月，波恩气候谈判最后一轮的惨淡结果表明，由于中国已经有了它自己的温室气体排放目标，因此此时将中国纳入后京都政策是一个很好的起点。中国实施它的现行环境保护政策的方式，显示该国正开始在气候保护领域采取积极行动。为了应对全球气候变化，中国切实完善了现行的能源和气候政策，此外还在提高能效方面制定了 2010 年的具体目标（尽管该目标不具有国际约束力），在使用可再生能源方面亦制定了长期目标。

在 1992 年 6 月召开的巴西联合国环境与发展会议上，中国是签署《气候变化框架公约》的国家之一。同年 12 月，中国批准了该公约。1998 年 5 月 29 日，中国签署了《京都议定书》，并于 2002 年 8 月 30 日正式批准。根据《京都议定书》，中国不属于附件Ⅰ国家，在减少它自己的排放方面没有任何量化义务；中国只需要在国家信息通报时报告其排放量，说明其为贯彻实施《联合国气候变化框架公约》而采取或计划采取的措施。

中国于 2004 年 12 月 10 日提交了初始国家信息通报。但是，作为非附件I国家，中国可以参加清洁发展机制（CDM）下项目。这种《京都议定书》工

---

① 《联合国气候变化框架公约》附件Ⅰ国家，主要包括西方发达国家和正在向市场经济转轨的国家。——译者注

具让附件Ⅰ国家可以在非附件Ⅰ国家开展温室气体减排项目，借助减少非附件Ⅰ国家的排放来得到排放证书，从而抵补它们自身的量化减排目标。2005年，中国国家发展和改革委员会批准了《北京安定填埋场填埋气收集利用项目》——这是中国第一个CDM项目。

截至2008年11月1日，中国向清洁发展机制执行理事会（CDM EB）共递交了1521个项目，预计累积减排总量可达15亿吨二氧化碳当量。这一减排总量甚至超过德国当前二氧化碳排放量的两倍有余。关于15亿吨二氧化碳当量这一数字，执行委员会迄今已注册签发362个项目，减排量到2012年将达6.63亿吨二氧化碳当量或6.63亿个核证减排量（CERs）。向CDM EB提交批准和登记的CDM项目二氧化碳当量总量达8.51亿吨。CDM成立以来，目前中国是全球最大的市场——CDM注册项目中34%来自中国。联合国在全球核证的减排量中有58%来自中国。有少数中国CDM项目（但数目在上升）因其不符合“额外性”条件而被拒绝。

中国政府已经明确表示，即使《京都议定书》作为一份环境保护白皮书正式失效，中国对CDM的兴趣依然会继续。

在京都进程的初始阶段，没有任何迹象表明中国的环境政策将侧重于采取积极有效的环境保护措施。事实上，环境保护一般被认为属于能源安全政策范畴。时任中国国家主席胡锦涛在2007年夏天海利根达姆召开的八国峰会上强调：“气候变化是环境问题，但归根到底是发展问题。”多年来，中国在国际气候会议上一直采取一种相对顽固的政策，拒绝任何设定具体的减排目标的尝试，其宣称的理由是中国必须促进经济发展。中国的谈判代表认为，过去100年间中国的二氧化碳累计排放量只占世界同期的8%，而发达国家一个多世纪以来还在持续不断地向大气排放温室气体。因此，发达国家应该担负起气候变化的历史责任，这一点在气候谈判中必须牢记。中国方面还提出当前中国约四分之一的排放量（这一数字相当于日本的二氧化碳排放总量）源自生产出口物资。

但是，在2007年联合国气候变化大会于巴厘岛召开以后，有迹象表明中国的谈判立场有所松动，不再断然否认中国在气候保护上发挥越来越积极的作用这一事实，甚至做出了减排承诺。尽管在波兹南各缔约方并未就减排总量达成共识，但这仍是向前迈出的重要一步。尤其是在国家气候报告（2006）和政府间气候变化专门委员会（IPCC）的第四份评估报告（2007）发布以后，气候变化问题得到了公开讨论。这两份报告均预测气候变化将对中国产生巨大影响。2007 年 6 月，中国正式颁布的《中国应对气候变化国家方案》明确引用了中国国务院于 2008 年 10 月在波兹南会议之前发布的白皮书，又引用了上述报告中提到的不乐观预测。

气候学家预测未来几十年中国的气温上升幅度将远高于国际平均水平。我们还将看到由此带来的一系列后果：极端天气、旱灾更加频繁，沙漠化、缺水更加严重，这些状况在中国北部和西北部尤为明显。专家还特别预测了气温上升对农业产生的负面影响，农业减产可达 10%。青藏高原是亚洲最大的河流发源地，超过一半的人类生活在这些河流的流域上，但是现在全球变暖已经直接——其实是严重地——影响到了青藏高原上的冰川。中国政府正密切关注环境变化，原因是中国最重要的经济区位于东海岸，如果海平面如预测般上升（达到 60 厘米之高），这个地区将受到严重影响。气候变化不仅会造成严重的生态损害，还须付出高昂的经济代价。世界银行推测中国在环境保护活动上的花费总计将达中国 GDP 的 6%。

在国际上，中国政府面临须更积极参与国际合作以保护气候的压力。同时，中国支持工业化国家将本国 1% 的 GDP 用于技术转移来支援发展中国家的提议。预计该基金模式与国际环境基金（GEF）类似，GEF 的资金源自发达国家，发展中国家可以从 GEF 得到资金援助用于支付环境保护项目。在这类体系中，中国是接受方而不是捐赠方。2007 年中国超越美国成为全球最大的二氧化碳排放国后，这种压力陡增。此后，中国科学家一直在讨论如何分步将中国纳入一个气候体制中，做出一定的远期承诺，包括减排总量的承诺。

气候变化这一议题是在最近两年左右才列入中国领导人的议事日程的。第一份《气候变化国家评估报告》发布后（2006 年年底），《中国应对气候变化国家方案》开始实施（2007 年 6 月），同时为专门应对气候变化，中国成立了一个国家应对气候变化领导小组，由总理担任组长。紧接着国务院于

2008年10月发布白皮书。“十一五”规划（2006—2010年）为当前国家能源政策的实施指明了方向，并在开发可再生能源、清洁能源和提高能源效率方面确定了明确目标。

在中国，与气候保护相关的政策一般会结合以下问题进行讨论：（1）所谓的“清洁”能源的开发利用，包括核能。（2）可再生能源的开发利用。（3）提高能效。（4）能源安全和减少因燃烧煤而造成的环境破坏。同时，在全国开展大规模的环境项目，如“退耕还林”计划，这是一个重新造林计划，为了防止边远地区土地被侵蚀和破坏，从本世纪初开始中国政府已经投入了数十亿资金。最近，这些计划都被提升为气候保护措施。

根据中国国家发改委的最新评估，中国到2020年将实现20%的一次性能源来自于可再生能源。例如，增加水力发电总量至225GW的计划也已经启动。目前在发电方面，风力、光伏和现代生物质能占比不大，但是它们的发展潜力巨大。尤其是CDM项目会推动风电场的快速发展。2010年的计划目标（5GW）已经于2007年年底提前实现。专家们认为，未来几年，中国将会在风力发电方面赶上世界的领头羊——美国和德国。到2020年，装机容量可能达到80GW，这一数字远超政府的发展计划。但是，实现这些宏伟的计划需要取消那些阻碍更广泛利用风能的壁垒。

未来，分散型光伏系统和太阳能发电站会扮演越来越重要的角色。现在，中国是世界领先的光伏技术制造商。但是其产品主要用于出口，尽管原材料价格的下跌，特别是必须依赖进口的多晶硅价格的下跌可以为这项技术在国内市场的开拓找到巨大的机会。在太阳能丰富的中国沙漠地区建立太阳能发电站也可能成为未来的一个发展方向。

为了避免电力需求旺盛的沿海省份出现供应瓶颈，中国计划在未来几十年建设更多核电站。中国明确表示这是为了减少对煤的依赖而采用的策略，因此也将视作对气候和环境保护做出贡献。中国现有11座核电站，总装机容量达8.5GW。目前，还有14座核电站正在建设中。国家发改委计划至2020年将中国的发电容量提高到70GW，这大约等于50座新原子能电站。然而，尽管修建了这么多的核电站，2020年核能最多也只能满足该国总电力需求的5%。这些计划中，安全问题和长期放射性废物的处理这一悬而未决的问题则只字未提。因为全球经济危机仍未见底，导致沿海地区对能源的需求不断减少，并产生融资问题，都可能（至少在短期内）阻碍这些计划的执行。

尽管可再生能源和核能的使用越来越广泛，但未来许多年，煤仍然在能源消耗中占主导地位，因为现有煤储量还能供应很长时间（石油储量还能供应约20年，煤则至少还能供应150年），中国的煤储量很大，所以煤炭价格相对较低。考虑到这一点，尤其考虑到煤炭的使用，提高能源效率就与气候保护更加密切相关了。“十一五”规划已经实施了一半，似乎计划中的一些宏伟目标（如提高1000家高耗能企业的能源效率计划等）都能实现。这个特殊的计划关系到所谓重点行业（钢铁、水泥和电力）的能源的有效利用，这些重点行业合计消耗中国三分之一的能源。改善工业生产部门的能源平衡的同时，节能建筑也很重要。按照相关行业专家的估算，同样的气候条件下，中国北部供暖所使用的能源是欧洲国家的2—3倍。中国当局已经找到了解决这个问题的办法，但是目前实施起来却困难重重。

从环境和气候政策的角度考虑，目前发展所谓的洁净煤技术非常重要（上游或下游二氧化碳的捕捉和存储，至少提高了煤炭发电时的效率）。如果这些技术在技术层面和经济层面上均可行，那么这可能标志着一个低碳时代的肇始。

《中国应对气候变化国家方案》将上述能源政策措施置于环境保护背景之下，并保守估计这些措施能减排15亿吨二氧化碳。通过开发核能和可再生能源，使用煤层气（CBD），升级和现代化改造燃煤电厂，以及实施节能降耗项目，可以实现这个目标。发改委声称，因为加大力度重新造林而中和的二氧化碳高达5000万吨。通过改种半干的水稻，以及从农业废料和集中畜牧中生产沼气所带来的农业减排，也被纳入了方案之内。

《中国应对气候变化国家方案》非常重视适应气候变化：遏止侵蚀、节约用水、节水灌溉的国家方案被置于气候保护的背景之下，此外还有林地保护、荒漠化治理、灾害预防等。但是，除了这些适应性措施，中国其实没有采取很多实际行动。着眼于长期的情况，中国更加信任技术进步，这也是为什么研究与开发扮演了如此重要角色的原因。2007 年 6 月，14 个部委发布了一个联合行动计划，利用科学研究和技术进步来贯彻实施《中国应对气候变化国家方案》。

“十一五”规划（2006—2010 年）和国家发改委于 2007 年 9 月颁布的《可再生能源中长期发展规划》均将降低整个经济的能源强度以及扩大可再生能源的消费确定为目标。这一方面能增强国家的能源安全，另一方面对全球环境保护活动也能起到促进作用。

“十一五”规划提出到 2010 年单位 GDP 能耗比 2005 年降低 20%。这相当于对比“基准”情景减少排放约 15 亿吨二氧化碳，且经济增长率仍达到 8%。虽然 2006 年至 2007 年没有达到 4% 的预期年平均值，但是 2008 年全球经济危机使单位能耗降低了 4.6%，因此导致二氧化碳的排放量减少（下降 4.4%），一氧化硫的排放量也有所减少（下降 5.9%）。根据中国环境与发展国际合作委员会的信息，总的来说，到 2008 年，整个中国经济的能源强度在前三年降低了 10.1%。至于国际金融危机如何进一步影响中国，如 GDP 下降、能源消耗减少，仍有待观察。

《可再生能源中长期发展规划》提出将可再生能源占一次能源的比重从 2005 年的 7.5% 提高到 2010 年的 10%，长远目标是 15%（2020 年）。到 2020 年，按照对经济增长做出的假设，多消费 8% 的可再生能源就相当于减排 8 亿—13 亿吨二氧化碳。8 亿吨近似于 2007 年德国的二氧化碳实际排放总量（8.57 亿吨二氧化碳）。规划者的目标是到 2020 年国家 20% 的发电将使用可再生能源。中国尤其注重开发水力发电（大型水坝供应 225GW，小型水力发电站供应 75GW）、风力发电（30—50GW）、生物质能发电（30GW）和太阳能发电（12GW）。国家发改委预计未来需投资 1800 亿美元用于扩大可再生能源产业。如果用这些数据来计算这些措施可能实现的二氧化碳减排量，2010 年约能减排 4.8 亿吨，2020 年约减排 1 亿吨。

二、未来挑战：中国和全球能源消耗以及二氧化碳排放量预测

中国能耗的增长和由此带来的二氧化碳排放量的增加是中国未来环境保护政策所面临的最大挑战，也是有必要将中国纳入后京都时代气候政策的最主要的原因。国际能源署（IEA）在参考情景中预测，2030 年全球能耗将达 253 亿吨煤当量（TCE）。中国的能耗占 21.6%（1990 年时比重为 10%）。根据国际能源署的数据，全球二氧化碳排放总量将达 419 亿吨（IEA，2007）。

实际上，因为中国消耗的主要能源集中为煤，中国的二氧化碳排放量在全球所占比重会比 IEA 公布的数字更高，预计将从 1990 年的 12.5% 上升到 2030 年的 30.6%。

如果我们还记得 IPCC 的 2050 年减排建议——到 2050 年将温室气体在 1990 年的基础上至少减排 50%——的话，那么，2050 年的全球排放目标将低于 110 亿吨。这个数字相当于 20 世纪 60 年代初期的全球二氧化碳排放水平。IEA 在其参考情景中预测，到 2030 年，仅中国的二氧化碳排放量就将达 128 亿吨。备选情景中假设中国和世界其他地区都采取了更积极的环保政策，结果仍然相差不大。到 2030 年，中国的二氧化碳排放量在全球所占的比重仍将上升至 29.9%。

如果我们用这些数据对比 1990 年计算中国在全球的新增排放量中所占的比重，则中国对气候变化的进展影响会更大。参考情景显示，到 2030 年，全球新增的二氧化碳排放量中，48.3% 的增长来自中国。IEA 的备选情景显示，总体上，全球的环保政策比中国的政策更加有效。这个情景中，对比 1990 年，中国在全球的新增排放量中所占的比重将达到 57.1%。国际能源署提供的两个情景都强调《京都议定书》规定的第一承诺期结束时，必须马上将中国纳入温室气体减排政策（2008—2012 年）中。

如不控制中国的排放量，全球气候变化就不会停止。中国必须承担起其自身的减排责任。然而只有发达国家同样承担起历史排放的责任，中国才会

认真考虑这一要求。因此，后京都时代的政策必须规定每个国家都承担起保护气候的全球责任。

三、根据累积人均二氧化碳排放量将中国纳入新的气候政策

在后京都时代，中国政府面临的压力更大，因为中国要做出量化的减排承诺。过去 10 年，经济发展的速度——和由此带来的温室气体的排放速度——都超出了人们在《京都议定书》谈判过程中所做的预期。

1998 年，人们估计中国将在 2030 年超过美国成为全球最大的二氧化碳排放国，但是这实际上在 2007 就发生了。另一方面，中国当前的人均二氧化碳排放量约为 4 吨，仍低于西欧平均水平（人均约 8 吨），远低于美国平均水平（人均约 19 吨）。到 2030 年，中国（7.5 吨）将赶上欧洲（8.5 吨）和日本（9.5 吨）。

目前，国际上正在讨论各种有关后京都时代气候政策的方案，这些方案要体现"减少温室气体排放这一共同但有区别的责任"。但这些方案的最大缺陷是：（1）它们没有考虑到工业化国家应该为当前大气中二氧化碳的浓度承担大部分责任这一事实，也忽视了新兴工业化国家如中国和印度应该为未来浓度比例的迅速上升负责。（2）同时，它们又包含了一种以人均为基础分配排放权的公平机制。

（一）人均排放量的趋同

这种方案基本上以平均主义原理为基础，在考虑作为全球温室气体排放概况一部分的人均排放量趋同的情况下，从动态的角度来划分排放权。在这种类型的趋同法则下，每个国家在未来某个选定的时间点将拥有同样的人均水平。

（二）排放量增长的"软着陆"

从本质上说，这一概念的目的是为了实现全球减排目标，同时在发展中

国家的排放量趋于稳定时放宽对个别地区的限制。降低当前排放增长率的时间表依人均排放和收入而定。附件Ⅰ国家需要进一步减排。

（三）全球“偏好比例”方案

这条规则规定了基于历史诉求和人均方案的排放权。用历史诉求和人均方案两种方法分别计算出考虑中的国家的排放量占全球排放量的比例，然后用偏好第一种方法或第二种方法的每个国家的人口各占全世界总人口的比例分别来加权、加总，就造出了“偏好比例”。其假设是，附件Ⅰ国家将倾向选择第一种方法，而非附件Ⅰ国家则倾向选择第二种方法。

（四）“巴西建议”

《京都议定书》谈判期间，巴西建议，在确定工业化国家的减排义务时，应该按照“谁污染，谁付费”的原则来考虑过去的排放量。

（五）偿付原则

制定这项原则的目的是为了将非附件Ⅰ国家循序渐进地纳入全球减排体系内，这个体系的建立基础是初始人均 GDP。随后的减排水平主要由每个国家的人均 GDP 所决定，最终实现长远气候目标。

（六）多层次方案

多层次方案将每个国家分入不同的组别，每个组别有不同的责任或承诺。参与国家的数量和它们的承诺等级都将根据预先确定的规则随时间上升。2009 年 3 月，出现了一种新的建议。中国国务院发展研究中心的研究小组在《经济研究》上发表了一篇文章，在其中，该小组提出了一种基于累积的、绝对的温室气体排放量的新的后京都规制。比如到2050年，每个国家都能分到一个排放配额。至于未来如何保持在其配额内，则由各个国家自行决定。多余的排放额可用于交易。

这项政策的优点是综合考虑了所有国家的历史排放量。这就顾及了很多发展中国家和新兴工业化国家提出的合理批评，即工业化国家应该为当前大气中的二氧化碳浓度负主要责任。到2050年才会采用的排放配额政策，还会把发展中国家和新兴工业化国家所造成的未来排放也考虑在内，因为这些国家将要为很大一部分新增的温室气体排放负责，并且未来还会是主要的排放大户。上面构思的这项政策的最大缺陷是配额分配机制缺乏透明度。

出于这种考虑，本文结合“人均排放量趋同”和“巴西建议”，提出了一种新的有关后京都体制的方案：这种气候政策的基础是累积的人均二氧化碳排放权，这种排放权必须恰好能实现将全球变暖控制在2℃以内这一目标，或者说将大气中的二氧化碳浓度控制在400—450ppm。再加一步就可以扩大这个体制，以包含其他温室气体。

n年的累积二氧化碳排放量定义如下（单位：百万吨）：

$$CO_{2WORLD,am,t} = \left(\sum_{t=1750}^{n} \sum_{m=1}^{70} CO_{2coal,t,m} + CO_{2oil,t,m} + CO_{2gas,t,m} + CO_{2bunker,t,m} + CO_{2flagas,t,m} + CO_{2cement,t,m} \right) - CO_{2WORLD,t-100} \tag{1}$$

排放量计算公式为化石物质（CO_{2coal}；CO_{2oil}；CO_{2gas}）燃烧累积的排放量加上飞机和船舰的燃料仓（$CO_{2bunker}$）、天然气的燃烧（$CO_{2flagas}$）产生的排放量和生产水泥（$CO_{2cement}$）时产生的二氧化碳排放量再减去100年间自然分解掉的二氧化碳（$CO_{2WORLD,t-100}$）。事实上，每年都有一部分二氧化碳被自然分解。但是，还有一部分二氧化碳会存留在大气中达几个世纪。为了方便计算，这里我们使用每100年的全球变暖潜能值。

如果我们将累积的二氧化碳排放量大致换算成大气中的二氧化碳浓度值，400ppm的浓度大约相当于1.6万亿吨的累积二氧化碳排放量（$CO_{2,cum}$），

450ppm 近似于2.3万亿吨的累积二氧化碳排放量。而且，假设世界总人口未来不会改变，一直维持在2007年的数字（65.52亿），那么地球上的每个人拥有的排放权为246—351吨累积二氧化碳排放量（400—450ppm），此时能将地面的全球变暖控制在2℃。

如果我们将人均250吨累积二氧化碳（400ppm）或人均350吨累积二氧化碳（450ppm）作为评估每个国家减排承诺的出发点，那么很显然发达国家已经用光了额度内的排放量。2007年，美国人平均排放1099吨累积二氧化碳，而德国人平均排放908吨累积二氧化碳——远高于经济合作与发展组织的平均数（人均613吨累积二氧化碳）。中国在2007年的人均排放量为59吨累积二氧化碳，而印度则只有21吨累积二氧化碳。

人口的增长不应该导致二氧化碳绝对排放水平的上升，而是应该鼓励提高能源效率和制定前瞻性的人口政策。基于此，我们用下面的公式计算每个国家的累积人均二氧化碳排放量：

$$CO_{2m,cum,t>2007} = \left(\frac{\sum_{t=1750}^{n} CO_{2m,t}}{POP_{m,2007}} \right) \tag{2}$$

用国际能源需求与温室气体排放模型（GED - GHG 模型）进行估算得出400ppm的上限值，到2012年即《京都议定书》规定的第一承诺期结束时就已经会达到。按照此政策，在“基准”或“一切照旧”（BAU）情景（2008—2050年，GDP年均增长率为2.8%）下，大约到2026年的累积排放水平时，中国必须将其二氧化碳排放量稳定在大约2026年的累积排放水平，才能实现人均250吨累积二氧化碳（400ppm的二氧化碳浓度）的全球目标。印度到2050年也不会达到这个上限。在高增长情景中（人均GDP年均增长3.7%），中国必须在达到2025年的排放水平时稳定住它的排放量，而在低增长情景中（人均GDP年均增长2.1%），直到2033年的水平才需要稳定其排放量。这些路线是非常现实的。在一项新的中国研究《2050中国能源和碳排放报告》中，报告作者，包括国家发改委能源研究所和国务院发展研究中心在内，都提出让中国的绝对温室气体排放在2030年达到峰值，然后在2050

年减排至2005年的水平。

四、结论

鉴于中国的重要性和其温室气体排放的比重，中国若不以更广泛的方式参与进来，后京都时期的国际协议就是不可能的。中国的承诺等级在很大程度上取决于新一届美国政府的作为。我们也必须重视中国提出的实现更大"气候正义"以及更加细化责任类型的要求。至于"基准"情景中对中国的温室气体排放比重的增长做出的预测，即使把最悲观的预测考虑在内，中国那时的人均平均排放量也仅达到欧洲2030年的水平。中国不大可能做出任何可能减缓其经济增长的承诺。因此，只有把经济增长同温室气体排放的增长分开，才能制定成功的国际气候政策。中国可能会找到一种新的解决办法。

中国的国家方案表明，中国政府已开始关注气候问题。自2007年起，甚至更早，中国就表明了愿意更加积极主动地参与环境保护活动。从中国提供各种资料用于未来环保领域的研究和开发可以看出中国政府对气候问题的重视程度。在开发应用技术、避免产生温室气体（如利用可再生能源，避免从农业中产生温室气体等），以及适应气候变化方面（尤其在农业和灾害预防方面），中国可能会发挥重要作用。

波恩气候谈判结果尤其说明，美国和日本在承诺减排目标时的保守态度完全不利于劝说发展迅速的新兴工业国家如中国和印度做出其减排承诺。因此，本文根据累积的人均排放权提出了一种新的后京都时代政策——如果全世界的人口保持稳定，这种政策可以在2100年实现目标，即将地面温度的升幅控制在2℃以内。在减缓气候变化方面的共同但有区别的责任这个正义理念也得到了实现，因为这种政策既考虑了发达国家的历史排放量，又顾及了将来每个国家产生的排放量。人口增长于是将必须由提高化石燃料的使用效率或更多的消费可再生能源来抵消。更重要的是，《京都议定书》确立的具体项目弹性机制在这个体系中仍然适用。

有原则的战略：公平准则在中国气候变化外交中的作用*

［美］菲利普·斯特利　著　　翁维力　译**

一、中国对约束性承诺的反对立场

乍看之下，中国在气候变化谈判中的立场发生了戏剧性的转变。中国曾经轻易地质疑气候科学的有效性，甚至反对给发达国家设置减排限额；如今，中国领导人则承认应对气候变化是一个需要政府间合作的挑战。在《联合国气候变化框架公约》签署以来的 20 年间，中国政府已默许了对后续协议（如《京都议定书》）的需求，接受了给发展中国家的自愿性减排目标，出台了本国的排放强度目标，并降低了对发展中国家减排行动接受国际监督的抵触。2011 年，中国通过同意建立德班平台（即在 2015 年前完成一个崭新的、全面的法律文书的谈判），似乎扭转了其长期以来反对有法律约束力的承诺的立场。

---

* 原文标题：Principled Strategy：The Role of Equity Norms in China's Climate Change Diplomacy，载 *Global Environmental Politics*, 13 (1), 2013, pp. 1 –8。译文首次发表于《国外理论动态》2013 年第 10 期。

** 作者简介：菲利普·斯特利（Phillip Stalley），美国德保罗大学政治科学系助理教授。译者简介：翁维力，中国社会科学院研究生院城市发展与环境研究系博士研究生。

然而，纵然有这些进展，中国的基本倾向同20世纪90年代初时任总理李鹏阐述的国际环境保护原则还是鲜有不同。李鹏指出：发达国家有给发展中国家提供资金支援和技术支持的义务，一国利用其自然资源的主权权利必须得到应有的尊重。中国立场的调整通常只在面对重大外部压力的情况下才会发生，尤其是来自发展中国家的压力。例如，中国在德班的默许态度，部分是对两年前在哥本哈根对抗性立场所遭受的难堪、批评以及小岛国和大的发展中国家（如墨西哥和阿根廷）给予的压力做出的回应。此外，中国在德班没有签署具有法律约束力的条约或排放限额，只是同意启动一个新的“法律文书或具法律效力的最终协商结果”的谈判。中国首席谈判代表解振华明确表示，中国的参与需要建立在五个先决条件之上，包括《京都议定书》第二承诺期的完成。这表明，中国的态度虽然有所软化，但一直没有放弃反对在《京都议定书》之后的国际气候制度中设置有约束力的减排限额。

底线是，中国气候外交的基本主题一直保持稳定，没有深层次的演变，除了一系列随着外部环境变化而做出的战术调整。无论是在京都、坎昆、波恩，还是巴厘开会，中国都在推行发达国家和发展中国家之间严格的责任承担界限，青睐那些回避硬性指标、维护发展中国家主权、呼吁工业化国家更有力行动的提议。这里提出一个问题：中国为何如此抗拒排放限额？作为世界上排名靠前的排放大国的中国，如何才能避免达成一个更苛刻的气候协议？

二、解释中国的立场：公平准则的作用

从某个层面上看，中国对排放限额的一贯反对立场是很容易解释的——它只是经济利益的作用。在国际环境政治中，国家会权衡承诺条约的成本和减轻环境危害带来的收益。从这个角度而言，中国对有约束力目标的反对是由于这样的事实，中国领导人相信实现目标的成本大于一个强有力的全球气候协议的好处。北京可能会越来越多地了解中国对全球气候变暖的有害影响的敏感度，但是在一个以经济增长作为首要目标的国家，其日益增长的脆弱

意识尚不足以抵消对限制排放带来的成本的担忧。保护经济利益的目标在国内政策的制定过程中不时被强化，因为政策制定的过程由经济和外交官员所主导，而不是气候科学家和环境保护官员。

解释中国在国际气候谈判中的立场，经济利益当然是关键。无疑，大部分解释中国气候外交的学术文献都将注意力聚焦于领导人们对保持经济增长和保护国家主权的关注方面。本文不否认这些因素的重要性。但是，狭隘地专注于经济利益会错失故事的另外一个重要组成部分——中国认为在气候变化协议中对正义的诉求的重要性。尽管可能有一些重要的例外，然而中国对公正、正义和公平的一再坚持并没有引起学者足够的重视。本文认为，环境正义的探讨，在理解中国反对排放限额的立场以及中国回避承担气候变化领域昂贵的减排承诺的能力方面至关重要。

公平问题的重要性体现在两个方面。首先，中国利用环境正义的争论来追求自身利益。权益的问题主要基于两个方面。首先，中国的行为很大程度上和所谓的“修辞性行动”（rhetorical action）概念一致，即“战略性地使用基于规范的论证”。[①] 中国的“修辞性行动”战略主要是通过推进“共同但有区别的责任原则”（CBDR）将气候变化问题界定为南北问题。“共同但有区别的责任原则”是基于这样一个想法，所有的国家对保护地球上的资源都有共同的责任，但是每个国家根据责任和能力水平的不同，应该分担不同的责任。发达国家由于在历史上造成了更多的环境退化，同时它们有更强的适应能力，因此应该承担解决环境挑战的更大责任。

被广泛接受的“共同但有区别的责任原则”已经成为国际环境政治规范框架的一部分。这并不是不可避免的。早期的环境协定大都基于与“共同但有区别的责任原则”相反的准则，例如主权国家之间的平等和互惠。相反，“共同但有区别的责任原则”是发展中国家经过几十年的政治行动和谈判的努力构建起来的，中国从中起到了重要的作用。中国的努力可以追溯到1972年

---

① Frank Schimmelfennig, “The Community Trap: Liberal Norms, Rhetorical Action, and the Eastern Enlargement of the European Union”, *International Organization*, Vol. 55, No. 1, 2001, pp. 47 – 80.

在斯德哥尔摩举办的联合国人类环境会议。例如，在会议的后期，出乎许多参会者的意料，中国表达了成立一个新的工作组的愿望，讨论《斯德哥尔摩宣言》，并推出了自己的10点建议，在发展中国家和发达国家的罪责和治理责任分担之间划出清晰的界线。这个工作组产生了新版本的《斯德哥尔摩宣言》，增加了两项全新的平衡发展与环境保护的必要性原则，为发展中国家所极度青睐。

在整个20世纪70年代和80年代，中国继续推进由发达国家负责任的原则。例如，在《联合国海洋法公约》的第三次谈判会上，中国主张给予发展中国家优惠待遇，如要求强制性的技术和金融转让以帮助发展中国家保护海洋环境。随后，在保护臭氧层的谈判中，中国再次成为技术转让和资金援助最热心的支持者。印度和中国拒绝加入《蒙特利尔议定书》，直到成立一个基金以帮助发展中国家寻找和替代氯氟烃（CFCs）。这在国际环境政治中推广了工业化国家以援助基金承担责任的理念。最终，中国帮助将“共同但有区别的责任原则”牢牢置于气候变化谈判的前沿。中国在1991年举办了北京部长级会议，在2009年年底举办了基础四国（巴西、南非、印度和中国）的第一次会议。这有助于调动发展中国家的积极性，并坚持“共同但有区别的责任原则”。在气候变化谈判中，中国代表在各种正式发言中反复提及“共同但有区别的责任原则”。尽管不是中国最早提出了这一原则，但中国是这一原则重要的构建者和最响亮的倡导者。

“共同但有区别的责任原则”的战略性使用，帮助中国确立了其在国际气候变化谈判中的倾向。虽然对国际环境政治中公平的作用存有疑虑，但大多数学者和从业者都认为，主权国家仅在条约被视为公平的条件下承担其国际义务。追求正义一直是气候谈判的主要特征。美国学者罗伯茨（J. Timmons Roberts）和帕克斯（Bradley C. Parks）认为，全球不平等助长了发展中国家“信任缺失”和“气候不公正”的感觉。[①] 对气候变化正义的众说纷纭导致谈

---

① J. Timmons Roberts and Bradley C. Parks, *A Climate of Injustice: Global Inequality, North-South Politics and Climate Policy*, Cambridge: MIT Press, 2007.

判者很难定义一个“全社会共同理解的”“公平的解决方案”，并成为最终导致气候变化谈判陷入僵局的一个主要原因。因此，可以断定，在气候变化谈判中，或者更广义地说，在国家环境政治中，实现正义逐渐被定义成遵从“共同但有区别的责任原则”。正如一位学者指出的：“简单地说，‘共同但有区别的责任原则’已经发展成为回应国际环境合作中追求更加公平的规则的呼声（主要来自于发展中国家）的一个答案。”[①] 中国和其他有着同样观点和身份认同的发展中国家一样，运用“共同但有区别的责任原则”来修饰反对有约束力的承诺的辞藻。通过这样做，中国得以维护发展中国家的团结，将注意力保持在工业化国家而不是发展中的主要排放国身上，并最终将其对有约束力的减排限额的反对合法化。

然而，认为中国对公平权益的争论仅仅出于实际物质利益的考虑则是太简单化了。中国对“共同但有区别的责任原则”的推广并不完全是功利性的。中国领导人相信这个准则所包含的公平思虑。这在中国学者的研究中也是显而易见的，他们倾向于将公平放置在一个很重要的地位。这在中国谈判代表的陈述中也很容易看出。例如，一位前中国政府官员解释中国反对减排目标时指出：“作为一个中国人，我不能接受发达国家的人们比我们有更多消耗能源的权利。人生而平等，这不应该只是一句空洞的口号。”[②] 从这个角度看，中国应该拒绝排放限额，这不仅是因为这符合国家利益，更因为即便其他国家只是提出这样的要求，显然也是不公平的。

中国对环境正义的信念不仅仅出于自身的物质利益考虑，更是基于这一概念本身构建而成。纵观气候变化谈判的历史，同许多发展中国家一样，中国出于对不公平的担忧，一直对发达国家所青睐的方案持谨慎态度。由于中国同其他发展中国家都认为，公平准则对任何协议而言都是至关重要的，且容易被发达国家所忽视，因此中国总是轻易否决发达国家的方案。

---

① Tuula Honkonen, *The Common But Differentiated Responsibility Principle in Multilateral Environmental Agreements: Regulatory and Policy Aspects*, The Netherlands: Kluwer Law International, 2009, p. 69.

② Yu Qingtai, "Chinas Interests Must Come First", *China Dialogue*, August 27, 2010.

对《京都议定书》中的清洁发展机制（CDM）和联合履约（Joint Implementation，类似清洁发展机制，但交易仅限于工业化国家）的争论也是一个明显的例子。到2010年，中国注册了2593个CDM项目，占全球的45%，占亚太区域的57%。[①] 中国已经是全球最大的CDM信用额度卖家，拥有27亿美元的一级市场价值，占全球72%的市场份额。[②] 显然，中国从CDM中得到了经济利益。人们预期中国会成为清洁发展机制最热心的支持者。然而，多年来，中国抵制灵活机制的创建，包括CDM。在前三轮的缔约方会议上，中国宣称，联合履约[③]是“发达国家将自己的减排责任转移给发展中国家的不道德的尝试”[④]。一位中国官员将灵活机制称为“经济帝国主义”[⑤]。在中国看来，灵活机制是一种使发达国家免于国内行动的尝试，是将减排要求引入发展中国家的隐蔽手段，是对《联合国气候变化框架公约》下的技术和资金支持承诺的扰乱。[⑥] 中国在《京都议定书》签订相当一段时间之后才根据经济利益采取行动，这一时间上的滞后表明了中国通过公平的视角看待气候变化谈判的事实。[⑦]

---

① UNEP Risoe Center, “CDM Pipeline Spreadsheet” (updated June 1, 2011), http://www.cdmpipeline.org.

② World Bank, *State and Trends of the Carbon Market* 2010, Washington DC: Carbon Finance at the World Bank, 2010.

③ 此处原文如此。“联合履约”似乎应改为“清洁发展机制”，因为后者才涉及发展中国家。——译者注

④ Abram Chayesand Charlotte Kim, “China and the United Nations Framework Convention on Climate Change”, in Michael B. McElroy, Chris P. Nielson and Peter Lydon (ed.), *Energizing China: Reconciling Environmental Protection and Economic Growth*, Cambridge: Harvard University Press, 1998, pp. 503 - 540.

⑤ Paul. G. Harris and Yu Hongyuan, “Environmental Change and the Asia Pacific: China Responds to Global Warming”, *Global Change, Peace, and Security*, Vol. 17, No. 1, 2005, pp. 45 - 58.

⑥ Ida Bjorkum, “China in the International Politics of Climate Change: A Foreign Policy Analysis”, FNI Report 12/2005, Lysaker, Norway: The Fridtjof Nansen Institute, 2005.

⑦ Zhang Zhihong, “The Forces behind Chinas Climate Change Policy: Interests, Sovereignty, and Prestige”, in Paul G. Harris (ed.), *Global Warming and East Asia: The Domestic and International Politics of Climate Change*, New York: Routledge, 2003, pp. 66 - 85.

三、结论

在过去约 25 年的国际谈判中，尽管有过战术调整，但中国始终坚定不移地反对有约束力的排放限额的承诺。在某种程度上，中国的反对可以说是一个过分坚决的结果。物质经济利益、国内决策过程和公平的规范原则都将中国的立场推向同一个方向。但是学者们通常不够重视后者，没有意识到中国的立场是如何被道德因素所指引和加强。中国通过推广“共同但有区别的责任原则”，表达了发展中国家对不公正的国际环境政治的担忧。通过战略性地运用道德争论，“共同但有区别的原则”帮助中国回避了做出更深层次承诺的外部压力。对于中国而言，接受有约束力的义务这一要求是不合理、不公平的。上述信念有助于解释中国的坚定立场。